国家自然科学基金面上项目(51674257)资助
国家级一流专业建设经费资助
江苏省高等学校品牌专业建设工程项目资助

摩擦静电分选理论与技术

王海锋　张光文　著

中国矿业大学出版社
· 徐州 ·

内 容 简 介

本书综述了摩擦静电分选技术在国内外的研究进展，研究了荷电颗粒在电场中分离过程动力学，提出了化学改性强化微粉煤摩擦电选的方法，进行了废旧线路板非金属组分、低品位钛铁矿和废旧塑料摩擦静电分选方面的研究，从理论到实践应用方面较为系统地介绍了摩擦静电分选技术。

本书可供高等学校矿物加工、选矿、无机非金属材料等专业的本科生、研究生参考使用，也可供相关专业技术人员参考。

图书在版编目(CIP)数据

摩擦静电分选理论与技术/王海锋，张光文著. —徐州：中国矿业大学出版社，2022.11

ISBN 978-7-5646-5611-9

Ⅰ. ①摩… Ⅱ. ①王… ②张… Ⅲ. ①电选机 Ⅳ. ①TD457

中国版本图书馆 CIP 数据核字(2022)第 211367 号

书　　名　摩擦静电分选理论与技术
著　　者　王海锋　张光文
责任编辑　赵朋举
出版发行　中国矿业大学出版社有限责任公司
　　　　　　(江苏省徐州市解放南路　邮编 221008)
营销热线　(0516)83884103　83885105
出版服务　(0516)83995789　83884920
网　　址　http://www.cumtp.com　**E-mail**：cumtpvip@cumtp.com
印　　刷　江苏凤凰数码印务有限公司
开　　本　787 mm×1092 mm　1/16　**印张** 11.75　**字数** 301 千字
版次印次　2022 年 11 月第 1 版　2022 年 11 月第 1 次印刷
定　　价　52.00 元
(图书出现印装质量问题，本社负责调换)

前　言

静电分选是利用静电现象来进行物质的分离、提纯、分级的技术。它是利用物质的摩擦特性、导电特性、介电常数的不同，使其荷电量和极性不同，并根据物料颗粒在电场中受到静电力、重力、离心力等作用力的差异，在电场中的运动轨迹不同，从而实现物料分选的一种物理分选方法。摩擦静电分选是指采用摩擦荷电的方式，根据物料颗粒摩擦荷电性质的差异，使不同颗粒荷电极性相反，颗粒摩擦荷电后进入电场，并在电场力作用下实现颗粒分离的一种干式分选方法。摩擦静电分选工艺简单，且是干式作业，不存在废水污染及处理问题，是一项具有巨大发展潜力和广阔应用前景的技术。

随着我国西部资源的开发利用以及“一带一路”国家矿产资源的合作开发，因为水资源短缺，干法分选技术成为最佳选择。传统重力分选和浮选技术不仅需要大量水，而且选矿废水处置不当会造成水资源的污染，尾矿堆弃难以处理，甚至造成土壤污染，以及难以挽救的生态环境损害。摩擦静电分选不仅可以解决水资源短缺造成的矿产资源无法开发利用问题，还可以避免湿法选矿造成的环境破坏，分选生成的尾矿也易于处理。虽然摩擦静电分选还存在一些问题，但国内外对于摩擦静电分选的研究也在不断深入，取得了一些新的成果。目前该技术已经成功应用于粉煤灰脱碳、钾盐分选、废旧塑料分离等方面。

笔者及其团队长期致力于摩擦静电分选技术的研究与开发，在细粒煤粉、电子废弃物、废旧塑料等物料的摩擦静电分选方面做了大量研究工作，形成了一些经验和成果。本书是在总结、吸收前人研究成果的基础上及前期取得的研究成果基础上著作而成的。本书综述了摩擦静电分选技术在国内外的研究进展，研究了荷电颗粒在电场中的分离过程动力学，提出了化学改性强化微粉煤摩擦静电分选的方法，进行了废旧线路板非金属组分、低品位钛铁矿和废旧塑料摩擦静电分选方面的研究，从理论到实践应用方面较为系统地介绍了摩擦静电分选技术。在本书的撰写过程中，杨兴、彭真、赵小路、杨金山等付出了辛勤劳动，在此表示感谢。

由于时间仓促和水平所限，书中难免存在疏漏之处，敬请广大读者批评指正。

著　者

2022 年 6 月于徐州

目　录

第1章　绪　　论

1.1　引　　言

静电分选是利用静电现象来进行物质的分离、提纯、分级的技术。它利用物质的摩擦特性、导电特性、介电常数的不同，使其荷电量和极性不同，根据物料颗粒在电场中受到静电力、重力、离心力等作用力的差异，在电场中的运动轨迹不同，从而实现物料分选。摩擦静电分选（也称摩擦电选）采用摩擦荷电方法使颗粒荷电后进入电场，在电场力作用下分离。摩擦电选工艺简单，且是干式作业，不存在废水污染及处理问题，是一项具有巨大发展潜力和广阔应用前景的技术。目前该技术已经应用于选矿、静电除尘、药品分离和产品筛选等方面。鉴于摩擦静电分选技术的优点，从 20 世纪 40 年代开始就已经有学者采用摩擦静电分选的方法进行细粒煤炭的分选试验研究。但是由于多方面的原因，该技术一直未能像浮选方法那样得到工业应用。本章系统地分析了电选技术的起源与发展现状，详细地总结了国内外对静电分选技术，特别是摩擦静电分选技术的研究历史、现状及未来发展趋势。

1.2　静电学的起源

人类对电的认识是在长期实践活动中不断发展、逐步深化的，颗粒带电现象最早可以追溯到公元前 6 世纪，古希腊哲学家 Thales 在研究天然磁石的磁性时发现丝绸摩擦琥珀后具有吸引轻小物体的性质，泰勒斯成为有历史记载的第一个静电试验者，静电这个词也起源于希腊语“琥珀”。我国东汉时期，王充在《论衡》一书中所提到的“顿牟掇芥”等问题，也是说摩擦琥珀能吸引轻小物体。公元 3 世纪，我国晋朝张华的《博物志》中也有记载：“今人梳头，解著衣，随梳解结，有光者，亦有吒声”，即头发因摩擦起电会发出闪光和噼啪之声。1600 年，英国物理学家 W. Gilbert 发现金刚石、水晶、硫黄、火漆和玻璃等物质用呢绒、毛皮和丝绸摩擦后也能吸引轻小物体。18 世纪中叶，人类通过科学试验的方法发现电荷有正电荷与负电荷之分。1785 年，库仑通过试验证明了静电学的基本定律——库仑定律。此外还有很多科学家如 S. Gray、B. Franklin、M. Faraday 等对电磁学进行了研究，为后来电选技术的发展奠定了理论基础[1-3]。

20 世纪初，静电学从实验科学阶段走向实际应用阶段。随着当时工业技术的发展和静电技术在工业上的实际应用，颗粒荷电技术也开始得到空前的发展。起初的研究仅限在静电除尘方面，研究内容包括气体中的高压放电、悬浮粉尘的荷电和荷电粒子的沉积等。虽然早在1824年Hohlfeld就第一次演示了静电收尘试验，但在1907年F. G. Cottrell才制造了世界上第一台实际应用的静电除尘器并用于捕集硫酸雾。静电除尘器在控制硫酸雾排放的成功，使其在其他工业烟尘污染中迅速得到应用。1922年，V. Graff发明了实用的静电起电机。1923年，Detroit Edison公司安装了第一台静电除尘器。从此，静电除尘、静电喷涂、静电分离和静电复印等技术在工业中占据了一定的地位，为现代静电技术的发展奠定了基础[3]。

1.3 现代静电分选技术的建立

早在1880年，美国的T. B. Osborne就获得了摩擦电选方法分选谷物的专利。1886年，J. H. Carpenter使用摩擦荷电的皮带来收集含有方铅矿和黄铁矿的干矿砂。1892年，T. A. Edison发明了第一台分选金矿石的电选机[4]。1899年，美国的L. I. Blake和L. N. Morscher发明了一种静电分选技术。该技术于1901年获得了美国专利[5]，利用其可以将带电性不同的矿物分离。1901年，美国的C. E. Dolbear设计了一种新型静电分选机[6]，如图1-1所示。

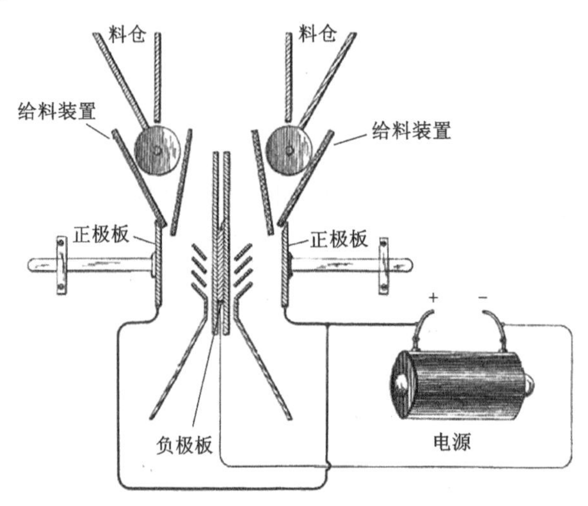

图1-1 Dolbear静电分选机

1904年，F. O. Schnelle发明了一种新型静电分选机[7]。1905年，美国的C. H. Huff发明了Huff电选机[8]（图1-2）。该电选机所用的方法是根据物质电极化率的不同进行物料分选的，成为第一个工业静电分选法，被称为赫夫法。1908年，在美国威斯康星州建立了一座利用静电场来分选铅锌矿的技术系统，但由于当时条件所限，电选只能在静电场中进行，因而分选效率低，处理能力小。1912年，赫夫法成为分离复杂锌矿石的最好方法，使得静电分选技术在世界范围内得到了广泛的应用[4,9-10]。

1915年，美国的F. W. C. Schniewind获得了煤粉静电分选的专利[11]，利用静电分选的方法脱除煤中矿物质，特别是黄铁矿。1917年，德国的J. Kraus发明了一种用于可燃物料的静电分选机[12]，它可以安全地进行易燃易爆物料的静电分选。

20世纪20年代，泡沫浮选技术的发展降低了矿物加工对静电分选技术的依赖。直到

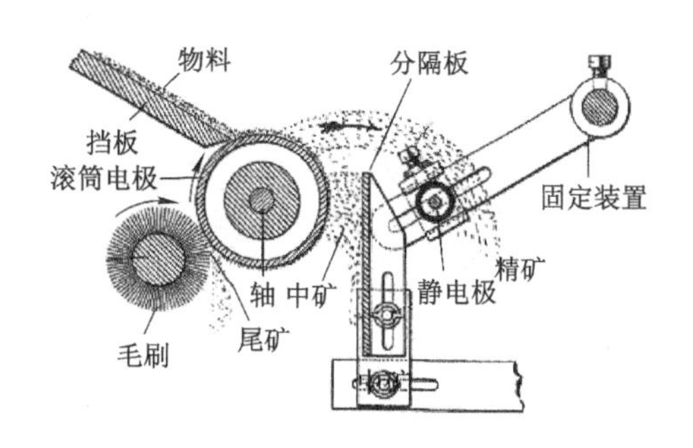

图 1-2 Huff 电选机

20 世纪 40 年代，电选技术的发展，特别是电晕带电方法在电选中的应用，大大提高了静电分选效率。同时由于当时国际上对稀有金属(例如钛)的需求量很大，人们重新重视研究和应用电选技术，直到现在电选技术在稀有金属矿物分选方面仍然发挥着重要作用。

1.4 摩擦电选技术的发展与研究现状

电选的内容很广泛，包括静电分级、摩擦电选、高梯度分选、介电分选、电除尘等内容[13-14]。除介电分选及高梯度分选在介电液体中进行外，其余电选均为干法分选，不需要水，污染小，对缺水地区矿物资源的开发利用具有明显优势。特别对一些只适宜于干式分选的物料，摩擦静电分选具有更加突出的优点。

近几十年来，摩擦电选普遍应用于稀有金属矿精选，在有色金属矿、非金属矿甚至黑色金属矿的选矿中也得到了广泛应用，如白钨和锡石的分离，金沙矿、钛铁矿、金红石、独居石等矿物的精选作业。在煤炭脱硫、降灰方面，摩擦电选主要用来脱除黄铁矿硫和石英、高岭土等成灰矿物，提高煤炭的利用效率，减少污染排放，实现煤炭清洁利用。在废弃物回收利用方面，摩擦电选也有广泛应用，重点是粉煤灰脱碳、废弃塑料分选，还包括其他工业废料中有价值物料的回收。此外，摩擦静电分选还在农业生产的选种、茶叶分选等方面有着重要应用。随着摩擦电选技术的发展，其应用领域将更加广泛。

1.4.1 国外摩擦电选技术的发展与研究现状

K. Grumbrecht 和 V. Szantho 在 1930 年首先对摩擦静电分选技术进行了系统的研究[15]。20 世纪 40 年代，苏联的 N. F. Olofinsky 等进行了煤炭和矿物的分选分级试验研究[16]，日本的牧野、黑川、须藤等分别利用平板型、滚筒型电选机和摩擦电选的方法进行了煤的电选试验[17]。第二次世界大战期间，德国已经开始应用静电分选法进行煤炭分选，但其当时生产能力很低，成本也高[18]。20 世纪 50 年代，摩擦电选在钾盐工业中得到了广泛应用，特别是在德国制盐业中，Kali & Salz AG 公司(K+S 公司前身)进行了大量的粗钾盐摩擦电选研究。

1950 年，宾夕法尼亚州立大学的 S. Sun 等[19]建立了滚筒电选实验室，根据不同矿物颗粒下落分布情况对矿物颗粒在滚筒电选机中的运动行为进行了研究。美国的 F. Fraas、R. E. Snow 发明了矿物药剂调控静电分选方法[20-21]，通过利用恰当的药剂对矿物原料进行预处理，可以使矿物在电选时获得更好的分选效果。德国 Kali & Salz AG 公司 H. Autenrieth

等发明了一种钾盐矿物静电分选方法[22-24]，先将钾盐矿物用特定的调控试剂处理使其更易于电选，针对粗钾盐中光卤石、黏土等矿物的脱除，研究了不同药剂的脱除效果，并采用多段分选流程。化学药剂调控两段静电分选工艺流程如图 1-3 所示。

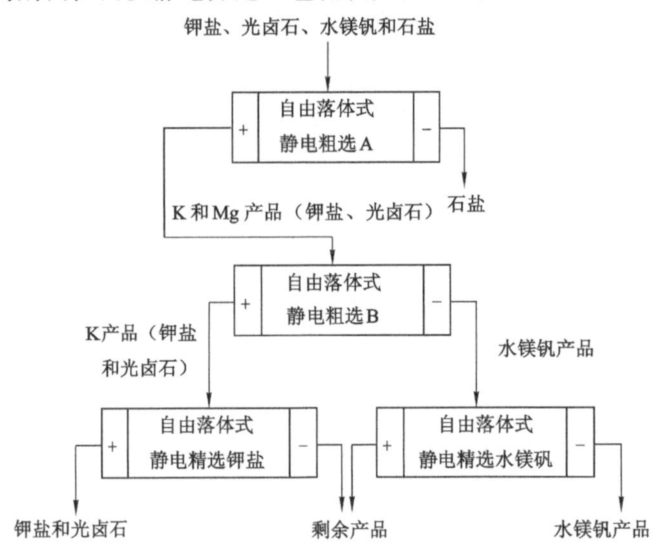

图 1-3　钾盐矿电选流程图

1974 年，德国 Kali & Salz AG 公司的 A. Singewald 等[25]利用硝基酚等调控钾盐矿物，然后将矿物给入电选机进行分选，使 K_2O 的品位从 40%提高到 48.6%，回收率从 86.1%提高到 90.6%，并于 1981 年设计了一种两级静电分选装置并将其用于粗钾盐的分选[26]。1976 年，A. Singewald 又发明了一种改善煤粉静电分选脱除黄铁矿的处理方法[27]。该方法利用一种脂肪酸甘油酯对煤粉进行调控处理并控制电选过程中的温度和湿度，采用该方法处理煤粉后再经多段电选可以取得非常好的分选效果。1976 年，德国 Kali & Salz AG 公司开发了静电分选工艺（ESTA©），第一次将这种干法分选技术应用于粗盐矿分选。1981 年，该公司利用 ESTA© 工艺生产碳酸钾，后来又利用该工艺进行硫酸镁石的分选[28]，并且建立了几个利用该工艺分选粗盐矿的工厂。1988 年，德国 O. Pfoh 等发明了一种控制粗钾盐静电分选过程的方法和装置[29]，根据产品质量反馈，利用计算机控制调整自由落体式电选机中分料板角度，能够实现经粉碎和化学药剂调控粗钾盐的高效电选。

19 世纪 60 年代初，意大利卡利亚里大学开始进行矿物电选方面的研究工作，针对细磨矿物的分选开发出了一种称为“迴旋电分离器”的电选机。它可以使物料在气流携带悬浮状态下实现有效静电分选，解决了普通电选机在分选细粒物料时易发生黏附、团聚、给料困难等问题。19 世纪 60 年代至 80 年代，意大利卡利亚里大学的 G. Alfano、M. Carta、R. Ciccu 等[30-35]设计了多种实验室摩擦电选系统，建立了半工业性试验系统，对煤、磷酸盐、钾盐等矿物进行了大量的摩擦电选试验研究，并对矿物颗粒摩擦荷电特性进行了试验研究。结果表明，摩擦荷电的效果与矿物相关性质、摩擦面特性和试验条件有关[36]，这为解决摩擦电选技术中存在的问题和推动摩擦电选技术的发展做出了重要贡献。

19 世纪 80 年代，意大利卡利亚里大学对研制的气流式电选机不断改进，并且重新设计开发了一种新型的涡轮摩擦电选机。该电选机克服了细颗粒由于集中在旋流器中心造成颗粒荷电不足，无法正常分选，以及生产能力低和能耗高的问题。涡轮摩擦电选机的涡轮高速运动可使物料颗粒均匀荷电，且周围产生的紊流有助于破坏细粒物料的结团。对德国鲁尔－0.3 mm粒级煤经一粗一精加一扫流程分选试验结果表明，当原煤灰分为20.10%、硫分为0.92%时，精煤合计平均灰分为8.06%、硫分为0.80%，可燃体回收率达89.4%，脱灰效果明显，但对硫分的脱除效果不能令人满意[37]。低灰煤制备半工业性试验表明，灰分为6.34%、黄铁矿硫含量为0.15%的原煤经过分选，可得到灰分为2.18%、硫分为0.06%、产率为60.11%的低灰精煤和灰分为12.61%、硫分为0.28%的尾煤[38]。19世纪末，由于“气体输送式”电选机系统需要收尘设备，而且为了保证分选的选择性，需要在稀相中分选，悬浮物浓度低，致使其产量很低。为此，卡利亚里大学DIGITA-CSGM实验室又开发出了一种新型电选机[39]，并进行了粉煤灰电选试验研究。

19世纪70年代，苏联伊尔库茨克稀有金属研究院研制成功了实验室型槽式摩擦电选机[40]，并进行了从难选黄绿石粗精矿中分选铌精矿的试验研究。研究发现，在矿物预热到300 ℃时，在镍质沉积电极的金属表面上，黄绿石与磷灰石和长石集合体的相对摩擦系数（单位为V/g）具有相当大的差异，而当矿物冷却到100 ℃时，温度对相对摩擦系数无显著影响。同时发现0.25～0.74 mm粒级矿物的相对摩擦系数明显高于0.5～0.25 mm粒级矿物的相对摩擦系数。

19世纪70年代，加拿大西安大略大学的I. I. Inculet、M. A. Bergougnou、J. M. Beeckmans等[41-47]设计了流化床摩擦荷电分选机。该装置由流化床、金属筛电极和U型（V型）收集槽组成。他们对物料在流化床中的摩擦荷电特性进行了研究，并利用该装置进行了低品位铁矿石分选试验研究，考察了电场强度、温度、湿度和粒度对铁精矿品位和回收率的影响。J. M. Anderson利用流化床摩擦电选技术进行了煤炭脱硫试验研究。结果表明，黄铁矿和成灰矿物摩擦荷电性质相同，通过摩擦电选方法可以脱除；宾夕法尼亚煤样在尾煤产率为15%时，脱硫率超过65%，加拿大煤样分选后脱灰率约为70%[48]。

为了改善微细矿物摩擦电选的效果，1977年，I. I. Inculet等建立了稀相循环摩擦电选机试验系统[41,44]（图1-4），并进行了－40 μm粒级煤显微组分分离和粉煤灰脱碳的研究。试验结果表明，该摩擦电选装置可以有效地实现煤显微组分及矿物质的分离。1978年，C. W. Kiewiet等为了克服微细颗粒难以流态化的问题，采用振动流化床摩擦荷电的方法对45～15 μm粒级铁

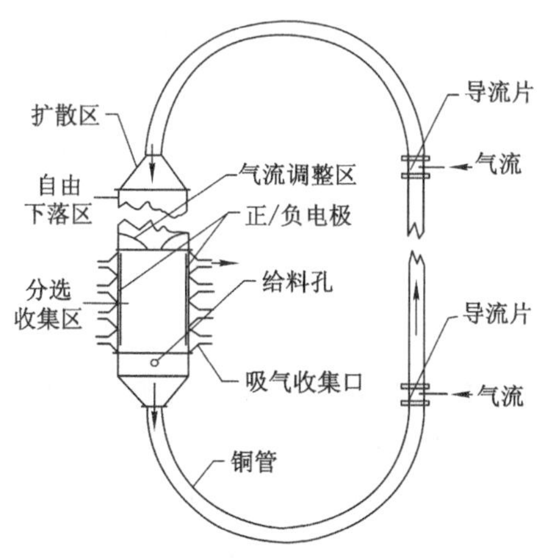

图1-4 稀相循环摩擦电选机

和玻璃颗粒物料进行了电选试验研究[46]，并建立数学模型对温度、湿度和电压等操作参数进行了优化设计。此研究过程中使用的振动流化床摩擦荷电电选机如图 1-5 所示。黏土矿物表面的阳离子在含黏土颗粒物料的摩擦电选过程中具有重要作用，煤中的黏土难以用摩擦电选方法分离。1985 年，I. I. Inculet 等[49-50]对高岭石和蒙脱石等黏土矿物的摩擦荷电特性进行了研究，分析了煤与高岭石、煤与蒙脱石在温度为 20 ℃、压力为 20.7 kPa 的空气中摩擦荷电过程中的电荷迁移规律。在自由落体式摩擦电选机中，防止颗粒和电极板碰撞可以提高精矿的品位和回收率。

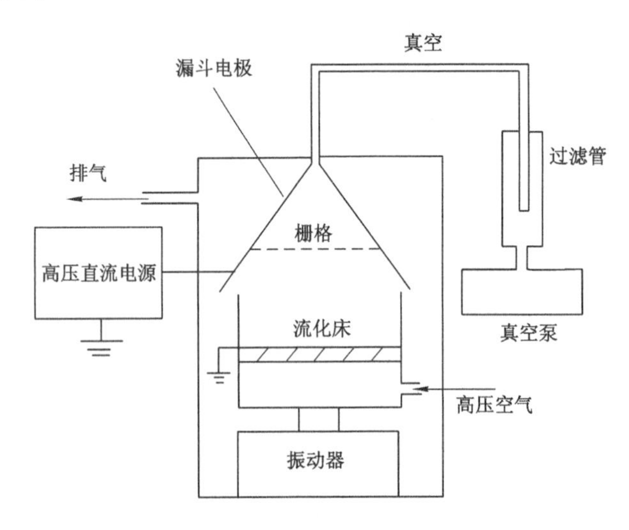

图 1-5　振动流化床摩擦荷电电选机

类似于泡沫浮选利用药剂来扩大矿物疏水性差异，G. G. Zhou[51]对利用药剂扩大煤中组分功函数差异来改善分选效果的可行性进行了研究，设计并制作了新型摩擦电选机用于连续试验和便于药剂表面改性试验。其利用灰分为 13.3%、硫分为 0.21%的高挥发分烟煤进行了分选试验，研究了不同药剂对分选效果的影响。与一段分选相比，两段分选在相同回收率时，精煤灰分从 10%降低到 6.5%，尾煤灰分从 15%提高到 20%。化学药剂预处理分选试验表明，丙酮最有利于矿物的分离，而对于煤组分的分离，二甲苯是最好的药剂；与未经药剂处理的样品相比，药剂处理后分选精煤中镜煤组分含量提高了 2%。1988 年，I. I. Inculet、G. G. Strathdee[52]进行了钾盐矿摩擦电选研究，通过添加剂增强摩擦荷电，分析了醋酸铵、辛酸和十二烷酸酯＋醋酸铵作为添加剂对钾盐摩擦电选的影响。研究表明，钾盐通过特殊处理后经两段分选获得了非常好的试验分选效果，KCl 品位高达 92%，回收率为 50%。1994 年，I. I. Inculet 等[53]设计了滚筒式摩擦荷电电选机(图 1-6)，并进行了废旧塑料的摩擦电选试验研究。2005 年，J. D. Brown 等[54]对滚筒式摩擦荷电电选机进行了改进。

不同矿物颗粒摩擦荷电后产生的团聚现象降低了摩擦静电分选效率。1991 年，德国 Clausthal 工业大学选矿研究所 K. Schönert 等[55]设计了可以分选悬浮在空气中的粉状混合料的电选实验设备(图 1-7)，并采用气流-毛刷式摩擦发生器对－50 μm 粒级的石英和方解石粉进行了分选试验研究。结果显示，对于 0～50 μm 粒级的石英和方解石细粒混合物用给料和荷电系统可以荷电，而后在板式电极或滚筒式电极电选机中使它们分离。在电场中粒级 10 μm 以上的颗粒可以在电场力的作用下解聚，对于更细颗粒物料的团聚可以在物料

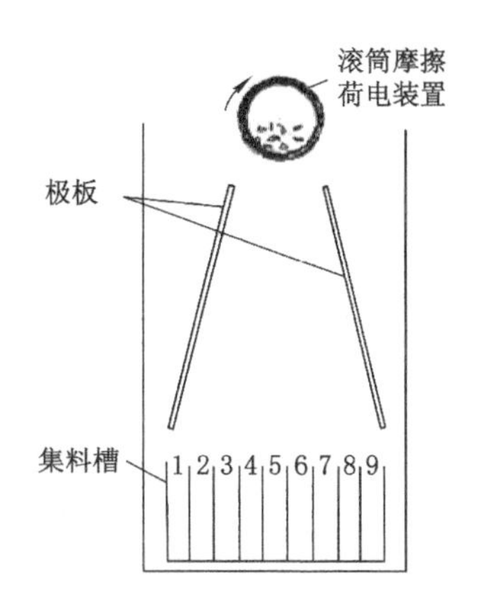

图 1-6 滚筒式摩擦荷电电选机示意图

进入电场前通过高速气流喷嘴使其彻底分散，从而使这种矿物原料的干选实验设备有望得到发展。1999 年，德国的 I. Geisler 等设计了一种自由落体式分离器类型的静电分离装置[56-57]（图 1-8）并将其用于分选摩擦充电的混合物质。其特征是将构成电极对的每个电极各连接一个独立的电源，其中一个电源提供相对地电位为正的电压，另一个提供相对地电位为负的电压，由此在分离器中心相对地的电位差等于零。

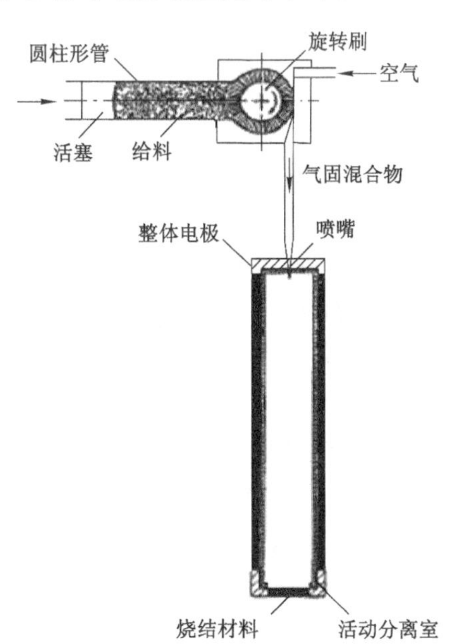

图 1-7 气流-毛刷式摩擦电选机

美国为了解决酸雨带来的污染问题，加强了对微粉煤的干法电选研究，开展摩擦电选技术研究的单位主要有美国国家能源技术实验室、弗吉尼亚大学、肯塔基大学、阿肯色大学等。

美国 Advanced Energy Dynamics（AED）公司于 1980 年开始进行微粉煤摩擦电选技术的研究。其用研制的 UFC-VBS 系统对 3 种煤分别进行试验研究，脱灰率为 44%～62%，黄铁矿脱除率为 25%～77%[58]。美国肯塔基大学的 D. L. Kiser 等对微粉煤摩擦电选进行的

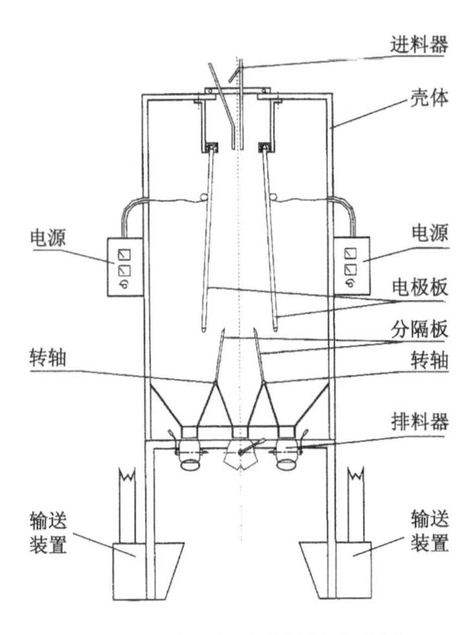

图 1-8　自由落体式摩擦电选机

经济评价显示，电选成本为 4～5 美元/t，比重介质旋流器的分选成本(4.05 美元/t)略高，低于泡沫浮选的分选成本(6.88 美元/t)[59]。

美国 STI 公司创建于 1989 年，致力于高效分选技术的开发和应用，集中研究了工业矿物、面粉、粉煤灰的摩擦电选，开发了独特的静电分离技术用于细粒物料的大规模处理。该公司在美国 AED 公司设备基础上研制出了 STI 带式摩擦电选机[60-61]，如图 1-9、图 1-10 所示。该摩擦电选机专门用于处理粉煤灰。STI 带式摩擦静电分选机是利用粉煤灰中炭粒和无机矿物的电性差异，研制开发出的一种摩擦静电分离设备。这种设备采用干式分选，处理能力大，性能可靠，分离效果好。物料从两个平行平板电极间的窄缝加入，装有带网眼的传送带上下两部分向相反的方向传输，使颗粒通过与电极内层接触而摩擦荷电。电荷在具有不同电子亲和能力的物料间传递，电场使粉煤灰中的炭粒和无机矿物颗粒分别带上不同种类的电荷，带不同种类电荷的颗粒分别在传送带的上部和下部富集，以达到炭粒和无机矿物

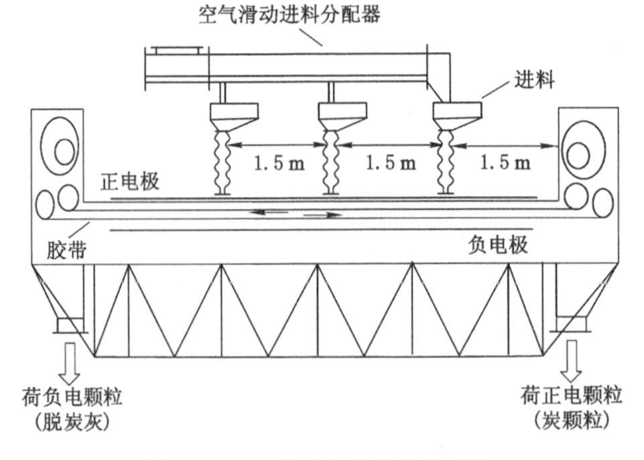

图 1-9　STI 带式摩擦静电分选机

图 1-10 STI 带式摩擦电选机照片

颗粒分离的目的。1993 年 9 月,STI 公司与新英格兰发电厂合作在 Salem 港发电厂安装了第一台处理能力为 18 t/h 的 STI 带式摩擦电选机样机[62]。1995 年,STI 带式摩擦电选机开始应用于工业生产。该设备能连续有效地分选细粒干燥粉煤灰,分选精度高、产量大,且入料粒度范围大、能耗低。烧失量为 10.61%的粉煤灰经过分选,可以使精矿烧失量提高到 25.49%,尾矿的烧失量降低到 2.52%,尾矿产率达 63.98%;烧失量为 11.1%的粉煤灰经过分选,可以使精矿烧失量提高到 21.37%,尾矿的烧失量降低到 2.39%,尾矿产率达 76%。到 2005 年 STI 公司已经安装了 12 台 STI 带式摩擦电选机用于处理粉煤灰。该机是目前唯一进行商业应用推广的摩擦电选机[63]。STI 带式摩擦电选机工业应用的成功,使人们对于摩擦电选在微粉煤和其他矿物分选方面的应用看到了希望,摩擦静电分选技术再次引起了人们的关注。

1984 年,美国能源部匹兹堡能源研究中心研制成功了实验室型摩擦电选试验系统[64]。1992 年,R. M. Gustafson 等在美国能源部资助下进行了化学预处理和在线处理微粉煤摩擦电选研究,利用化学药剂改变煤颗粒表面荷电性质。使用油酸、油酸钠、喹啉、二环已基胺进行煤粉的预处理,采用浓度为 0.1%的氨水和二氧化硫进行在线预处理,利用二氧化碳为载气进行了微粉煤摩擦电选试验[65]。1995—2001 年,R. H. Yoon 等在美国能源部资助下对摩擦电选制备洁净煤进行了大量的研究[66],利用摩擦荷电在线测量系统对影响颗粒荷电的因素,如颗粒粒径、气流速度、煤阶、给料速率等进行了研究,针对电极结构,分别研制棒式、盘式、鼓式、筛网式电极摩擦电选实验室装置。研究表明,摩擦器的设计至关重要,增大煤颗粒荷电量有助于提高分选效率。其还研制了 200～250 kg/h 处理量的概念型模型机(由 Carpco 公司制造),建立了半工业性摩擦电选系统,如图 1-11 所示。在该系统上对 4 种不同的煤样进行了分选试验研究。结果表明,可燃体回收率为 49%而尾煤灰分只有 43%,因此商业运行是不可行的。但随着新的立法对微量元素污染排放的限制,这将促进摩擦电选技术的工业应用。

2001 年,美国能源部的 Y. Soong 等[64]利用平行板式电极、圆柱式电极和百叶窗式电极 3 种不同形式的摩擦电选机对斯洛伐克 3 种褐煤进行了摩擦电选试验。研究表明,平行板式电极摩擦电选机可以降低 Ci′gel 煤和 Handlova′煤的灰分,但 Nova′ky 煤的分选效果很差,可能是由于颗粒间作用和表面氧化。2002 年,Y. Soong 等[67-69]对粉煤灰干法筛分摩擦电选工艺进行了试验研究。其采用超声波干法筛分技术将粉煤灰在粒径为 149 μm、74 μm 和 44 μm 分级,然后将各粒级粉煤灰利用百叶窗式电极摩擦电选机进行摩擦静电分选。结

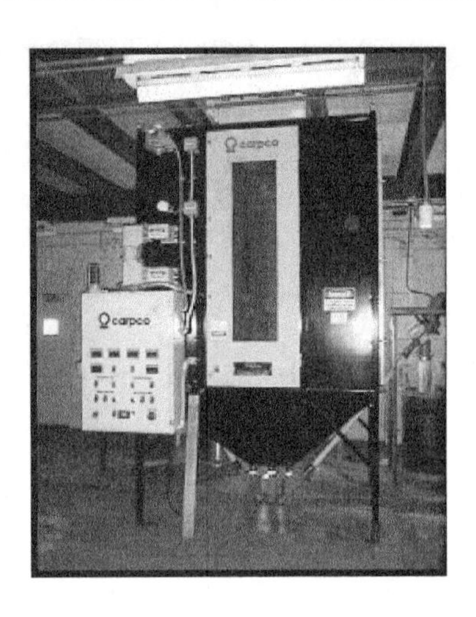

图 1-11　Carpco 公司概念型摩擦电选系统

果表明，根据粉煤灰矿物成分的不同，产品中的碳含量最低为 1.5%，最高达 60%。

1993—1996 年，美国阿肯色大学的 M. K. Mazumder、D. Lindquist、K. B. Tennal 等在美国能源部的支持下建立了摩擦电选系统（图 1-12），对煤的电选进行了深入的研究[70-71]，并进行了微粉煤的摩擦电选试验。结果表明，灰分为 7.9%的原煤经分选后可以得到 3.5%灰分的精煤，可燃体回收率达 85%。1999 年，K. B. Tennal 等[72]研究了煤粉粒度和电荷分布对煤粉摩擦电选效率的影响。

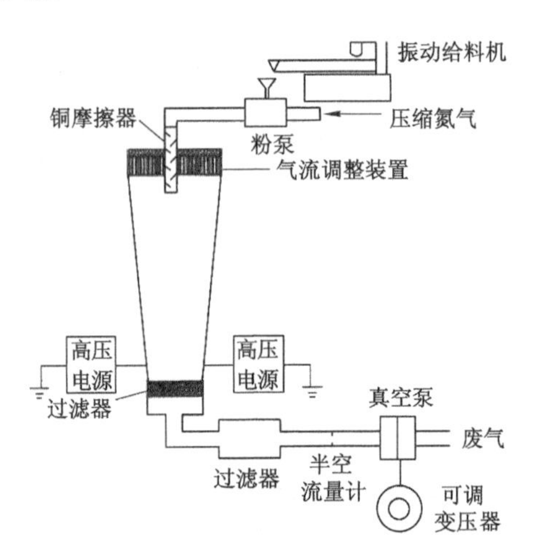

图 1-12　煤粉静电分选装置

1995 年，美国肯塔基大学的 H. Ban 等[73]提出了在线摩擦静电分选的思路，如图 1-13 所示。微粉煤的实验室型摩擦电选试验表明，灰分为 13.09%的原煤经过一段摩擦电选后可以得到灰分为 4.07%的精煤，回收率达 75.24%。1998 年，J. M. Stencel 等在电厂实地考察了煤炭粉碎和煤粉输送过程中的荷电量，并和实验室装置的情况进行了对比。结果表明，煤粉输送管的输送条件，如颗粒质量、速度，气流的温度和相对湿度对煤粉分选效果没有显著影响[74]。1998 年，J. M. Stencel 等[75-76]建立了处理量为 4～40 kg/h 的摩擦静电分选试验装置(图 1-14),对电厂煤粉摩擦电选在线脱硫、降灰进行了试验研究。研究表明,如果煤粉磨至小于 200 目,摩擦电选可以在电厂中高效应用。新建立运行的摩擦电选系统投资成本大约为 3 美元/t,而将摩擦电选机和现有电厂系统结合投资成本约为 1.5 美元/t。

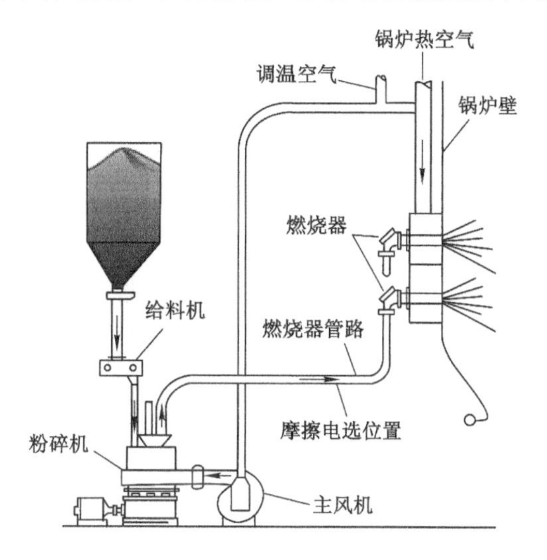

图 1-13 煤粉在线摩擦电选示意图

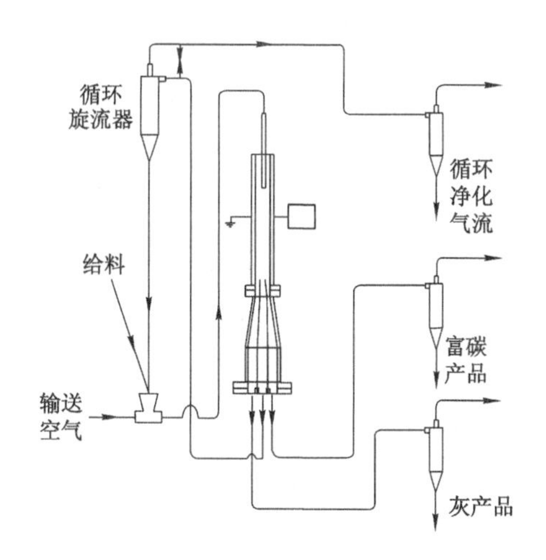

图 1-14 摩擦静电分选试验装置

1997 年,H. Ban 等[77]进行了粉煤灰摩擦电选的试验。研究表明,通过摩擦电选可以得到碳含量小于 5%的精灰,其回收率达 60%～80%;尾灰的碳含量大于 50%,可以再利用,故摩擦电选技术在粉煤灰资源化利用方面具有广泛的应用前景。1997 年,J. C. Hower 等[78]利用摩擦电选进行了煤显微组分分离的研究。研究发现,摩擦电选能有效分选高挥发分的烟煤,而对不同岩相分析的高阶烟煤的分选效果不佳。在煤炭分选过程中,研究人员注意到中煤(从原煤中分离出来的煤矸石和精煤的混合物)中既包括那些因为粒度大且带电量小甚至不带电的颗粒,又包括那些已经偏移并接触到极板但又反弹脱落的颗粒,所以对中煤应适当处理。研究结果表明,与油团聚方法相比摩擦电选可以更加彻底地将矿物质、硫和煤显微组分分离。1999 年，H. Ban、J. M. Stencel[79]针对电厂循环流化床锅炉利用旋风除尘器回收未燃尽炭时，分选效率低且大量灰分影响锅炉燃烧效率的情况，提出了采用摩擦静电分选装置代替或安装在旋风除尘器之前来改善这种情况。其研制了实验室高温摩擦电选装置，并进行了分选试验研究，在产率为 50%的情况下，温度从14 ℃上升到 210 ℃，飞灰回收率提高了 15%。研究表明，摩擦电选装置有利于分离飞灰、回收未燃尽炭，两段分选后脱灰效率达 90%。1999 年，T. X. Li 等[80]对月球土壤模拟矿物进行了摩擦电选研究。模拟物料包括钠长石、辉石、钛铁矿、镁橄榄石和石英 5 种典型矿物。试验研究表明，摩擦电选是一种简单有效的从月球土壤中分选钛铁矿的方法，分选产品中钛铁矿的含量是原矿的 2～3 倍，分选效果比较显著。

1997 年，美国的 D. K. Brown[81]发明了一种摩擦电选机用来脱除煤粉中的黄铁矿和灰分矿物。1998 年，美国肯塔基大学 J. M. Stencel 等[82]发明了一种摩擦静电离心分选机。粉煤灰分选试验表明，该分选机经一段分选后可将碳含量降低至 5%以下，具有非常好的应用前景。2002 年，J. M. Stencel 等[83]在早期摩擦静电分选机基础上又设计了一种多级摩擦静电分选机。该装置由多个摩擦电选单元串联组成，可以取得更好的分选效果，并且可以将多个分选机并联组合在一起，提高摩擦电选机的处理能力。2006 年，J. M. Stencel、T. Z. Gurupira[84]又设计了一种双隔板摩擦电选机。其可根据颗粒物料摩擦荷电差异分选得到 3 种产品。

2003 年，美国肯塔基大学 X. K. Jiang 设计了一种采用旋转摩擦器的新型摩擦电选机，进行了多种磷酸盐矿样的分选试验[85]，并且研究了辅助带电粒子作为添加剂对粉煤灰摩擦电选效率的作用，采用铜粉作为荷电“种子”来增加颗粒表面荷电量。结果表明，添加铜粉可以增加颗粒表面荷电量，提高粉煤灰分选效率，使可燃体回收率提高 20%。铜粉可以通过空气旋流器回收[86]。2008 年，D. TAO 等[87-88]开发了一种旋转式摩擦电选机，如图 1-15 所示。该摩擦电选机通过旋转式摩擦荷电装置使物料颗粒荷电，可以显著提高颗粒的荷电效率和分选效率。

2000 年，G. Ahmadi 等设计了矩形管式摩擦电选机，并对射流入料的分散性进行了研究。结果表明，该入料方式可以使－40 μm 粒级颗粒均匀地进入摩擦分选段[89]。同年，Carpco 公司的 W. S. Schmoutziguer、J. J. Mcgovern[90]发明了一种摩擦电选物料处理装置(图 1-16)来强化物料摩擦荷电。该装置一方面通过湍流和管路障碍等方法强化颗粒表面荷电，另一方面通过在物料中添加可回收的“催化”颗粒来增加分选物料的荷电量，提高分选效率。“催化”颗粒可以通过筛网回收循环利用。2001 年，E. S. Yan 发明了一种用于两种类型颗粒混合物进行静电分离的装置[91-92]。该装置包括两个薄箱形电极，它们彼此镜像面对并用电场充电，使相对的电极带上极性相反的电荷，然后将颗粒混合物穿过电场使颗粒向各电极运行，穿过一块穿孔板或筛到达一块实心板后，然后通过重力下落穿过一台分流器，该分流器将充以一种电荷的颗粒与充以另一种电荷的颗粒分开。

2002 年，美国国家能源技术实验室 J. P. Baltrus 等的研究发现，预先让颗粒表面吸附调整剂，摩擦荷电的极性和电量就可能改变[93]。2003 年，美国阿肯色大学 S. Trigwell 等进行了微粉煤燃前摩擦电选脱硫降灰研究。结果表明，微粉煤分选效率取决于煤粉团聚、表面成分和细度。其对 Illinois No. 6 和 Pittsburgh No. 8 煤样也进行了分选试验研究。结果表明，两段分选可以明显改善分选效果，细磨并没有提高精煤产率，但得到了更低灰分的精煤，含

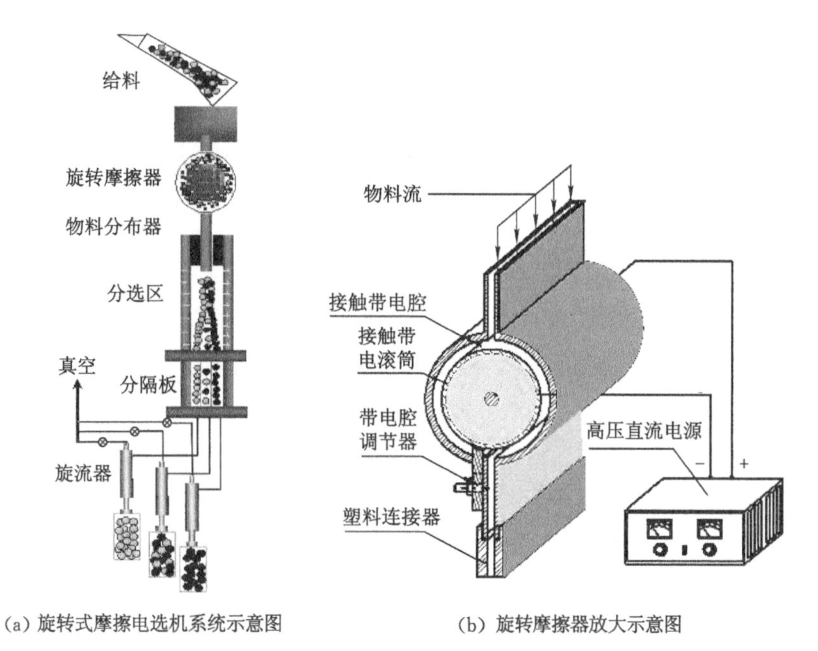

(a) 旋转式摩擦电选机系统示意图　　(b) 旋转摩擦器放大示意图

图 1-15　旋转式摩擦电选机

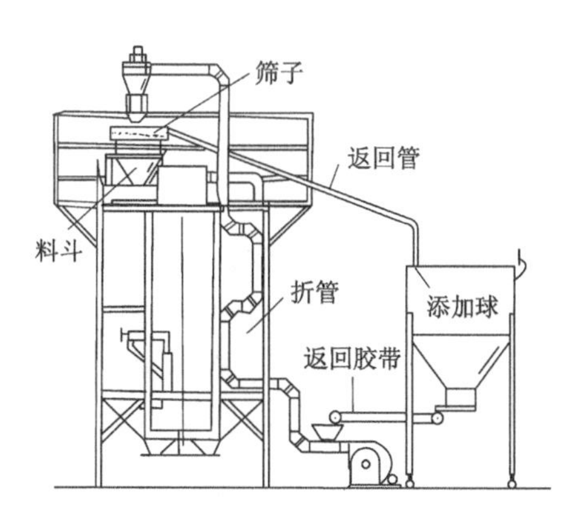

图 1-16　摩擦静电分选试验装置

硫酸盐的氧化煤粉的脱硫效果并不理想。此外，S. Trigwell 等采用 SO_2、NH_3 和丙酮对煤粉进行调理。分选试验表明，SO_2 对分选没有影响，NH_3 对分选不利，只有丙酮稍微改善了分选效果[94]。

美国加利福尼亚州 MBA 聚合物公司 C. F. Xiao、E. Laurence 等发明了一种介质调节摩擦静电分选方法[95-97]，如图 1-17、图 1-18 所示。颗粒状介质被加入混合物中，从而能够选择性地调节该聚合物和混合物的摩擦荷电性能。该介质包括在静电序列中具有选择位置功能的聚合物材料和功能介质。混合物用介质来摩擦荷电。聚合物、混合物的两种或多种组分根据该摩擦荷电方式来分离。通过回收过程尽量回收颗粒状介质，其中功能添加剂在选择时要求与回收过程相适应，添加介质可以使摩擦电中性物质、铁磁性物质的密度、粒度等属性与待分选物料差异变大，以便于回收。

2004 年，斯洛伐克科学院 L. Turcaniova 等对斯洛伐克褐煤进行了摩擦电选研究。研

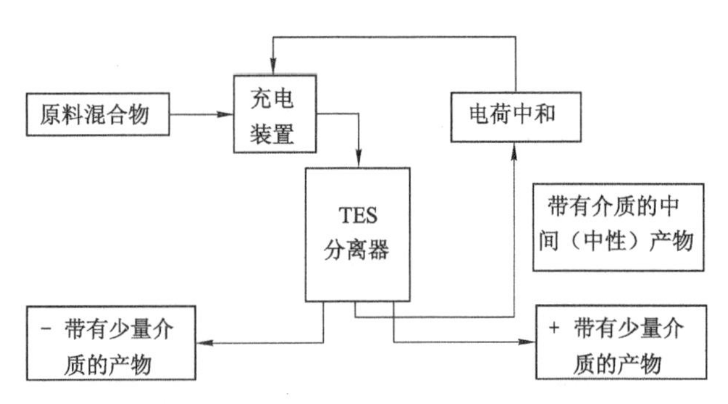

图 1-17　介质调节摩擦静电分选工艺

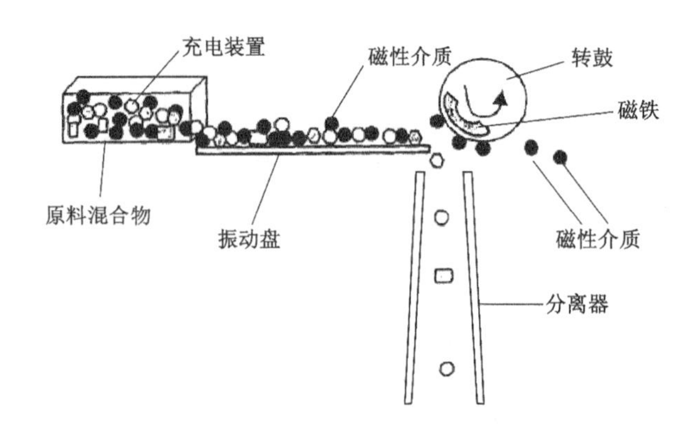

图 1-18　磁性介质调节静电分选工艺

究表明，采用 900 W 微波辐射处理 10 min 的褐煤经摩擦电选后可以得到挥发分为 44%、灰分为 18.3% 的精煤，微波辐射处理对褐煤摩擦电选具有促进作用[98]。2006 年，R. K. Dwari、K. H. Rao 对印度高灰动力煤进行了摩擦电选试验研究[99]。印度高灰动力煤煤样灰分高达 45%，煤中矿物质以石英和高岭石为主。考察了铝、铜、黄铜、有机玻璃和特氟龙几种材料的摩擦器摩擦荷电效果，发现铜摩擦器效果最佳，可以使成灰矿物和煤带上不同电荷，温度对摩擦荷电量具有显著影响。利用建立的自由落体式摩擦电选机进行了 −300 μm 粒级煤粉的摩擦电选试验。该电选机可以将灰分从 45%降低至 18%。2006 年，R. K. Dwari 采用溶液浸泡、烘干的方法将高灰非炼焦煤粉化学预处理后进行摩擦电选试验。结果表明，乙醇、氨水、乙酸等化学药剂对分选效果有明显改善[100-101]。2008 年，R. Sharma 等的研究发现，聚苯乙烯(PS)和丙烯酸聚合物粉体经等离子体处理后，荷质比分别降低了 36%和 55%[102]。

除了意大利、德国、美国、加拿大等国家的科研人员不断对摩擦静电分选进行研究外，20 世纪初，瑞士、韩国、日本、英国、罗马尼亚等国家的科研人员也对摩擦静电分选技术进行了研究，建立了各种摩擦静电分选试验系统，特别是进行了大量的废塑料、粉煤灰方面的分选试验研究。

1995 年，瑞士联邦技术学院 D. K. Yanar、B. A. Kwetkus[103] 进行了聚乙烯(PE)和聚氯乙烯(PVC)塑料粉体的摩擦电选研究。采用铜旋流器作为摩擦器，建立的试验系统如图 1-19 所示，考察了电场强度、空气相对湿度和颗粒运动速度对分选效率的影响。分选试验结果表明,PE产品品位大于90%,产率大于60%,而PVC产品品位为40%,产率大于30%。

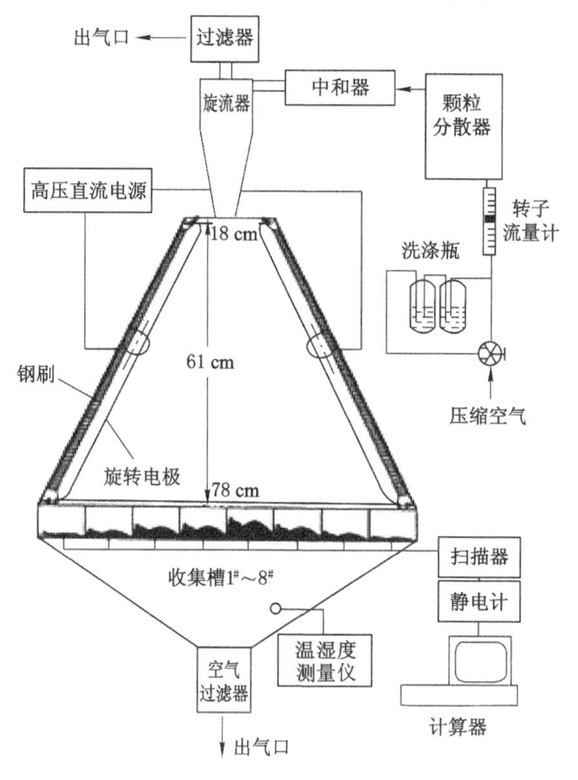

图 1-19 聚合物粉体静电分选装置示意图

1999年,韩国J. K. Lee开发了一种采用摩擦电选的粉煤灰脱碳系统[104],如图1-20所示。该系统主要包括离心分离器、摩擦器和电选机。其中,离心分离器用于脱除粗颗粒炭,气流携带细颗粒粉煤灰通过摩擦器,使炭颗粒和灰颗粒带上异性电荷。摩擦器有多种形式,其目的是使分选物料充分荷电,然后进入分选机在电场力作用下分离。该系统安装了一对击打装置以将黏附在极板上的物料振落。2002年,J. K. Lee、J. H. Shin建立了实验室流化床式摩擦电选系统,研究利用摩擦电选技术从废塑料混合物[如聚对苯二甲酸乙二醇酯(PET)、聚乙烯(PE)、聚丙烯(PP)、聚苯乙烯(PS)]中分选出聚氯乙烯(PVC)。分选试验结果表明,在PVC-PET、PVC-PP、PVC-PE、PVC-PS混合物中回收的PVC纯度大于90%,回收率为96%～99%[105]。

2001年,韩国电力研究院的J. K. Kim等进行了喷射式摩擦电选机降低粉煤灰碳含量的研究,对摩擦电选机的操作条件进行了优化。在相对湿度为30%的环境下,一种SUS304喷射式摩擦器在气流量1.75 m^3/min、给料速度50 kg/h时获得最大电荷密度。实验室摩擦电选机的单位电极面积处理量约为0.074 kg/(h·cm^2),优化操作条件可使分选试验得到产率大于75%、烧失量小于3%的精灰产品,为摩擦电选机放大试验提供了指导[106-107]。

2007年,韩国的C. H. Park等[108-110]设计了实验室摩擦电选机,如图1-21所示,对塑料混合物进行了摩擦电选塑料分选试验,研究了空气湿度、摩擦材料和气流速度对摩擦电选效

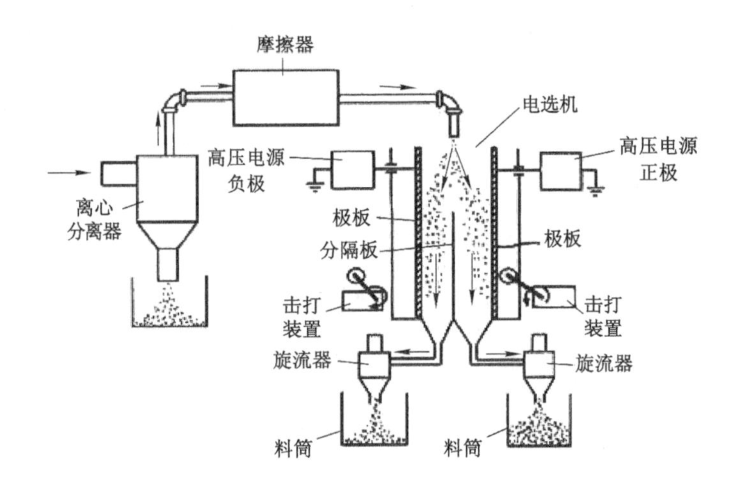

图 1-20　粉煤灰摩擦电选脱碳系统示意图

果的影响。在分选 PVC 和 PET 时，在最佳试验条件下 PVC 的去除率达 99.60%，PET 的回收率为 98.10%。试验研究表明，PP 材料是分选交联聚乙烯(XLPE)和 PVC 混合物的最佳摩擦材料，摩擦荷电是颗粒间摩擦和颗粒与摩擦器之间摩擦的联合作用，PVC 的纯度和回收率取决于电极电压和分流板的位置。试验获得了纯度为 99.50%的 PVC 产品，回收率达 98.05%。摩擦电选机放大试验获得了纯度为 98.50%的 PVC 产品，回收率达 98.40%。他们还进行了 PVC、PET 和丙烯腈-丁二烯-苯乙烯共聚物(ABS)3 种塑料的分选试验，发现聚丙烯(PP)和耐冲击性聚苯乙烯(HIPS)是最有效的摩擦器材料。

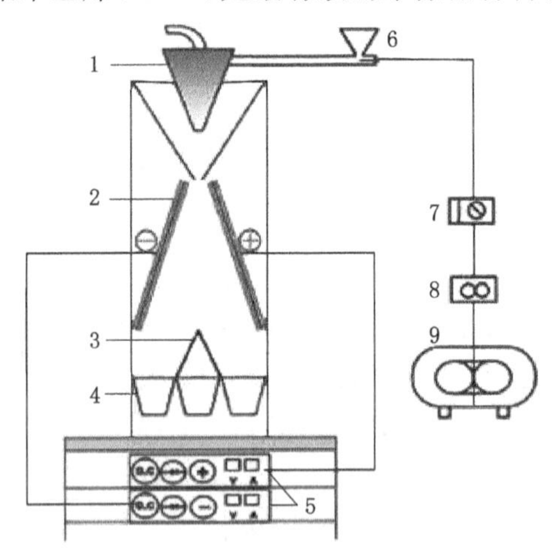

1—摩擦器(旋流器)；2—电极；3—分隔板；4—收集槽；5—高压电源；6—给料装置；7—流量计；8—干燥器；9—空气调节器。

图 1-21　摩擦电选机示意图

1983 年，日本东京大学的 S. Masuda 等[111]进行了煤粉摩擦电选研究，建立了旋流器式摩擦静电分选装置，如图 1-22 所示。研究表明，采用铜和 PVC 材质摩擦器可以获得较好的分选效果，摩擦器材质和尽量避免颗粒间碰撞对物料充分荷电是非常重要的。1984 年，日本 K. Kitazawa、T. Ozaki 发明了一种煤粉电选脱灰方法[112]。该方法利用非氧化气体将煤粉携带进入干式电沉积室，根据煤颗粒和灰分矿物颗粒比电阻的差异将两者分离。

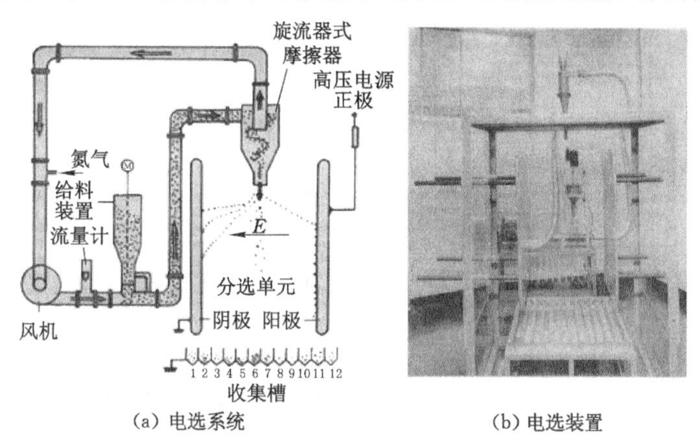

(a) 电选系统　　(b) 电选装置

图 1-22　旋流器式摩擦电选系统示意图及装置

1999 年，日本静冈大学的 Y. Matsushita 等进行了废塑料的电选试验研究，采用叶片摩擦搅拌器使物料摩擦荷电，然后让带电物料进入静电场中分离。分选试验表明，两种混合塑料颗粒分选效果良好，产品纯度大于 90%[113]。2005 年，日本东京大学 G. Dodbiba 等[114]利用旋流器式摩擦电选机对密度相近的 PET 和 PVC 塑料进行了摩擦电选，取得了很好的分选效果。PET 的纯度高达 97.2%，回收率为 67.0%；PVC 的纯度高达 93.1%，回收率为 76.0%。2006 年，日本早稻田大学的 S. Owada 利用表面活性剂和电解液对滚筒电选机入料颗粒表面进行改性预处理。试验采用搅拌混合浸泡和直接喷洒两种方法。分选试验表明，改性后的物料在潮湿的环境下也能获得较高的电选效率，并使非导体物料产生新的选择，类似于浮选过程，该方法可以用于多种固体废弃物的分选过程[115]。2006 年，日本新潟工科大学的 M. Saeki 研制了一种摩擦荷电振动分选机，在分选长、宽、高为 5 mm×5 mm×0.5 mm PVC 和 PET 混合物料时，PVC 纯度最高达99.66%，回收率最高达 91.85%；PET 纯度为 99.18%，回收率为 95.88%[116]。2008 年，M. Saeki 对 3 种塑料的混合物进行摩擦电选试验研究。采用的摩擦电选机由装有电极的振动输送器组成，如图 1-23 所示。该方法使带有异性电荷的颗粒避免黏结成为可能，并对电极板的长度、摩擦时间等参数进行了研究。PVC、PE、PET 混合物的分选试验结果表明，PVC 的纯度高达 99%，回收率高达 94.9%。ABS、PP、PS 混合塑料的分选试验结果表明，ABS 的纯度高达 99%，回收率为 89.4%[117]。

2005 年，英国南安普顿大学的 G. L. Hearn、J. R. Ballard 利用摩擦静电探测技术进行了废包装材料的分类研究[118]。其利用一系列的摩擦静电探头，通过探头与被检查物料摩擦产生静电，根据测定的静电大小和极性确定物料种类。该技术可以用于塑料和非塑料的分选，也可用于聚丙烯(PP)、聚对苯二甲酸乙二醇酯(PET)/聚苯乙烯(PS)、聚氯乙烯(PVC)和高密度聚乙烯(HDPE)的分选，可以和现有自动回收线完美结合。

罗马尼亚 Cluj-Napoca 科技大学的 A. Iuga 和法国 Poitiers 大学的 L. Dascalescu 等对滚筒电选进行了大量的研究，目前对摩擦电选技术也开展了相关研究工作。1999 年，A. Iuga 等[119]利用电选方法进行了从铜渣中回收黄铜的试验研究。结果表明，90%的黄铜

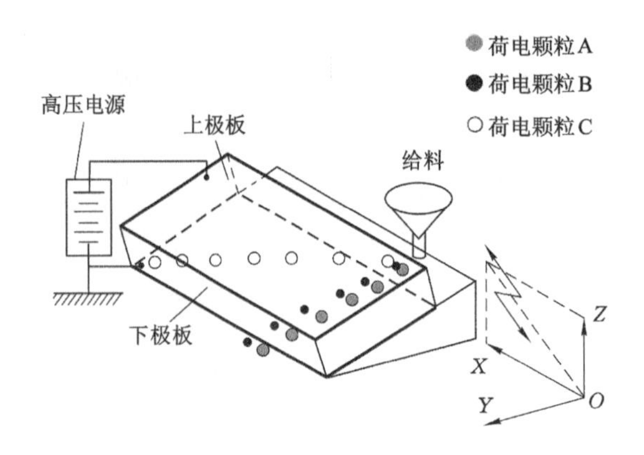

图 1-23 摩擦电选系统示意图

可以通过电选回收,并且品位高达 95%。2004 年,L. Dascalescu 等[120]采用 Taguchi 试验设计方法,利用线性交互优化模型对高压静电分选过程的操作参数进行了优化。2004 年,A. Iuga 等[121-122]利用电选进行了从花岗岩中分离白云母的试验研究,并且利用电选从工业废弃物中回收金属和塑料,分析了影响电选效率的操作参数。2004 年,罗马尼亚 Cluj-Napoca 科技大学的 A. Urs 等[123]利用实验室型滚筒电选机对绝缘颗粒在滚筒表面的荷电和放电过程进行了研究。研究数据表明,绝缘颗粒在滚筒表面的放电过程不但与颗粒的种类、粒度和形状有关,而且与颗粒和滚筒电极的接触条件有关。2007 年,A. Iuga 等[124]利用电选对电子废弃物碎料中的金属颗粒进行了分选研究。在盘式电选机和滚筒电选机系统进行的分选试验表明,电选可以从 ABS 产品中脱除所有金属颗粒,并且 ABS 损失非常小。

2005 年,A. Iuga 等[125]建立了流化床摩擦静电分选装置,如图 1-24 所示,并利用该装置进行了 PET 和 PVC 塑料分选试验研究。2005 年,罗马尼亚 Cluj-Napoca 科技大学的 L. Calin 等[126]采用聚丙烯和铝作为摩擦材料进行了 PVC 和 PE 的摩擦电选试验研究。2007 年,L. Calin 等研究了不同塑料颗粒与不同材料摩擦器的摩擦荷电特性。荷电测量试验结果表明,聚苯乙烯和低密度聚乙烯颗粒与摩擦器壁面的摩擦荷电行为是不同的[127]。

从国外对电选技术特别是摩擦静电分选技术的研究综述可以看出,早期人们对电选的研究由于电选技术存在的问题,或因为有其他成熟的替代分选技术,其发展受到了阻滞,但是在近十年内,由于水资源短缺,选矿工业对水资源的污染,以及矿物资源需求旺盛和贫杂矿物开采等因素,发达国家的科研人员又对电选技术进行了重点研究。

1.4.2 国内摩擦电选技术的发展与研究现状

我国从 1958 年开始研究和应用电选设备和工艺。相对国外而言,国内电选研究工作起步较晚,主要集中在矿物精选、煤炭分选、粉煤灰脱碳和固体废弃物回收等几个方面,此外在农业方面也有应用研究[128-133]。目前主要的研究单位有长沙矿冶研究院有限责任公司(以下称长沙矿冶研究院)、中国矿业大学、昆明理工大学、西安科技大学、河南农业大学等,在分选工艺和设备研制方面取得了较大的进展。高压静电分选机早已成功应用于工业生产。各研究单位也设计了多种摩擦静电分选机,并且有的已从实验室研究进入工业试验阶段[134-139]。

1960 年,矿冶科技集团有限公司设计了静电、电晕复合电场的 ϕ120 mm×1 500 mm 双

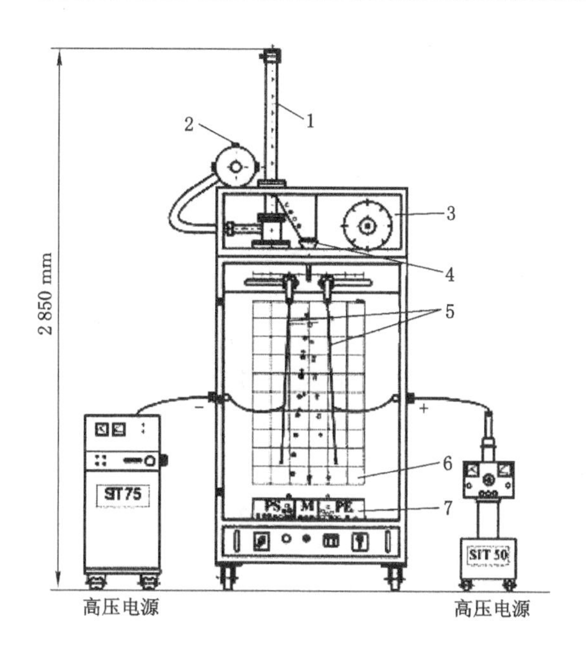

1—摩擦荷电装置；2—离心式鼓风机；3—可调变压器；4—电选机入料口；
5—电极板；6—定位板；7—收集槽。

图 1-24 流化床式摩擦电选机

滚筒工业型电选机。1963 年，该公司开始进行工业生产试验。结果表明，该工业型电选机运行可靠、操作方便、分选性能良好[140]。1960 年以来，长沙矿冶研究院研制的 YD 系列圆筒型高压电选机经过多年的实践和不断增型、改进和完善，在矿山生产中得到良好的应用，满足了我国金属矿精选的需要，特别是钛精矿精选，取得了显著的经济效益，至今在我国金属矿选矿领域占有重要地位。1995 年，该公司研制的 YD31200-23 型高压电选机具有分选指标先进、机械电气性能稳定可靠、操作灵活简便、参数显示直观、密封措施周全等特点，分选指标比美国 TP(25)231-200 型高压电选机有较大幅度提高，是我国新一代现代化的大型电选设备。YD 系列高压电选机及以其为主体设备的电选工艺在矿物分离和精选加工方面有着独特的优势，已广泛用于海滨砂矿、钛铁矿等金属矿的分选，而且在非金属矿物除杂、提纯及粉煤灰脱碳、废渣处理等方面也有着广泛的应用前景[141-145]。

19 世纪 70 年代，长沙矿冶研究院开始对 YD 系列高压电选机进行改进，用来进行粉煤灰中炭粒的分选，并已成功地研制出实验室用 YD3030-11L 型和工业用 YD31200-21F 型、YD31300-21F 型粉煤灰电选脱碳机。该单位龚文勇、张华[146]结合国内火电厂粉煤灰再生利用的需求，对粉煤灰电选脱碳工艺进行了研究，认为采用静电方法处理粉煤灰可以有效地降低粉煤灰碳含量，并生产出具有工业应用价值的脱碳灰和富炭产品。长沙矿冶研究院研制的 YD 型粉煤灰电选脱碳机是目前国内解决粉煤灰综合利用的有效分选设备。粉煤灰分选工艺及设备的研究与应用，以及提高干灰分离效率和处理能力是今后研究的重点。1976 年，长沙矿冶研究院先后对湖南金竹山、株洲电厂、福建南平纸厂、永安电厂和辽宁阜新电厂等 20 多个粉煤灰样品开展了电选脱碳试验，皆获得了预期的分离效果。徐星佩等[147]利用 YD 系列滚筒电选机先后进行了粉煤灰电选实验室试验和工业试验，并对电选流程进行了试验研究。结果表明，采用电选法处理粉煤灰，不仅可以直接获得干的、符合国家标准的建材，而且能充分利用煤炭资源和减少环境污染，经济效益比较明显。

1991年，广州有色金属研究院研制成功的SDX-1500型筛板式电选机已广泛应用在我国海滨砂矿锆石精选作业中。1992年，该单位向延松等[148]研制成功了HDX-1500型板式电选机。这是我国自主研制的一种新型静电选矿机，该机主要应用于导体矿物的精选作业中，可使金红石精矿达到特级品，TiO_2品位＞95.00%。

岳阳石油化工总厂热电厂的陈宝权[149]利用浮选和电选方法进行了粉煤灰分选脱碳和综合利用试验。研究表明，浮选和电选方法都可以获得国标等级的粉煤灰产品，虽然电选方法效率低于浮选工艺，但浮选工艺复杂，产品需脱水，生产成本高，而干式电选工艺简单，不需药剂，投资少，成本低，见效快。

中国矿业大学是国内率先进行煤粉摩擦电选技术研究的单位，自1993年起，承担了国家高技术研究发展计划（“863计划”）、国家重点基础研究发展计划（“973计划”）、国家自然科学基金等项目的研究，并建立了摩擦电选中间试验研究系统。该系统达到了制备灰分小于2%的超低灰煤指标，已通过省级技术鉴定，被鉴定为“国际先进、国内首创”[150]。中国矿业大学选矿工程研究中心的试验研究表明，摩擦电选可分选粒度下限小于0.043 mm的微粉煤[151]。超细磨后灰分为12.04%的无烟煤经过一次粗选和两次精选，可制得产率（对原煤）22.26%、灰分1.50%的超低灰精煤[152]。利用超低灰精煤进行配煤制备优质活性炭，可使活性炭的灰分降低到3.90%，比表面积达1 312 m^2/g，碘值达1 165 mg/g，强度达96%[153]。

中国矿业大学的研究人员在陈清如院士的指导下针对微粉煤摩擦电选进行了大量的试验研究[152,154-163]。针对实验室型煤粉摩擦电选系统的研究表明，通过摩擦器的气流速度越大，颗粒摩擦荷电越充分，煤粉分选效果越好；煤粉中净煤和矿物成分的导电性越好，则摩擦电选效果越差；摩擦电选机施加的静电压过高时，会造成精煤、尾煤产率下降；空气湿度增大会造成精煤产率下降，但通过增大电选机的极板长度和电场强度，可以保证精煤的产率；煤粉在摩擦电选过程中对空气湿度的变化并不敏感。

此外，中国矿业大学的研究人员还对摩擦荷电机理进行了分析研究。结果表明，伴生矿物摩擦荷电过程中，矿物颗粒的带电极性决定于颗粒和摩擦材料之间的功函数差，带电量决定于颗粒的介电常数。矿物和不锈钢之间的接触电势差受温度和湿度的影响比较大，矿物的介电常数随温度的升高而逐渐减小，随湿度的增加而逐渐增大，物料颗粒的内在水分的变化对介电常数的影响较大。矿物颗粒的单位带电量随温度的升高逐渐增大，随湿度的增加而逐渐减小。微粉煤摩擦荷电过程中，各密度级煤样摩擦荷电的极性取决于该密度级煤样与摩擦材料之间的功函数差，荷电量取决于该密度级煤样的介电常数；由于矿物分布的差异，同一煤样的不同密度级样品与不锈钢之间接触电势差的变化规律不相同，不同煤样的相同密度级样品与不锈钢间接触电势差的变化规律亦不相同。各密度级煤样的介电常数随温度的升高而减小，随湿度增加而降低；各密度级煤样的荷电量也随温度的升高而增加，随湿度增加而减少。

章新喜等[164]对火电站燃前煤粉摩擦电选在线脱硫模式进行了研究，阐明了应用摩擦电选技术与电站制粉工艺集成进行火电站燃前煤粉在线脱硫、降灰的技术路线，分析了该技术路线的可行性及应用前景，并且发明了一种微细粒物料摩擦电选装置[165]（图1-25）。该装置可以和火电厂制粉系统相结合，实现煤粉的在线净化，脱除黄铁矿和矿物质，实现煤炭的清洁高效利用，具有广泛的实用性。章新喜等还利用实验室型摩擦电选装置对大同煤进行了分选试验研究。结果表明，摩擦电选机的电场强度、电场均匀性、气流速度、分离室压强等因素对煤粉摩擦电选过程具有显著影响，并且原煤可选性对摩擦分选起到了决定性影响。为了提高煤的摩擦电选脱硫、降灰效率，章新喜等采用同心圆筒测量法研究了煤和伴生矿物颗粒的比电阻，应用开尔文探针法研究了煤和伴生矿物与不锈钢的接触电位差，利用法拉第筒测量了煤和伴生矿物的摩擦荷电荷质比[159]。结果表明，煤和伴生矿物与不锈钢摩擦时，$-1.6\ g/cm^3$各密度级和$+1.6\ g/cm^3$各密度级颗粒摩擦荷电极性相反，温度升高或湿度降低会使颗粒的电阻率升高，有利于提高颗粒的摩擦荷电量和分选效率。

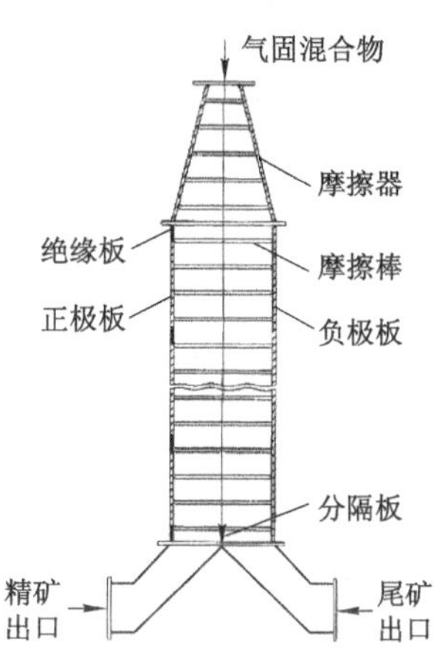

图 1-25　微细粒物料摩擦电选装置

高孟华等[157,160]通过摩擦电选方法对原煤灰分为20%、$-74\ \mu m$粒级的微粉煤进行了干法分选试验，取得精煤产率63.00%、灰分10.73%和尾煤产率36.80%、灰分32.98%的良好分选效果。分选过程中吸附在正、负极板上的物料颗粒主要集中在极板前段，说明物料已充分摩擦荷电，且正、负极板末端煤样的灰分相差不大。通过测定中梁山煤的介电常数及其与不锈钢之间的接触电势差，研究了该煤样摩擦电选的可选性。浮沉试验和X射线衍射分析表明，中梁山煤中矿物质的含量随着其密度的增大而增大，特别是介电常数较高的高岭石和黄铁矿。随着各密度级煤样介电常数的增大，该煤样导电性增强，与不锈钢摩擦后的荷电量趋于减小。各密度级煤样与不锈钢之间接触电势差的差异决定了煤样与不锈钢摩擦荷电的极性。但在实际分选过程中，颗粒之间还存在交叉的摩擦荷电效应，且由于煤样成分的复杂性，颗粒间摩擦荷电相互干扰，存在相互碰撞和夹杂等现象，影响颗粒的运动轨迹，出现“错配”现象，这使得在实际分选中难以达到理论上单独两种成分相互摩擦的荷电效果。

于凤芹等[155]对中梁山微粉煤进行的摩擦电选试验结果表明，随着电场电压的升高，精煤的产率提高，但是相应的灰分和硫分也有所增加。随着风量的增大，精煤产率逐渐下降，同时灰分也有所降低。随着湿度的增大，精煤产率下降，灰分增加，这有利于煤粉摩擦电选。对于微细煤粉，矿物质已充分解离，此时粒度对摩擦电选分选效果的影响不明显，而通过优化改进分离室的结构可以明显改善分选效果。马瑞欣、章新喜[158]将$-1.35\ g/m^3$密度级煤样与石英、高岭土、黄铁矿、方解石分别按照一定比例混合，将模拟煤样混合物通过摩擦电选方法进行分离，对分离后的样品分析，研究了煤中矿物在摩擦电选过程中的脱除规律。结果表明，在实际摩擦电选过程中，净煤与石英、高岭土、黄铁矿、方解石等矿物摩擦可以带上异性电荷，然后在高压静电场中实现分离，所以煤中矿物在摩擦电选过程中可以有效脱除。张军华等[162]从理论上分析了摩擦荷电和电晕荷电对煤粉电选的作用，设计了煤粉电晕荷电装置以增强荷电效果。煤粉电选试验结果表明，在煤粉进入摩擦器之前对煤粉进行电晕荷电预处理能够提高煤粉颗粒的荷电效果，有效提高煤粉的摩擦电选效果。济钢集团有限公司的温燕明等[166]在对 3 种煤的浮沉组成、介电常数和矿物成分分析研究的基础上，进行了摩擦电选试验研究。其结合钢铁厂喷煤系统的特点，应用摩擦电选技术进行炉前煤粉降灰。这在工艺和技术上都具有可行性，可以降低高炉喷吹用煤灰分，有利于提高煤比、降低焦比，节约钢铁生产成本。试验结果表明，煤质特性、电压、风量对分选效果的影响非常显著，通过调节风量、电压参数可以将喷吹用煤灰分降至 8%，精煤产率达 87.57%。

1987 年，昆明理工大学的张宗华等[167]发明了白钨矿药剂处理电选除锡方法。该方法在白钨矿电选之前采用含钠离子、钾离子的工业碱类药剂，特别是碳酸氢钠搅拌处理，待清水漂洗后，再分级干燥、分级电选除锡，可使钨精矿的含锡量达 0.2%以下。碳酸氢钠的用量为 0.8～4.5 kg/t 矿料，pH 值为 8～13。1994 年，张宗华等发明了悬浮电选机，如图 1-26 所示，并进行了钛铁矿、金红石、磷矿等矿物的分选试验研究，取得了令人满意的分选效果[168-174]。

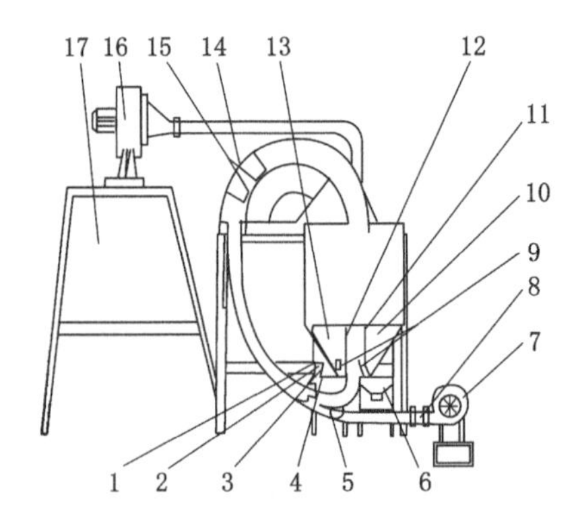

1—给矿斗；2—给矿隔筛；3—给矿口；4—电磁振动装置；5—调节风量阀门；
6—产品收集装置；7—风机；8—活动连接软管；9—电收集装置调节阀门；10,13—电收集箱；
11—正高压静电极；12—负高压静电极；14—板式接地电极；15—刀片电晕电极；
16—产品收集抽风机；17—收集装置。

图 1-26 悬浮电选机

悬浮电选机电压高，矿粒在其气流中处于悬浮状态，通过高压电场能使矿粒充分荷电、放电，电性不同的矿粒因受电场力不同产生不同的运动轨迹，进而实现分选。张桂芳、张宗华等[170-174]开展的试验研究表明，悬浮电选机对一些金属矿物的分选能取得较好的分选指标。对于以黄铁矿为主的低灰高硫烟煤，可以采用悬浮电选机脱除煤中的黄铁矿硫；对于硫分为 3.27%的高硫原煤，经分选后精煤硫分可降至 0.89%，达到低硫煤标准，脱硫率为 72.70%；对于原煤硫分不高的云南烟煤，可使硫分由 1.75%降至 0.69%，脱硫率为 60.57%。采用 12 万 V 超高压悬浮电选机，经过一粗、一精、一扫工艺可以将 TiO_2 品位为 73.95%的粗精矿分选得到 TiO_2 品位为 90.57%的优质金红石精矿。戴惠新、张宗华[175]对攀枝花−40 μm粒级钛铁矿进行了分选工艺研究,采用加药剂预处理方法可得到 TiO_2 品位为49.17%的优质钛精矿,回收率为60.16%。试验结果表明,气流式悬浮电选机可以有效精选钛铁矿。张宗华、石道民[176]进行了微细粒级黑钨矿除锡试验研究,在竹园多金属矿分选工艺中利用12万V超高压悬浮电选机分选含锡尾矿可以得到品位为44.31/%的合格锡精矿,回收率达74.45%,效果较好。戴惠新等[177]分析了电选用于我国磷矿分选的前景,认为电选特别适合应用于我国磷矿的分选,解决我国现有磷矿选矿方法存在的问题,符合我国磷矿产业可持续发展的要求。戴惠新等进行了低品位磷矿电选试验[178],将清水沟中低品位磷矿磨至−0.174 mm粒级的磷矿颗粒,采用悬浮电选机经过一粗、一精、一扫电选工艺,可由含 P_2O_5 为24.47%的原矿获得含 P_2O_5 为30.23%的合格磷精矿,回收率达83.26%。华东交通大学吴彩斌等[179-180]进行了中低品位磷矿电选富集试验。试验结果表明,分选入料品位大于20%的中品位磷矿可以获得满足湿法磷酸用料要求的磷精矿,而分选入料品位为14.75%的低品位磷矿可获得满足磷肥或钙镁磷肥用料要求的磷精矿。

在粉煤灰摩擦电选脱碳方面,国内多家单位先后开展了粉煤灰摩擦电选脱碳技术的研究,对粉煤灰的摩擦荷电特性、摩擦材料进行了研究,建立了实验室型摩擦电选装置,并对气流速度、电压等工艺参数进行了试验研究[156-157,160,202-211]。

清华大学黎强等[181-182]的研究表明,摩擦电选技术可以有效降低粉煤灰中残余炭的含量,有效分选粒级为小于0.074 mm。摩擦电选处理粉煤灰可采用两种工艺流程:第一种是直接采用摩擦电选处理,可将粉煤灰含碳量从9.50%降低为3.20%,脱碳率为64.64%,产品产率为38.86%;第二种是采用摩擦电选与筛分相结合的工艺,得到的最终产品产率为91.46%,含碳量为3.78%,脱碳效果较好。中国矿业大学于凤芹等[183]利用实验室型摩擦电选系统进行了粉煤灰摩擦电选脱碳研究,考察了电压、风量、进料速度、湿度、粒度等因素对分选效果的影响。结果表明,采用摩擦电选方法进行粉煤灰除炭是可行的。

西安建筑科技大学侯新凯等[184-186]进行了粉煤灰脱碳摩擦电选基础试验研究,通过试验数据分析得出了固气比、进风压力、摩擦管道长度对粉煤灰荷质比的影响规律。他利用焦炭粉模拟粉煤灰中的炭进行了焦炭粉与铁管摩擦荷电试验。研究结果表明,空气湿度是影响焦炭粉摩擦荷电特性的最主要因素;焦炭粉细度增大,其荷质比就增大。焦炭粉的荷质比随着其质量流量的减小而增大,质量流量为264 g/min时荷质比最大。徐品晶等[135]利用电位差计配合法拉第圆筒的方法确定了10种材料的摩擦静电序列(序列为Pb、Zn、Al、Fe、C、Mn、Cu、SiC、Ag、粉煤灰),并利用压力为0.5 MPa相对湿度为27%的压缩空气在铁管中进行了气力输送摩擦荷电试验,研究了气体流速、管道长度和摩擦管道内固气比等因素对粉煤灰摩擦荷电量的影响。结果表明,增大气体流速能显著提高粉煤灰的摩擦荷电量,而管道长度对粉煤灰颗粒荷质比的影响不大。

河南农业大学张全国等[187-191]设计了YNDF-I型立式电场粉煤灰脱碳装置,在分析粉煤灰电性基础上进行了粉煤灰摩擦电选试验,建立了电压、极板间距、摩擦分散器材料、粉尘浓度及气体流量等工艺参数与静电脱碳率的相关关系。试验结果表明,该装置在最优工艺参数条件下可使精灰的含碳量降低至1.20%,脱碳率达到86.74%,产品能够直接代替水泥用作建筑材料或修筑公路,具有较高的经济效益和环境效益。

中国建筑材料科学研究总院有限公司的汪澜等[192]发明了一种粉煤灰带式输送静电分离方法及装置。该装置通过输送带将粉煤灰送入电场区,由于粉煤灰和炭颗粒的电性不同,输送过程中粉煤灰颗粒间的相互接触、摩擦就会使粉煤灰和炭颗粒带上极性相反的电荷。在进入电场区后，粉煤灰中带有不同电荷的颗粒会分别向正、负极偏移，从而逐渐得到分离。粉煤灰经输送带携带离开电场区后，有机未燃炭颗粒和无机矿物颗粒即可得到最终的分离。

此外，在固体废弃物利用方面，中国矿业大学、上海交通大学、清华大学等科研人员也进行了大量的电选试验研究，主要采用高压电选机从电子废弃物、金属矿渣、废切削液中回收有价值的金属[193-197]。

1.5 摩擦电选技术的理论研究现状

随着人们对摩擦电选技术的重视，在摩擦电选带电理论方面的研究也取得了一定的进展，对电极的电压大小、尺寸长度、摩擦材料、气流速度、温度、湿度等参数进行了研究。但电选理论还远远不能适应实际的需要，制约了摩擦电选技术的实际工业应用。对于各种电选方法来说，矿粒物理性质的差异，特别是导电率和介电常数等的差异在矿物电选中起着重要作用[198]。矿物组成决定了是采用摩擦荷电、传导感应带电还是电晕带电方法进行电选。电选在实际应用中的分选效果也取决于矿物特性参数、周围环境条件、电选机参数等因素[199]。

1992 年，密苏里州立大学 E. M. Charlson 等[200]开发了一种接触荷电测量装置。该装置可以测量金属探针和绝缘体样品在接触和分离时产生的电流。典型的接触分离电流波形如图 1-27 所示。研究结果表明，可以根据测量的电流峰值确定绝缘体的摩擦静电序列，利用该技术对一系列聚合物薄膜的测试结果与公开的摩擦电选结果一致。

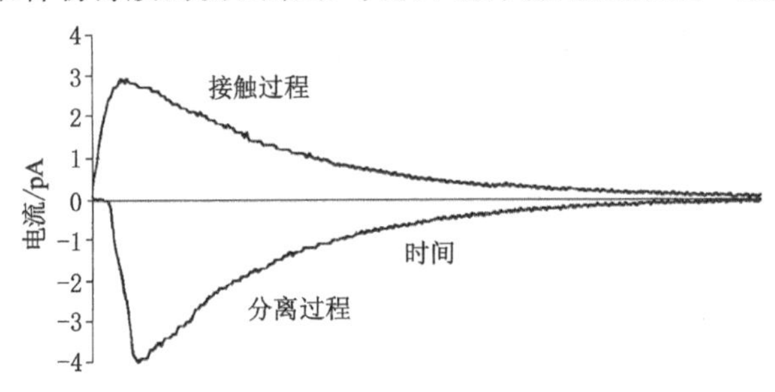

图 1-27 典型接触分离电流波形

1993 年，R. Gupta[201]研究了温度对摩擦荷电的影响。研究结果表明，随着温度的升高，黄铁矿和油页岩荷质比增加，荷电量增大。M. K. Mazumder 等研究发现，颗粒表面的氧化程度对摩擦荷电性质有很大影响，颗粒表面的氧化对摩擦荷电过程中电荷的转移起一定的抑制作用[202]。1993 年，日本富士通实验技术公司的 J. Kodama 和加拿大西安大略大学的R. Foerch 等[203]对聚苯乙烯(PS)和聚甲基丙烯酸甲酯(PMMA)粉体进行了氮、氧微波等离子体表面改性处理，研究了其对摩擦荷电性质的影响。结果表明，随着氮气浓度的缓慢增大，PS 粉体表面电荷极性向正极性转变；采用氧等离子体处理后，PS 粉体表面电荷开始呈现负极性，随着氧气浓度的增大，电荷极性向正极性转变，而采用等离子体表面处理后 PMMA 粉体表面电荷密度的变化不同于 PS 粉体，PMMA 粉体表面电荷密度变化微弱。2005 年，法国的 L. Dascalescu 等[204]的研究表明，紫外光照射后可以使聚酰胺颗粒在振动摩擦器中荷电量增加，物料表面预处理方法可以有效提高荷电效率。1996 年，美国的 J. H. Anderson[205]研究了静电控制剂在双组分调色剂中的作用。该静电控制剂的影响符合荷电表面能态模型。该模型认为功函数的差异决定了摩擦荷电水平。1994 年，日本东京大学的 T. Matsuyama 和 H. Yamamoto 对聚合物颗粒与金属盘碰撞荷电的机理进行了研究[206]，分析测量了冲击力、接触时间和接触面积对摩擦荷电的影响，并提出了“有效接触面积模型”。

1994 年，美国肯塔基大学应用能源研究中心的 H. Ban 等对摩擦电选进行了深入研究[77-78,207]。研究发现，石英颗粒的荷质比随温度的升高而减小，石英 100 ℃时的荷电量大约只有 20 ℃时的 40%，对于煤颗粒而言，温度增大对荷质比影响甚微。H. Ban 等还利用激光多普勒颗粒分析系统对 C 和 SiO_2的混合物与铜摩擦后颗粒的荷电分布进行了研究，发现颗粒荷电分布呈现双峰分布。对颗粒摩擦荷电条件的研究表明，颗粒平均摩擦荷电量与摩擦速度几乎呈线性增长关系，颗粒平均摩擦荷电量的增加与颗粒表面积的增加成正比。不同的温度对物料颗粒荷电的影响也是不同的，而湿度增加使颗粒平均荷电量降低，但不同物料颗粒平均荷电量降低的幅度不同。

1995 年，美国卡内基梅隆大学 J. A. Doney 利用聚乙烯和硅胶颗粒对影响摩擦电选的流体动力学因素进行了研究，采用激光图像技术得到了不同操作条件下颗粒分离轨迹的视频图像，并利用该数据验证了一个包含曳力、电场力和重力的稀相流体力学数值模型。试验数据表明，这些作用力对颗粒分选轨迹具有重要影响[208]。2001 年，美国卡内基梅隆大学 S. J. Vinay 等利用最新的颗粒流体可视和动画技术，对不同时刻荷电颗粒群的统计分布进行了检测。研究发现，在拉格朗日坐标系统中，颗粒群的分散主要受粒子间的相互作用和曳力的影响，但是颗粒的运动轨迹主要受外电场和流场的影响[209]。2001 年，埃及 Mansoura 大学 I. A. Metwally、A. A. A-Rahim[210]利用计算机模拟方法研究了金属球形颗粒在静电分选/分级中的动力学规律。1998 年，加拿大西安大略大学 A. F. Sharmene 等[211]研究了摩擦荷电颗粒在电场中自由下落分离的过程，将摩擦荷电颗粒中的少数带异性电荷的颗粒分离出来，发现分离数量是单个颗粒的荷电量和电场高度的函数，并建立了一个基于分子动力学的计算机模型来模拟单个颗粒的运动轨迹。该模型考虑了对颗粒作用的电场力、曳力和重力，模拟结果与统计分析试验结果一致。

2001 年，M. S. Jhon[212]利用颗粒流动分析系统和激光多普勒测速仪研究了荷电颗粒在电场中的统计分布。图 1-28 为其得到的聚乙烯醇颗粒和硅胶颗粒在电场中分离时的情景。由该图可以看到一个非常重要的现象就是荷电颗粒向极板运动，并与极板碰撞后被反弹回来。

2008 年，罗马尼亚 Cluj-Napoca 科技大学 L. Calin 等[213]通过调整颗粒进入极板空间的初始条件来控制颗粒在极板空间的运动轨迹，根据荷电颗粒在极板空间的运动参数方程编制了 Matlab 数值模型程序。该程序考虑了自由落体式摩擦电选过程的 10 个控制因素，输入变量包括颗粒的荷电量、尺度、起点坐标、给入角度、初始速度以及极板的长度、倾角、空间和施加的电压。L. Calin 等并利用定制的实验室型自由落体式摩擦电选机对数值模拟结论进行了验证，试验和数值模拟结果都表明物料颗粒给入角度对摩擦电选的结果会产生主要影响。

2001 年，美国 NASA 肯尼迪航天中心 S. Trigwell[214-215]等利用 X 射线光电子能谱和紫

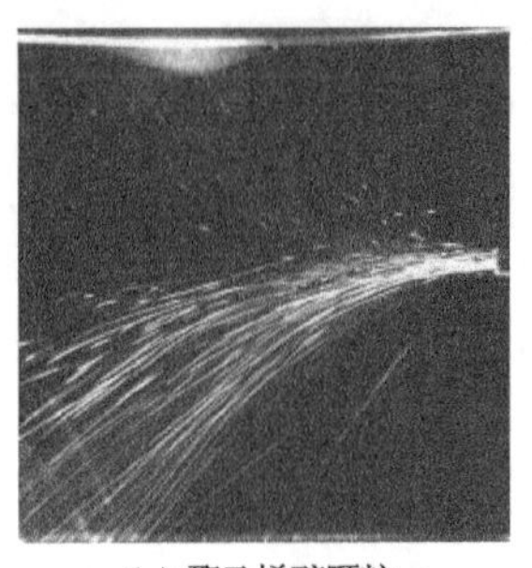

(a) 聚乙烯醇颗粒

(b) 硅胶颗粒

图 1-28　荷电颗粒在分选过程中的典型照片

外光电子能谱方法对煤、黄铁矿和铜、不锈钢、铝、尼龙、聚四氟乙烯等摩擦材料的功函数进行了测量,研究了表面性质对聚合物粉体摩擦荷电的影响。结果表明,粉体摩擦荷电特性与粉体和摩擦面的实际功函数差异相关,荷电量随粒度的增大而增大,而且一般电荷表现为双极性分布。颗粒表面成分对功函数的影响相当大,由此解释了煤颗粒在和铜摩擦后部分颗粒呈现负极性的现象,并指出在煤或矿物摩擦电选时,摩擦材料的选择决定于实际功函数,要考虑环境因素和颗粒表面氧化等因素对功函数的影响。分析表明,表面污染和氧化使聚合物和金属的功函数差异减小,因此为了增强摩擦荷电,应尽量减少表面污染和表面氧化。要获得稳定的摩擦电荷,湿度也必须控制。S. Trigwell 等还建立了半经验主义分子模型计算机制聚合物的功函数。该函数与试验结果非常吻合,因此表面等离子体处理方法是改变粉体功函数的一种有效方法。2002 年,芬兰土尔库大学的 M. Murtomaa 等[216-217]研究了清洁剂对微晶纤维素粉体和聚苯乙烯粉体摩擦荷电的影响。结果表明,不锈钢管表面被清洁剂污染对微晶纤维素粉体和聚苯乙烯粉体摩擦荷电的影响相当大。清洁剂的摩擦荷电序列对其在药物粉体摩擦电选中的应用具有指导作用。对药物颗粒摩擦荷电的研究表明,颗粒形态对摩擦荷电也具有显著影响。

2001 年,美国德克萨斯大学 J. R. Mountain 和阿肯色大学小石城分校 M. K. Mazumder 等[218]对聚合物粉体流态化和输送过程中的摩擦荷电特性进行了研究,以期解决聚合物粉体在静电喷涂过程中因摩擦荷电引起的颗粒团聚、黏附等问题。2006 年,美国坦普尔大学 R. Tao 等[219]发现超导颗粒在电场中能诱导带电,并且在适当强度的电场中利用这种现象可使超导颗粒和绝缘颗粒分离。该方法可用于超导材料的制备。2007 年,美国肯尼迪航天中心 J. Captain 等[220]的研究表明,物料的荷电量取决于摩擦材料与矿物颗粒之间功函数的差异,并且在真空中模拟了矿物的荷质比随摩擦材料的不同而发生的变化,发现该变化与在空气中的情况类似。

2008 年,美国圣路易斯大学 D. Saini 等[221]设计了便携式自由下落式摩擦电选机,如图 1-29 所示。该摩擦电选机可用于分析克量级的荷电粉体。不同于只能测量平均荷质比的法拉第筒,该装置可以分别测量带有正、负电荷的粉体样品。

2007 年,加拿大哥伦比亚大学 P. Mehrani 等[222]利用实验室装置研究了颗粒间接触及颗粒与壁面接触荷电机理,分别采用摇晃荷电及颗粒与铜板接触荷电两种方法研究其对不同种类的粗、细颗粒的荷电行为。在摇晃荷电试验中发现细颗粒明显带正电,而粗颗粒的电性相反。在颗粒与铜板接触带电试验中,细颗粒与铜板之间首先发生电荷转移而将铜板上

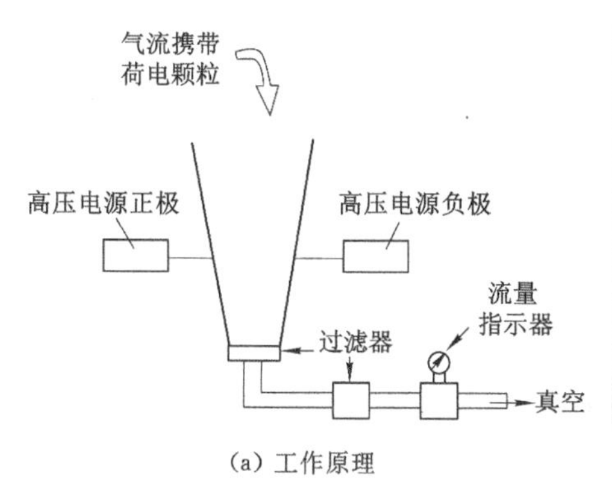

(a) 工作原理

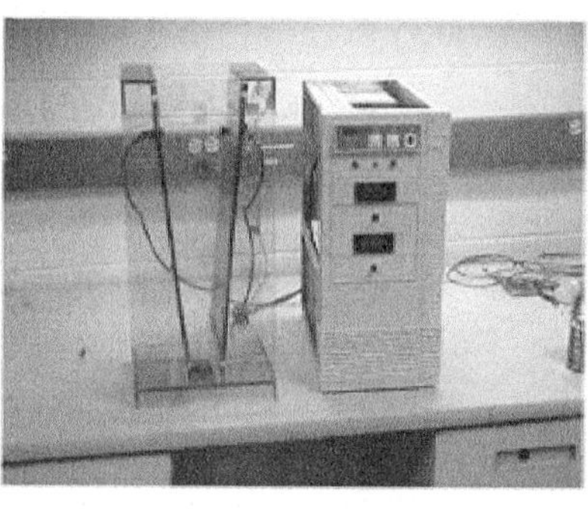

(b) 实物照片

图 1-29 便携式自由下落式摩擦电选机

的初始电荷带走，而后发生电荷分离，不同种类的细颗粒荷电极性不同；对于粗颗粒，电荷分离是颗粒荷电的主要机理并且使粗颗粒带负电。2001 年，瑞典吕勒奥理工大学 H. R. Manouchehri 等[223]研究了长石、石英和硅灰石采用化学方法处理后的摩擦荷电和电物理性质，以及摩擦电选的可能性。研究表明，经水杨酸处理后，利用聚四氟乙烯摩擦器可以实现长石和硅灰石分离。此外，石英经硬脂酸钠和油酸钠处理后，利用聚四氟乙烯摩擦器可以使其摩擦分选特性完全改变。H. R. Manouchehri 等利用化学 Lewis 酸碱理论对物质摩擦/接触荷电理论进行了假设，通过电动力学研究确定了磷灰石、方解石、长石、石英、硅灰石矿物样品在水和其他有机溶液中的酸碱属性。研究结果表明，矿物物理摩擦荷电过程和化学上接收/供给电子对的过程相似，也证明了矿物摩擦荷电序列的可预测性和以此可以预测矿物摩擦荷电性质及它们在电场中的分选行为[224]。2009 年，瑞典吕勒奥理工大学 R. K. Dwari 等研究了煤和伴生矿物颗粒摩擦荷电与电子转移的特性，对石英和煤颗粒与各种金属、聚乙烯材料摩擦荷电前后的接触角进行了测量，并由此计算了粉体的表面自由能。其还建立了利用电子接触转移的酸碱参数描述粉体颗粒摩擦荷电后表面能量结构改变的方法[225]。

2004 年，罗马尼亚 M. Lungu[226]利用自由落体式分选系统对聚乙烯(PE)和聚苯乙烯(PS)塑料混合物进行了摩擦电选研究，分析了空气相对湿度对摩擦荷电的影响，并提出了中间过渡水膜理论。该理论认为电子通过水膜在具有不同功函数的塑料颗粒之间转移，从而实现摩擦荷电。该理论将摩擦荷电过程分为 4 个阶段。第 1 个阶段是塑料表面吸附水膜阶段。塑料能否吸附水膜取决于其是亲水性还是疏水性。第 2 个阶段是两种塑料颗粒碰撞阶段。试验采用的是 PE 和 PS 塑料颗粒，其中 PE 的功函数比 PS 的功函数大，假定认为两个颗粒间通过具有亲水性的 PS 表面形成的水膜发生碰撞，并且是对心碰撞，如图 1-30 所示。当两个颗粒间距离非常近时，由于其功函数不同产生的接触电场 E_c 就变得非常重要。第 3 个阶段是在接触电势差的作用下中间过渡水膜发生偏振阶段。根据 M. Lungu 的假设，在水-PS 界面因水极化出现了一个辅助电场，即所谓的界面电场 E，低功函数 PS 聚合物的定域态电子在界面电场作用下通过肖特基效应和(或)隧道效应被析出，通过这种途径结合体在接触带获得了一个正表面电荷。第 4 个阶段是表面电子转移到了高功函数 PE 颗粒，PE 颗粒在转移区域带上负电荷，最后 PS 颗粒荷正电，PE 颗粒荷负电。颗粒不断重复上述过程。随着两个颗粒之间的距离缩小，接触电容增大，从而决定了在两个颗粒表面可转移更多的电荷。

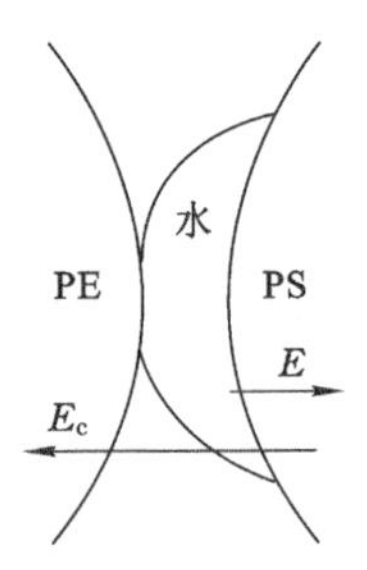

图 1-30　PE 和 PS 颗粒的碰撞过程

乌克兰克里沃罗格矿业学院帕诺夫等[227]研究了周围环境成分对氧化铁矿物导电性长时张弛特性的影响，并对试验结果进行了模拟分析。对阿尔及利亚菱铁矿所进行的试验表明，导电性张弛特性是空气中的水蒸气和氧气的各种吸附形式的“吸附-解吸及扩散平衡”受到破坏所造成的。这种平衡之所以受到破坏，又是矿物在电性不相同的表面层受到焦耳加热所引起的。2002 年，英国 T. J. Harvey 等[228]研究了加油润滑摩擦接触过程中的带电机理。试验研究表明，原油的摩擦荷电受原油中杂质含量的控制，添加剂对润滑油的摩擦荷电特性起主要作用，而杂质和芳香烃的影响可以忽略。2006 年，日本 T. Matsusyama 等建立了“电荷张弛模型”。该模型不需要任何经验参数就可以估计出颗粒碰撞荷电量。他们并进行了聚合物和金属单颗粒的碰撞荷电试验。试验结果与该模型预测结果相符得很好。

在同质绝缘颗粒系统中，摩擦荷电与颗粒的粒度分布有关，粒度小的颗粒易于带负电，而粒度大的颗粒易于带正电。从功函数和介电常数的角度都无法解释这一现象，用形态假说解释也难以令人信服。2007 年，美国凯斯西储大学 D. J. Lacks、A. Levandovsky[229]建立了一个简单的模型来解释这一问题。该模型的假说基础认为最初所有颗粒表面电子密度是一样的，颗粒碰撞使高能态电子从一个颗粒的低能态轨道逃逸到另一个颗粒的低能态轨道，如图 1-31 所示。模型表明同质绝缘颗粒系统摩擦荷电是由颗粒粒度分布引起的。

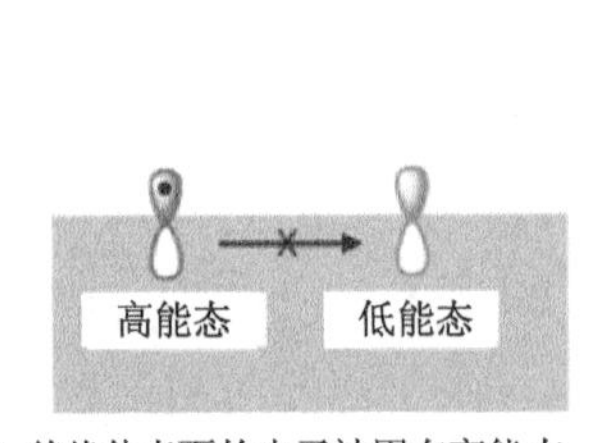

(a) 绝缘体表面的电子被困在高能态

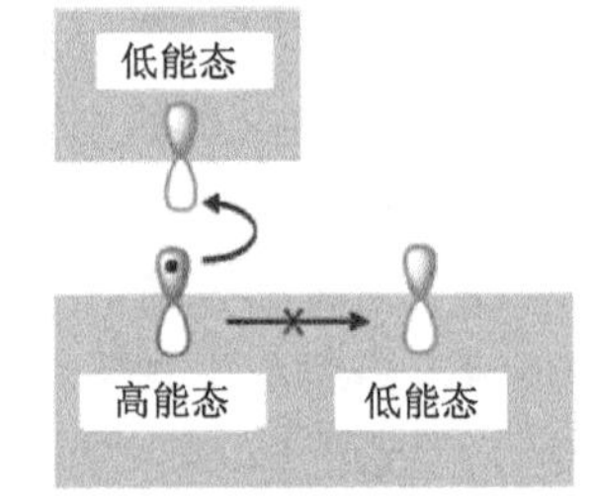

(b) 当碰撞使另一个处于低能态的粒子紧密接近时，电子可以从高能态释放出来

图 1-31　两个绝缘体接触时电子转移过程

2008 年，美国凯斯西储大学 N. Duff、D. J. Lacks[230]利用质点动力学模拟方法研究了单一材料颗粒系统的摩擦荷电过程。模拟过程应用高能态电子在碰撞过程中可以转移到其他颗粒低能态轨道的模型。模拟结果显示，这种效应使颗粒系统产生静电，电子从大颗粒转移到较小颗粒，颗粒的摩擦荷电量是粒度的函数，并且同一粒级大小的颗粒系统产生的静电量

要小，而多粒级分布的颗粒系统产生的静电量要大得多。

2003 年，德国弗赖贝格工业大学 E. Németh 等[231]研究了多种聚合物颗粒摩擦荷电机理，认为摩擦荷电是聚合物表面接触产生的界面现象，聚合物表面电子对受体/给体的特性决定了聚合物荷电情况，Kamlet-Taft 参数与测量的表面荷电量具有非常好的线性关系，并且水分会影响荷电机理，也就是湿度会对摩擦荷电产生影响。

2006 年，意大利巴里理工大学 F. Cangialosi 等[232-233]利用蒙特卡罗模拟方法模拟了气固两相流中颗粒的摩擦荷电过程，并且研究了粉煤灰表面水分对摩擦电选效果的影响。研究表明，周围环境湿度的增加降低了炭和灰颗粒的可分离性，随着颗粒粒度的减小，湿度和颗粒表面水分的影响越来越重要，对于粒径大于 75 μm 的颗粒，湿度和颗粒表面水分的影响很小，而对于粒径小于 45 μm 的颗粒其影响很大。虽然粒度影响水分吸附，进而影响摩擦荷电，但是干燥后炭颗粒和灰颗粒之间的黏着力降低，减少了团聚，也是影响摩擦电选效果的一个因素。此外，F. Cangialosi 等研究发现，粉煤灰长时间暴露风化后摩擦荷电情况会发生很大变化，即使干燥后摩擦电选的效率也提高甚少[234]。他们还研究了颗粒浓度及荷电颗粒与极板碰撞导致电荷回流对摩擦电选效果的影响。结果表明，颗粒浓度增大将导致摩擦电选效果变差，特别对于高碳粉煤灰，并且这种影响和极板长度有关[235]。

2003 年，英国格林威治大学 S. R. Woodhead 等[236]研究了空气湿度、温度、粒径和流速对氢氧化铝颗粒在管路输送过程中摩擦荷电效果的影响。研究表明，降低温度和增加湿度通常会使摩擦荷电效果变差。

2007 年，美国肯尼迪航天中心 M. D. Hogue 等[237]研究了大气压对绝缘体摩擦荷电、电晕荷电和感应荷电效果的影响。研究发现，在低大气压下，绝缘体表面摩擦电荷会迅速消失，这种现象与表面离子在达到蒸气压时的蒸发相一致。他们采用 3 种荷电方式对选择的几种聚合物在不同大气压下进行了试验研究。结果表明，摩擦时绝缘体之间的离子交换是大多数聚合物表面荷电的原因。2001 年，美国 Z. Z. (George) Yu、K. Watson[238]提出了两步模型来解释摩擦荷电过程。两步包括两个表面的接触和分离这两步，其中分离起主要作用。在这个两步过程中，接触时形成界面态，然后电子从一方或双方迁移到界面，当分离时，在界面态消失之前，电子或多或少迁移到绝缘体，这样它就得到或失去了一些电子。两步过程电子不断迁移到聚合物，直到达到平衡态为止。两步模型过程示意图如图 1-32 所示。

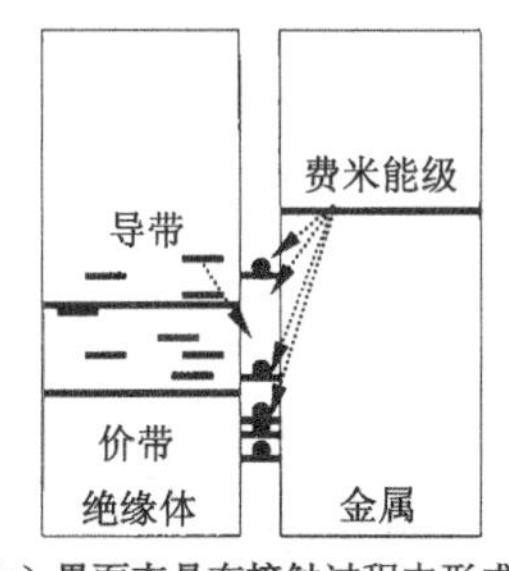

(a) 界面态是在接触过程中形成，并由两边的电子填充的

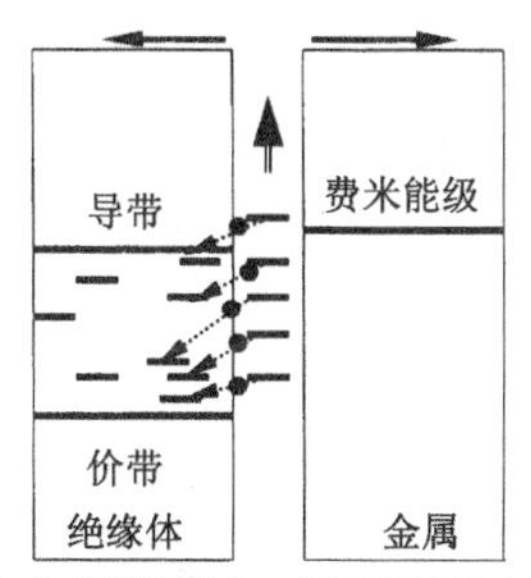

(b) 在分离过程中，界面态能级上升，电子移出这些状态

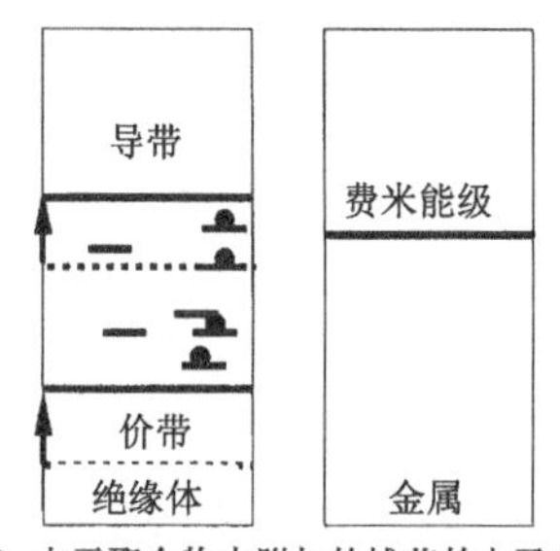

(c) 由于聚合物中附加的捕获的电子产生滞后区域，绝缘体中的能级在分离后上升

图 1-32 摩擦荷电两步模型过程示意图

2001 年，美国能源部 Y. Soong 等[239]对燃煤粉煤灰及煤与生物质燃料混合燃烧产生的

粉煤灰进行了摩擦电选研究。研究发现，煤与生物质燃料混合燃烧产生的粉煤灰摩擦电选效果比较差。2002 年，J. P. Baltrus 等[240]进行了粉煤灰摩擦电选脱碳研究。研究发现，粉煤灰在潮湿空气中暴露一段时间后，矿物质和炭组分的摩擦荷电极性会发生反转。这种荷电极性反转现象与粉煤灰表面沥滤的离子量有关，特别是钙离子和钠离子，因此建议在处理这种粉煤灰时添加含有钙离子或钠离子的盐类，使粉煤灰和炭反转带电的差异最大化。

1994 年，美国肯塔基大学 H. Ban[241]对颗粒摩擦荷电进行了试验研究和理论分析，利用激光多普勒测速法(PDPA)测量了荷电颗粒在施加均匀电场的分选室内的运动参数，建立了基于 PDPA 数据获取每个颗粒荷电信息的计算程序，并利用这种电荷测量方法研究了荷电速度、温度、湿度等变量对摩擦荷电效果的影响，以及不同粒度、不同形状的石英、黄铁矿、矾土等矿物和典型煤样的摩擦荷电情况。研究发现，石英颗粒荷电状态符合宽的高斯分布，少数颗粒的荷电极性与其他大部分颗粒的极性相反，炭和石英混合物摩擦荷电状态呈现双峰分布，经电选后各自的纯度都超过了 90%，证明了摩擦电选技术的分选效率较高。1999 年，T. X. Li[242]对颗粒混合物摩擦电选过程中的颗粒荷电和电荷交换机理进行了研究，利用经典的法拉第圆筒和先进的激光多普勒颗粒分析仪测量了颗粒荷电量的大小和电荷交换的数量，并利用各种石英颗粒就荷电速度、荷电时间、颗粒大小及粒度分布、组成成分、给料速度对荷电量的影响进行了详细研究。研究表明，荷电速度和荷电时间是影响摩擦荷电量的最重要因素，通常荷电量随着荷电速度和荷电时间的增加而增大。

1987 年，伊利诺斯理工学院 A. Mukherjee[243]对煤和黄铁矿进行了摩擦电选研究。研究表明，煤和黄铁矿颗粒摩擦荷电效果取决于颗粒速度、湿度、颗粒大小、固相浓度和表面氧化程度，在大多数情况下两者摩擦荷电的差异足以使两者电选分离。A. Mukherjee 还利用两相流体动力学模型改进设计了摩擦电选机。试验结果与模型预测结果符合得非常好。1992 年，澳大利亚新南威尔士大学 D. Guang[244]对南威尔士 4 所电站的粉煤灰颗粒的荷电量进行了测量。试验表明，电站粉煤灰颗粒普遍带有负电荷。D. Guang 还利用实验室静电荷分级设备对电荷分布进行了研究，发现粉煤灰单颗粒正、负电荷都有分布，且颗粒荷正电或负电的相对比例取决于颗粒的粒径。1997 年，俄罗斯 V. K. Zadorozhny[245]的研究认为，不同矿物颗粒之间摩擦荷电产生的差异胜于矿物颗粒与摩擦材料之间摩擦荷电产生的差异，在粉碎颗粒的比例不大于 10%～15%时，微细颗粒的存在有助于增加摩擦荷电的选择性，改善电选效果。摩擦荷电和电选的选择性取决于待选矿物颗粒之间相对尺寸的差异。此外，研究还发现，矿物电物理属性的各向异性使矿物在摩擦荷电过程中有一定数量矿物颗粒的荷电极性与矿物颗粒应具有的荷电极性相反，在适当的电场力作用下，可以使矿物颗粒单一极性荷电的选择性提高和荷电更充分。矿物颗粒单一极性荷电作用的增强将有助于提高矿物回收率，但会降低精矿质量[246]。

1998 年，加拿大西安大略大学 T. E. Doyle[247]利用光学跟踪系统监测摩擦荷电塑料颗粒在摩擦电选机中的空间分布，进而实时反馈显示分选状态并控制摩擦电选机。Y. Soong 等[248]进行了摩擦电选去除斯洛伐克褐煤中矿物质的研究。结果表明，摩擦电选技术通过调整适当的条件可以应用于不同的煤炭，能够有效降低细粒煤灰分。Y. Soong 等将进一步开展连续试验以确定实际应用摩擦电选机的最佳设计和重要的运行操作参数。

1999 年，法国巴黎大学 V. Albrecht 等[249]利用原子力显微镜在纳米尺度对金属氧化物表面的摩擦荷电效应进行了研究。研究表明，摩擦后正电荷或负电荷被贮存，电荷转移最终实现平衡态，空隙充填状态是电荷密度大的“表面态”，并且在金属氧化物表面 100 nm 的距离内扩散。

2006 年，德国 M. Saint Jean 等[250]利用电子力显微技术在分子水平对聚合物摩擦荷电进行了研究。结果表明，极性相反的荷电域并排出现在聚合物表面。聚合物表面电压分布如图 1-34 所示，电荷的耗散和贮存取决于聚合物的电性质，同时空气中水分的吸附和聚合物颗粒的团聚对电荷的稳定性有很大影响。

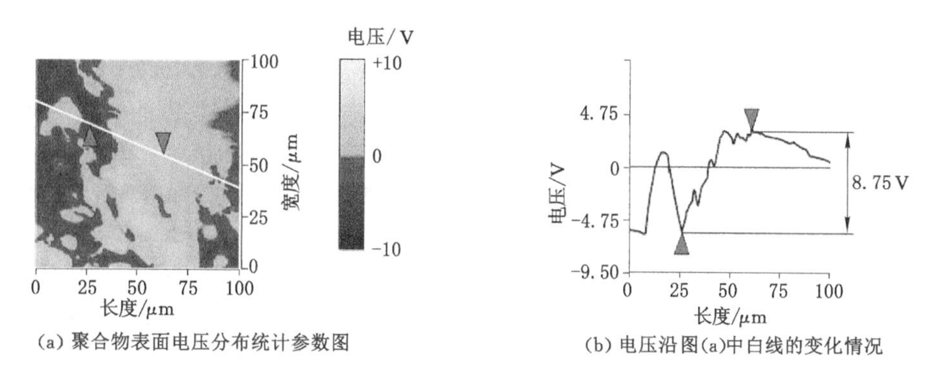

(a) 聚合物表面电压分布统计参数图　　(b) 电压沿图(a)中白线的变化情况

图 1-34　聚合物表面电压分布

2007 年，英国诺丁汉大学 M. J. Bunker 等[251]利用原子力显微镜通过记录受力-距离曲线，对乳糖单颗粒与玻璃表面的摩擦荷电和原位接触带电机理进行了对比研究，考察了相对湿度对电荷耗散的影响。

2001 年，日本京都大学 K. I. Tanoue 等[252]研究了官能团对酞菁染料电气特性的影响。研究表明，如果样品不含卤素官能团，那么末端可替代官能团的酞菁铜燃料衍生物的接触电势差为负值，且接触电势差随氯代基的增加而负向增大，溴取代基的作用更加显著，而末端基团为氢取代基时接触电势差为正值。2003 年，J. Wei、M. J. Realff[253-254]研究发现，以轨迹为基础的颗粒分选（包括重选、泡沫浮选和电选）都可以用统一的概率论模型来描述。他们将各种形式的回收率模型转换为单一的分配曲线模型，并设计优化了用于塑料分选回收的自由下落式摩擦电选机。

国内虽然在电选理论方面也进行了一定的研究，且研究成果对我国电选技术的发展也起到了重要的指导作用，但这些理论成果主要是对于电性参数、操作条件等方面的研究总结，对于荷电机理有待深入研究。

武汉理工大学的罗来龙分析了含尘气体摩擦起电问题[255]，运用适当的物理模型导出了二相流因摩擦而产生的起电电流的表达式。马大风、王恩实[256]提出摩擦荷电现象实质上是一个远离平衡的耗散结构现象，在摩擦荷电现象中除了带电粒子的分布发生改变外，偶极子的极化也是一个重要的不可忽略的因素；在考虑偶极子极化因素后，对一些试验现象的解释将更合理、更全面。南京大学的陆现彩等[257]测定了长石、石英、黑云母、方解石、萤石和黄铁矿等 6 种常见矿物与水、正庚烷和正丁醇的接触角，并计算了相应的表面自由能。结果表明，同一矿物不同结晶面（晶面）的接触角也存在一定的差异，这一差异与矿物结构面上原子的种类和相对含量差异具有一定的对应关系。章新喜等[258-259]从理论上较深入地分析讨论了电源波形对电选过程的影响，并进行了验证。通过理论分析和试验证明，电选过程中作为产生电晕负离子和高压静电场的高压电源的输出波形对分选效果具有明显的影响。脉动很小的直流电源能够保证稳定的放电过程,使分选过程稳定和分选效率得到提高。徐建成、李润[260]通过对电场强度和电容的计算和分析,提出提高转筒型电选机分选空间内电场强度及改善分选效果的方法。高孟华[58]研究了煤中伴生矿物的电性质和摩擦荷电特性,对黄铁矿、高岭石、石英和方解石 4 种矿物进行了试验研究。研究表明,在不同温度和湿度条件下,各矿物的介电常数随温度的升高逐渐减小,随湿度的增加而逐渐增大;矿物的摩擦荷电量随温度的升高而逐渐增大,随湿度的增加而逐渐减小。温度和湿度对矿物的介电常数和摩擦荷电量具有重要影响,因此在摩擦电选过程中,应控制好温度和湿度。

研究表明,在大多数情况下,用半导体能带模型解释电荷在两个接触的异相固体之间的迁移是合理的[37]。按照这个模型,固体物质的能量结构可用费米能级位置和对应的功函数来综合衡量,电荷在界面间迁移的方向和矿物颗粒最终荷电的极性取决于其与摩擦介质有关的费米能级的相对位置。功函数是在电化学的电荷交换中所含自由电子的平均能量,可以依据功函数值来合理地选择最有效分选的摩擦表面。虽然摩擦表面的性质是主要的,但经验证明颗粒之间的相互摩擦也起决定性的作用。按照能带模型的理论,通过辐射、离子轰击、热处理、药剂吸附、机械应力和类似的物理或物理化学作用来改善有效荷电和分选条件是有可能的。

1.6 摩擦静电分选技术的发展趋势

虽然国内外对摩擦电选技术进行了大量的研究,设计了各种形式的摩擦电选机,甚至建立了实验室或半工业性试验系统,但所设计的各种摩擦电选机的分选效率与传统分选方法相比仍然较低,阻碍了摩擦电选技术在工业上的实际应用。但随着水资源的紧张和湿法选矿所带来的水污染,矿产资源因赋存地缺水无法开发,以及矿产资源因品位下降而导致的矿物分选粒度越来越小等问题越来越受到人们的重视,摩擦电选技术在这些方面都显示出其优越性。

目前,国内外学者对流化床中摩擦荷电的问题较为关注。浙江大学的王芳[261]从微观、介观和宏观 3 个层面上对气固流化床中静电发生的机制进行了理论分析。朱子川等[262]发现外加电场可以使物料颗粒更加松散和细颗粒团聚减少,从而改善颗粒的流态化行为。加拿大渥太华大学 F. Salama 等[263]研究了气固流化床中的静电分布,发现流化床中存在明显的摩擦荷电现象。西班牙阿尔卡拉大学 J. Guardiola 等[264]研究发现,在鼓泡流化状态时,流化床内静电荷电量随流化气速的增大而增大。加拿大英属哥伦比亚大学毕晓涛等[265-266]对流化床中的颗粒摩擦荷电量进行了原位测量,发现增大操作压力能够改善颗粒荷电效果。针对物料颗粒在流化过程中易于荷电的现象,许多学者提出利用流化床作为摩擦荷电装置进行摩擦电选研究。

法国普瓦捷大学 A. Iuga 等[267-269]发明了采用流化装置进行颗粒摩擦荷电的 Tribo-aero-electrostatic分选机,对塑料分选进行了大量研究。A. Tilmatine 等[270-272]设计开发出一种新型的摩擦电选机用于物料分选,取得了较好的分选效果。本书作者课题组在国家自然科学基金项目支持下也开展了电场流化床细粒煤摩擦电选的研究,对细粒煤和矿物颗粒在电场流化床中的摩擦荷电特性以及富集规律进行了研究,分析了流化床中气泡行为对分选效果的影响规律[273-274]。

保护生态环境是实现可持续发展的关键。煤炭洗选和矿物加工所造成的水污染、土壤污染、尾矿库等问题越来越受到重视。摩擦静电分选作为一种干式分选方法，它不需要用水，对环境影响小，尾矿易于处理，不仅在细粒煤、矿物分选方面具有广泛的应用前景，在固体废物处理方面也有重要应用价值，未来必将得到进一步发展。为了实现摩擦静电分选技术的实际工业应用，建议在以下几个方面加强研究[275-281]。

（1）加强颗粒表面摩擦荷电机理的研究。粒子的表面特性对摩擦荷电的极性、荷电量的大小具有决定性的作用，而对于分选物料颗粒表面特性的研究严重不足，因此，首先要通过加强颗粒表面荷电机理的研究来指导静电分选技术的发展，其次要采用现代测试手段，使理论研究由定性研究进入定量研究，最后也要从微观领域进行深入研究。

（2）研究矿物表面改性预处理方法，提高矿物电选效率。矿物表面的电性差异在矿物电选中起着重要作用。为了扩大矿物表面的电性差异，可以通过加热、辐射照射、药剂处理等方法对矿物表面进行预处理。不同矿物颗粒具有不同的化学性质和不同的表面吸附性能，通过适当的药剂处理，可以控制矿物颗粒在摩擦荷电过程中获得稳定可靠和极性一致的电荷。合适的改性方法是实现摩擦电选技术走向工业应用的有效途径。

（3）进一步优化摩擦电选设备结构和改进荷电方式。应充分利用现代流体力学软件，对电选机的结构及分选过程进行优化，提高分选效率。通过复合带电、摩擦器的改进、增强有效摩擦等手段使颗粒物料充分荷电，扩大不同物料的荷电差异。此外，摩擦电选机的处理能力也是其推广应用的障碍，通过优化设计制造高效、处理量大的电选机也是重要发展方向。

（4）研究高效的细粒物料摩擦电选技术。矿物资源已经逐渐向贫、杂、细的方向发展，矿物解离粒度越来越小，虽然在细粒物料摩擦电选方面已经进行了大量研究，并研制成功多种半工业性实验设备，但大多未能在工业上推广应用。

（5）扩展摩擦电选技术的应用领域。随着对二次资源循环利用的重视，摩擦电选技术以其独特的优点，在粉煤灰脱碳、废旧塑料回收、电子废弃物资源循环利用等方面逐步得到了推广应用。此外，在粮食加工及选种等方面电选也有广泛的应用前景。

第2章　荷电颗粒在电场中分离过程动力学

2.1　引　　言

荷电颗粒在电场中的运动行为是实现其有效分离的基础。笔者从动力学角度分析了矿物颗粒在电场中的分离过程是基于不同矿物颗粒的受力差异而使其运动轨迹不同。荷电颗粒在电场中的动力学研究对于确定分选机的分选空间结构、优化分选参数具有重要意义。本章在对颗粒受力分析的基础上，建立了煤粉颗粒荷电后在均匀平板电场中运动轨迹的数学模型，研究了矿物颗粒在摩擦电选过程中的动力学规律，利用 Matlab 软件模拟了球形单颗粒矿物的运动规律，采用高速动态摄影系统对摩擦电选过程进行了分析，研究了荷电颗粒在实际摩擦电选过程中的分离机理。

2.2　荷电颗粒在电场中的动力学研究

摩擦静电分选大多采用气流输送或自由下落方式使摩擦荷电后的矿物颗粒通过竖直放置的两个平板电极形成的静电场，根据不同矿物颗粒荷电极性的不同使其按不同轨迹运动，从而实现不同电性质的矿物之间的分离。由此可知，实现不同矿物颗粒电选除了受矿物摩擦荷电差异影响之外，矿物颗粒运动过程中的动力学因素也是非常重要的影响因素。

摩擦电选机电场空间大多是由平行布置的极板构成的均匀电场，改变极板布置角度并未取得明显的分离效果，因此本章研究荷电颗粒在平行极板构成的均匀电场中的运动规律。由于实际的煤粉颗粒在静电场中的运动情况非常复杂，要分析荷电颗粒的运动规律，建立其运动轨迹的数学模型，必须先对荷电颗粒的运动情况进行必要的简化，因此可以假设：① 静电场中荷电颗粒的运动为稀疏气固两相流动，气相为不可压缩流体；② 忽略荷电颗粒之间的互相作用。

2.2.1　荷电颗粒在电场中的受力情况

在高压静电场中，荷电颗粒受到电场力、黏性阻力、重力以及惯性力等的综合作用，如果煤粉颗粒受到的静电力能够克服其自身原有惯性力的作用，颗粒运动轨迹就会与原来的气流流线不一致。在重力、黏性阻力、惯性力和电场力的共同作用下，颗粒受力逐渐达到平衡，颗粒的变加速运动逐渐变为匀速运动[282-283]。除了电场力以外，电场中的荷电颗粒在气固流场中做非恒定运动所受到的各种作用力，与两相流体动力学中颗粒所受到的作用力是相似的。荷电颗粒在均匀静电场中的受力分析如图 2-1 所示。荷电颗粒所受的力按照作用方式的不同可以分为以下几类[284-285]：

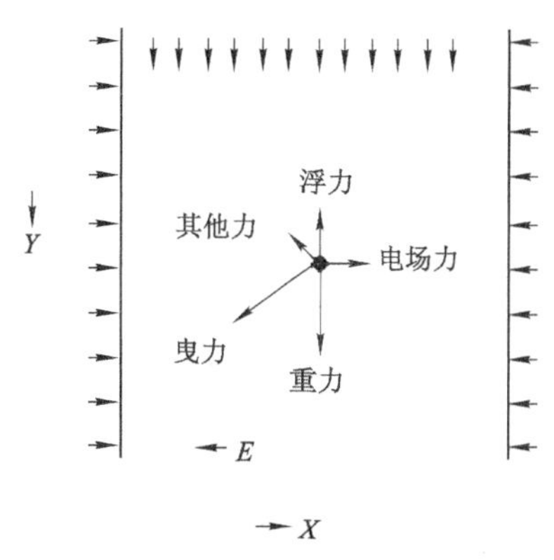

图 2-1　带电颗粒的受力分析示意图

第一类为与流体和颗粒间的相对作用无关的力，这类力包括惯性力、压力梯度力、重力等；

第二类为依赖于流体和颗粒间的相对运动且与相对运动速度方向相同的力，这类力有曳力(或称黏性阻力)、附加质量力、Basset 力等；

第三类为依赖于流体和颗粒间的相对运动但与相对运动速度方向垂直的力，如 Saffman 力、Magnus 力等。

下面对荷电颗粒在均匀电场中受到各种力的具体表现形式及其作用逐一分析[286-290]：

(1) 惯性力 F_I

该力实质上就是颗粒所受合力在加速度上的具体体现。该力的方向决定了颗粒的运动方向，其可用下述公式表示：

$$F_I = \frac{1}{6}\pi d^3 \rho_p \frac{dv_p}{dt} \tag{2-1}$$

式中　d——颗粒的直径，m；

ρ_p——颗粒的密度，kg/m^3；

v_p——颗粒的运动速度，m/s；

t——时间，s。

(2) 电场力 F_E

因颗粒所带电荷与外电场的相互作用而产生的力称为电场力，也称为库仑力、静电力等。电场力 F_E 可以表示为：

$$F_E = QE \tag{2-2}$$

式中　E——均匀电场的强度，V/m；

Q——荷电颗粒的电量，C。

(3) 重力 F_g

重力是由颗粒的密度和直径决定的，可表示为：

$$F_g = mg = \frac{1}{6}\pi d^3 \rho_p g \tag{2-3}$$

式中　m——颗粒的质量，kg。

(4) 浮力 F_f

$$F_f = -\frac{1}{6}\pi d^3 \rho g \tag{2-4}$$

式中　ρ——空气的密度，kg/m³。

(5) 曳力(黏性阻力) F_d

$$F_d = \frac{1}{8} C_D \pi d^2 \rho \mid v_p - v_A \mid (v_A - v_p) \tag{2-5}$$

式中　v_A——流体的速度，m/s。

牛顿流体中颗粒运动阻力系数 C_D 是颗粒雷诺数 Re_p 的单值函数，按雷诺数可以把阻力系数曲线分成不同的区。各区的阻力系数按各自不同的公式计算，如下所示[290]：

$$\begin{cases} C_D = \dfrac{24}{Re_p} \quad (\text{层流区}: Re_p \leqslant 1) \\ C_D = \dfrac{24}{Re_p}(1 + 0.15 {Re_p}^{0.687}) \quad (\text{过渡区}: 1 < Re_p \leqslant 1\ 000) \\ C_D = 0.44 \quad (\text{紊流区}: 1\ 000 < Re_p < 2 \times 10^5) \end{cases} \tag{2-6}$$

式中　C_D——球形颗粒的拖曳系数；

　　Re_p——相对雷诺数(颗粒雷诺数)。

单位体积的颗粒所受到的曳力大小与颗粒的直径成反比，即直径越大，曳力对其影响就越小；直径越小，曳力产生的影响就越大。

(6) 压力梯度力 F_p

压力梯度力 F_p 代表流动中的压强梯度对颗粒的影响，它作用在流动介质的每一个单元上。压力梯度力 F_p 可由下式求得。

$$F_p = -V_p \mathrm{grad} p \tag{2-7}$$

对于单个颗粒(或浓度很小的悬浮系统)，由于小颗粒的存在不影响流体的流动，故对流体相来说，可以近似认为：

$$\rho \frac{\mathrm{d} v_A}{\mathrm{d} t} = -\mathrm{grad} p \tag{2-8}$$

则：

$$F_p = \frac{1}{6}\pi d^3 \rho \frac{\mathrm{d} v_A}{\mathrm{d} t} \tag{2-9}$$

式中　$\mathrm{grad}p$——压强梯度。

(7) 附加质量力 F_m

当一定质量的颗粒在离心力场做加速运动时，必将带动周围的气流一起做加速运动，这种效应等价于颗粒具有一个附加质量力。假设颗粒为球形体，则其附加质量力就等于浮力的一半。附加质量力的大小同颗粒的加速度与介质运动加速度的差值成正比，可表示为：

$$F_m = -\frac{1}{12}\pi d^3 \rho \left(\frac{\mathrm{d} v_p}{\mathrm{d} t} - \frac{\mathrm{d} v_A}{\mathrm{d} t}\right) \tag{2-10}$$

(8) Basset 力 F_b

$$F_b = \frac{3}{2} d^2 \rho \sqrt{\pi \nu} \int_0^t \frac{\frac{\mathrm{d} v_A}{\mathrm{d} t} - \frac{\mathrm{d} v_p}{\mathrm{d} t}}{\sqrt{t - \tau}} \mathrm{d}\tau \tag{2-11}$$

式(2-11)中 ν 代表流体的运动黏度系数或者动量扩散率，τ 为特征时间。Basset 力的物理意义是表征颗粒相对流体做非恒速运动时所受到的附加黏性力作用的时间积分。当颗粒在黏性流体中做变速运动时，颗粒受边界层的影响将带着一部分流体运动，由于流体的惯性，当流体加速时，颗粒不能马上加速；当流体减速时，颗粒不能马上减速，这样由于颗粒表面的附面层不稳定而使颗粒受到了一个随时间变化的流体作用力，而且该力与颗粒加速历程有关。当颗粒以高速率加速时，产生的阻力比定常状态下大许多倍。

(9) Magnus 力 F_M

剪切流上的压力梯度会导致颗粒旋转。在低雷诺数时，颗粒的旋转会引起黏性作用或环绕颗粒的夹带流，使颗粒一侧的速度增加、静压减小，而另一侧流速减小、静压升高。这样颗粒就倾向于移到速度较高的那一侧，这就是旋转时的 Magnus 效应。此时产生的垂直于相对速度和旋转轴的侧向力称为 Magnus 力，其可表示为：

$$F_M = (1/8)\pi d^3 \rho\omega(\upsilon_A - \upsilon_p) \tag{2-12}$$

颗粒以角速度 ω 旋转，且旋转轴垂直于相对速度，则颗粒在受到阻力的同时还受到一个垂直于相对速度及旋转轴的侧向力，其方向与 $(\upsilon_A - \upsilon_p)$、$\omega$ 构成右手系。

(10) Saffman 力 F_S

$$F_S = 1.62 d_p^2 \sqrt{\rho\mu}(\upsilon_A - \upsilon_p)\sqrt{\left|\frac{d\upsilon_A}{dy}\right|} \tag{2-13}$$

式中　μ——空气动力黏度，Pa・s。

当连续相流场存在速度梯度时，则颗粒受到另外一个附加的侧向力，即 Saffman 力。

2.2.2　荷电颗粒在电场中的受力分析及量级比较

煤粉荷电颗粒在摩擦电选机电场空间内运动过程中受到惯性力、重力、静电力、压力梯度力、曳力(黏性阻力)、附加质量力、Magnus 力等的综合作用。为了评价上述各种力的相对重要性，特别是对附加质量力、Basset 力、Magnus 力、Saffman 力等的分析，对于客观翔实描述微细颗粒在电场中的运动十分重要。在建立颗粒运动方程之前，对一些力进行量级比较可以简化计算过程，并且得到与实际符合较好的数学模型[282,286,290]。

在荷电颗粒两相流体中，阻力是非常重要的。对以气流输送方式将矿物颗粒摩擦荷电然后带入静电场中分选的系统，颗粒具有很高的初始速度，而对于自由落体式摩擦电选系统，颗粒初始速度通常为零，在初始阶段阻力影响较小。

(1) 附加质量力

附加质量力是颗粒在连续相中做加速运动时产生的力。选择惯性力作为附加质量力的量级比较基准可以得到：

$$F_m/F = \frac{1}{2}\frac{\rho}{\rho_p}\left(1 - \frac{d\upsilon_A}{d\upsilon_p}\right) \approx \frac{1}{2}\frac{\rho}{\rho_p} \tag{2-14}$$

由于摩擦电选物料颗粒的粒度很小，当气流携带矿物颗粒进入电场后，气流与颗粒的速度基本相同，由简化后的公式可知，若颗粒密度远大于连续相流体的密度，则附加质量力远小于惯性力。若连续相流体为空气时，则附加质量力可以忽略。

(2) Basset 力

选择 Stokes 黏性阻力作为 Basset 力 F_b、Magnus 力 F_M、Saffman 力 F_S 比较的基准，其中：

$$F_{\text{Stokes}} = 3\pi\mu d(v_A - v_p) \tag{2-15}$$

$$F_b/F_{\text{Stokes}} = \frac{1}{2}d\sqrt{\frac{\rho}{\pi\mu}}\frac{1}{(v_A - v_p)}\int_0^t \frac{\frac{dv_A}{d\tau} - \frac{dv_p}{d\tau}}{\sqrt{t-\tau}}d\tau \approx \frac{1}{2}\frac{d\sqrt{\rho}}{\sqrt{\pi\mu(t-t_0)}} \tag{2-16}$$

假设 Basset 力 F_b达到曳力的 1/20，取颗粒的粒径 $d=74\ \mu m$(最大粒径)，μ 为 17.9×10^{-6} Pa·s，ρ 为 1.292 8 kg/m^3，则从上式可解得 $t-t_0\leqslant0.012\ 5$ s。这说明只有在颗粒加速运动初期，即颗粒从静止落入电场，且 $t-t_0\leqslant0.012\ 5$ s 时，Basset 力才是不可忽略的，否则可以忽略。在摩擦电选过程中，颗粒是在气流携带下进入电场的，因此可以忽略 Basset 力。

(3) Magnus 力

$$F_M/F_{\text{Stokes}} = \frac{\rho\omega d^2}{24\mu} \tag{2-17}$$

同样假设 Magnus 力达到 Stokes 阻力的 1/20，则从上式可解得：

$$\omega \geqslant \frac{1.2\mu}{\rho d^2} \tag{2-18}$$

取颗粒的粒径 $d=74\ \mu m$(最大粒径)，μ 为 17.9×10^{-6} Pa·s，ρ 为 1.292 8 kg/m^3，则从上式可解得 $\omega\geqslant3\ 051$ r/s。所以除非颗粒旋转很强烈，否则 Magnus 力是可以忽略的。由式(2-12)可以看出，Magnus 力的大小与颗粒直径的 3 次方成正比，由于矿物摩擦电选入料粒度很小，所以 Magnus 力在计算时是可以忽略的。

(4) Saffman 力

$$F_S/F_{\text{Stokes}} = 0.17d\sqrt{\frac{\rho}{\mu}}\sqrt{\left|\frac{dv_A}{dy}\right|} \tag{2-19}$$

同样假设 Saffman 力达到 Stokes 阻力的 1/20，则从上式可解得：

$$\frac{dv_A}{dy} \geqslant 0.09\frac{\mu}{d^2\rho} \tag{2-20}$$

取颗粒的粒径 $d=74\ \mu m$(最大粒径)，μ 为 17.9×10^{-6} Pa·s，ρ 为 1.292 8 kg/m^3，则 $\frac{dv_A}{dy}\geqslant229$ (m/s)/m。因此只有流场速度梯度非常大，或在近壁面处高剪切区时，Saffman 力才可以忽略不计。荷电颗粒在摩擦电选机分选电场中分选时，高速气流起输送矿物颗粒和清洁极板的作用，但当矿物颗粒接近极板壁面时，则分选过程已完成，因此 Saffman 力在计算数学模型时可以不予考虑。

(5) 浮力、压力梯度力

由于摩擦电选是在气流输送过程中进行的，气流稳定且颗粒粒度很小，体积微小；空气密度很小，与颗粒密度相差很大，即 $\rho/\rho_p=1.292\ 8\ kg/m^3/(1\ 350\sim2\ 200\ kg/m^3)=0.000\ 6\sim0.000\ 9$；在摩擦电选机分选过程中，气流速度基本稳定，因此浮力、压力梯度力在建立颗粒运动方程时不予考虑。

2.2.3 荷电颗粒在电场中动力学方程的建立

荷电颗粒在均匀电场中的运动遵守牛顿运动定律。将颗粒所受各种力叠加可得到一般形式的荷电颗粒运动微分方程：

$$m\frac{dv_p}{dt} = F_I = F_g + F_E + F_f + F_d + F_p + F_m + F_b + F_M + F_S \tag{2-21}$$

根据受力分析及量级比较，荷电颗粒在摩擦电选机的均匀静电场中的运动可以忽略附加质量力、Basset 力、Magnus 力、Saffman 力、浮力、压力梯度力的作用，这样就得到了简化的荷电颗粒在摩擦电选机分离电场中的颗粒流体动力学方程，即

$$F_{\mathrm{I}} = F_{\mathrm{g}} + F_{\mathrm{E}} + F_{\mathrm{d}} \tag{2-22}$$

代入式(2-21)得：

$$\frac{1}{6}\pi d^3 \rho_{\mathrm{p}} \frac{\mathrm{d}\upsilon_{\mathrm{p}}}{\mathrm{d}t} = \frac{1}{6}\pi d^3 \rho_{\mathrm{p}} g + QE + \frac{1}{8}C_{\mathrm{D}}\pi d^2 \rho \left| \upsilon_{\mathrm{p}} - \upsilon_{\mathrm{A}} \right| (\upsilon_{\mathrm{A}} - \upsilon_{\mathrm{p}}) \tag{2-23}$$

由上式可得：

$$\frac{\mathrm{d}\upsilon_{\mathrm{p}}}{\mathrm{d}t} = g + \frac{Q}{m}E + \frac{3}{4}C_{\mathrm{D}} \frac{\rho}{\mathrm{d}\rho_{\mathrm{p}}} \left| \upsilon_{\mathrm{p}} - \upsilon_{\mathrm{A}} \right| (\upsilon_{\mathrm{A}} - \upsilon_{\mathrm{p}}) \tag{2-24}$$

式中　$\frac{Q}{m}$——摩擦荷电颗粒的荷质比；

C_{D}——球形颗粒拖曳系数；

ρ——流体密度；

υ_{A}——气流的速度；

m——颗粒的质量；

d——颗粒的直径；

ρ_{p}——颗粒的密度；

υ_{p}——颗粒的运动速度；

E——均匀电场的强度；

Q——荷电颗粒的电量。

由于荷电颗粒在摩擦电选机的均匀静电场中的运动可以看作二维运动，将式(2-22)分解为 X、Y 两个方向分别进行分析更具有实际意义。

(1) 摩擦荷电颗粒在横向(X 轴)方向的动力学方程

根据牛顿第二定律并结合前面分析，可以列出颗粒在横向(X 轴)方向的运动方程：

$$F_{\mathrm{I}x} = F_{\mathrm{E}} + F_{\mathrm{d}x} \tag{2-25}$$

$$\frac{1}{6}\pi d^3 \rho_{\mathrm{p}} \frac{\mathrm{d}\upsilon_{\mathrm{p}x}}{\mathrm{d}t} = QE + \frac{1}{8}C_{\mathrm{D}}\pi d^2 \rho \left| \upsilon_{\mathrm{p}x} - \upsilon_{\mathrm{A}x} \right| (\upsilon_{\mathrm{A}x} - \upsilon_{\mathrm{p}x}) \tag{2-26}$$

由上式可得：

$$\frac{\mathrm{d}\upsilon_{\mathrm{p}x}}{\mathrm{d}t} = \frac{Q}{m}E + \frac{3}{4}C_{\mathrm{D}} \frac{\rho}{\mathrm{d}\rho_{\mathrm{p}}} \left| \upsilon_{\mathrm{p}x} - \upsilon_{\mathrm{A}x} \right| (\upsilon_{\mathrm{A}x} - \upsilon_{\mathrm{p}x}) \tag{2-27}$$

(2) 摩擦荷电颗粒在纵向(Y 轴)方向的动力学方程

根据牛顿第二定律并结合前面分析，可以列出颗粒在纵向(Y 轴)方向的运动方程：

$$F_{\mathrm{I}y} = F_{\mathrm{g}} + F_{\mathrm{d}y} \tag{2-28}$$

$$\frac{1}{6}\pi d^3 \rho_{\mathrm{p}} \frac{\mathrm{d}\upsilon_{\mathrm{p}y}}{\mathrm{d}t} = \frac{1}{6}\pi d^3 \rho_{\mathrm{p}} g + \frac{1}{8}C_{\mathrm{D}}\pi d^2 \rho \left| \upsilon_{\mathrm{p}y} - \upsilon_{\mathrm{A}y} \right| (\upsilon_{\mathrm{A}y} - \upsilon_{\mathrm{p}y}) \tag{2-29}$$

由上式可得：

$$\frac{\mathrm{d}\upsilon_{\mathrm{p}y}}{\mathrm{d}t} = g + \frac{3}{4}C_{\mathrm{D}} \frac{\rho}{\mathrm{d}\rho_{\mathrm{p}}} \left| \upsilon_{\mathrm{p}y} - \upsilon_{\mathrm{A}y} \right| (\upsilon_{\mathrm{A}y} - \upsilon_{\mathrm{p}y}) \tag{2-30}$$

2.3 荷电颗粒在电场中运动轨迹的模拟研究

为了研究摩擦荷电颗粒在摩擦电选机静电场中的动力学规律，探讨电压、气流速度、摩擦荷电量等参数对不同颗粒运动轨迹的影响，考察动力学因素对分选效果的作用，我们从颗粒流体动力学角度对摩擦电选参数进行优化，利用数值模拟方法并结合建立的荷电颗粒在均匀电场中的运动方程，对不同密度、粒度的颗粒在不同操作条件下进行数值模拟研究，分析其运动规律。

颗粒在气体中运动与在液体中运动最大的不同是前者的黏度和密度都远小于后者，而其流速却远高于后者，则计算出来的雷诺数会大不相同。经一般条件下的计算检验，固体颗粒在气体中的运动雷诺数远大于在液体中的。按照流型的划分，固体颗粒在气体中的运动一般会位于紊流区或过渡区[290]。根据摩擦静电分选过程中的实际情况，对颗粒在分选过程中的雷诺数进行计算。取颗粒的粒径 $d=74\ \mu m$(最大粒径)，μ 为 17.9×10^{-6} Pa·s，ρ 为 $1.292\,8\ kg/m^3$，将其代入雷诺数计算公式得：

$$Re_p=\frac{\rho d\left|\upsilon_p-\upsilon_A\right|}{\mu} \tag{2-31}$$

$$Re_p\approx5.34\left|\upsilon_p-\upsilon_A\right| \tag{2-32}$$

由式(2-32)可以看出，Re_p取决于颗粒与气流的相对速度。在摩擦静电分选过程中，物料颗粒在气流的携带下经摩擦器摩擦荷电后进入电场空间，试验中在 Y 方向上气流速度一般在 10～20 m/s，由于颗粒很细且稀疏，一般认为在 Y 方向上颗粒速度与气流速度相差很小；在 X 方向上，气流速度为 0，荷电颗粒初始速度为 0，在电场力的作用下荷电颗粒向极板运动，由于极板间距离很小，试验装置中两极板间的距离一般为 50 mm，物料颗粒会很快穿过电场空间并实现分离，在电场中的停留时间很短，物料颗粒在 X 方向上尚未达到足够大的速度。因此可以认为分选过程中的颗粒处于层流状态，在模拟计算时按颗粒雷诺数小于 1 计算，这样荷电颗粒在电场空间的运动轨迹方程可由下述方程组表示：

$$\begin{cases}\dfrac{d\upsilon_{px}}{dt}=\dfrac{Q}{m}E+\dfrac{3}{4}C_D\dfrac{\rho}{d\rho_p}\left|\upsilon_{px}-\upsilon_{Ax}\right|(\upsilon_{Ax}-\upsilon_{px})\\[2ex]\dfrac{d\upsilon_{py}}{dt}=g+\dfrac{3}{4}C_D\dfrac{\rho}{d\rho_p}\left|\upsilon_{py}-\upsilon_{Ay}\right|(\upsilon_{Ay}-\upsilon_{py})\end{cases} \tag{2-33}$$

将上式变换后可以得到：

$$\begin{cases}\dfrac{d\upsilon_{px}}{dt}=\dfrac{Q}{m}E+\dfrac{18\mu}{\rho_p d^2}(\upsilon_{Ax}-\upsilon_{px})\\[2ex]\dfrac{d\upsilon_{py}}{dt}=g+\dfrac{18\mu}{\rho_p d^2}(\upsilon_{Ay}-\upsilon_{py})\end{cases} \tag{2-34}$$

由于：

$$\begin{cases}\upsilon_{px}=\dfrac{dx}{dt}\ \dfrac{d\upsilon_{px}}{dt}=\dfrac{d^2x}{dt^2}\\[2ex]\upsilon_{py}=\dfrac{dy}{dt}\ \dfrac{d\upsilon_{py}}{dt}=\dfrac{d^2y}{dt^2}\end{cases} \tag{2-35}$$

而且气流在 X 方向的速度 $\upsilon_{Ax}=0$，则式(2-34)进一步变换为：

$$\begin{cases}\dfrac{d^2x}{dt^2}=\dfrac{Q}{m}E-\dfrac{18\mu}{\rho_p d^2}\dfrac{dx}{dt}\\ \dfrac{d^2y}{dt^2}=g+\dfrac{18\mu}{\rho_p d^2}(v_{Ay}-\dfrac{dy}{dt})\end{cases} \tag{2-36}$$

设：

$$A=\frac{Q}{m}E, B=\frac{18\mu}{\rho_p d^2} \tag{2-37}$$

则式(2-36)可以变换为：

$$\begin{cases}\dfrac{d^2x}{dt^2}=A-B\dfrac{dx}{dt}\\ \dfrac{d^2y}{dt^2}=g+B(v_{Ay}-\dfrac{dy}{dt})\end{cases} \tag{2-38}$$

根据试验条件可知，气流在 X 方向上的速度 $v_{Ax}=0$，气流在 Y 方向上初始速度为 $v_{Ay}=v_0$。颗粒在气流携带下进入电场空间，假设在 Y 方向上的初始速度与气流速度相同，那么根据初始条件可得：在 X 方向上当 $t=0$ 时，$x=0$，$dx/dt=0$；在 Y 方向上当 $t=0$ 时，$y=0$，$dy/dt=v_0$。

解微分方程得到：

$$\begin{cases}x(t)=\dfrac{Ae^{-Bt}+ABt-A}{B^2}\\ y(t)=\dfrac{ge^{-Bt}+gBt+v_0B^2t-g}{B^2}\end{cases} \tag{2-39}$$

根据上述颗粒在 X 方向和 Y 方向上的时间函数，即可得到荷电颗粒在摩擦静电分选过程中的运动轨迹。

下面根据荷电颗粒运动轨迹方程式(2-39)对荷电颗粒摩擦静电分选机电场空间中的运动轨迹进行模拟研究。研究内容为电场强度、气流速度、颗粒粒度、颗粒密度和荷质比对荷电颗粒在电场空间运动轨迹的影响，并根据试验测得的数据对煤和伴生矿物黄铁矿、石英、方解石、高岭土、石膏颗粒在电场空间的运动轨迹进行了模拟。

为了便于进行模拟研究，首先假设气流速度稳定，取空气的 μ 为 17.9×10^{-6} Pa・s，ρ 为 1.292 8 kg/m^3，$g=9.80$ m/s^2。以两种产品的摩擦电选为例，考察中间颗粒的运动轨迹，如果靠近两极板的荷电颗粒极性与靠近极板的相同，则其向另一极板运动，当颗粒越过中心线即可实现有效分离；如果其极性与靠近极板的相反，则已实现分离。为了便于分析，在模拟研究时假设荷电颗粒处在中心线位置。

2.3.1　颗粒粒度对荷电颗粒运动轨迹的影响

当煤粉碎至粒度小于 74 μm 时，煤中的矿物质基本解离，并且通常能满足煤粉锅炉的燃烧要求，但是人们也在进行超细煤粉燃烧的研究。对于微粉煤摩擦静电分选，颗粒粒度对分选效果具有重要影响，特别是在颗粒粒度很小时，摩擦荷电后，异性荷电颗粒易产生团聚，因此需要通过高速气流或其他方法使物料颗粒充分分散，而磨煤对能量的消耗也使得煤粉颗粒不能太细。下面对摩擦静电分选过程中粒度对颗粒运动的影响进行模拟研究，对不同粒度荷电颗粒运动方程的参数进行设置，如表 2-1 所示。

表 2-1　不同粒度荷电颗粒模拟计算参数设定表

序号	$d/10^{-6}$ m	$\rho_p/(\mathrm{kg/m^3})$	$E/(10^6\ \mathrm{V/m})$	Q/m $/(10^{-6}\ \mathrm{C/kg})$	$v_0/(\mathrm{m/s})$	$A=\frac{Q}{m}E$	$B=\frac{18\mu}{\rho_p d^2}$
1	500	1 500	0.5	10	10	5	0.859 2
2	250	1 500	0.5	10	10	5	3.436 8
3	125	1 500	0.5	10	10	5	13.747 2
4	74	1 500	0.5	10	10	5	39.225 7
5	45	1 500	0.5	10	10	5	106.074 0
6	20	1 500	0.5	10	10	5	537.000 0
7	10	1 500	0.5	10	10	5	2 148.000 0

图 2-2 为不同粒度荷电颗粒在电场中的运动轨迹。从该图可以看出，颗粒粒度对荷电颗粒在电场中的运动轨迹影响很大，从式(2-34)也可知阻力与粒度的平方成反比。在相同电场强度、荷质比情况下，密度相同而粒度不同的荷电颗粒在电场中运动时，当荷电颗粒在 Y 方向的运动距离，也就是摩擦电选机电场长度为 2 000 mm 时，粒度大于 74 μm 的颗粒才能得到有效分选，也就是说粒度小的荷电颗粒因所受空气阻力较大而被气流携带到更远的地方才能分离，此时空气阻力占主导地位。荷电颗粒得到有效分选需要的时间，也就是荷电颗粒到达极板的时间，决定了荷电颗粒在 Y 方向的运动距离，也就是电场的长度。因此要分选的物料颗粒越细，需要的摩擦电选机的电场长度就越大。但在实际的分选试验过程中，由于细颗粒物料在摩擦荷电过程中荷电充分，其荷质比一般要比粗颗粒物料大，所受电场力也较大，从而较容易分选，而对于粗颗粒物料，在实际的分选试验中，一般很难获得较高的荷电量，荷质比较小，从而很难达到理想的分选效果。

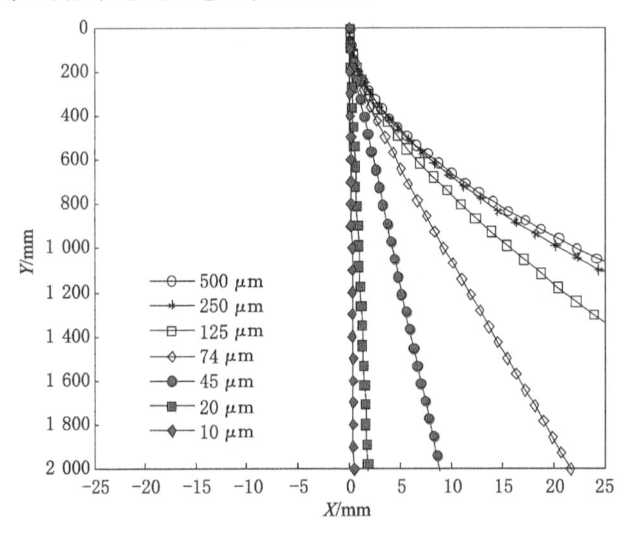

图 2-2　不同粒度荷电颗粒在电场中的运动轨迹

2.3.2　电场强度对荷电颗粒运动轨迹的影响

荷电颗粒所受电场力与电场强度成正比，因此在荷质比不变的情况下，电场力的大小取决于电场强度的大小。不同电场强度时模拟计算参数设置如表 2-2 所示。图 2-3 为不同电场强度时荷电颗粒在电场中的运动轨迹。从该图可以看出，电场强度越大，荷电颗粒运动距离越短，在极短时间内即可到达极板，极板长度也越短，但是电场强度过大，会造成空气被击穿和电离，特别对于微粉煤的摩擦电选而言，可能会因空气被击穿和电离造成煤粉爆炸，因此施加电压不能过高。

表 2-2　不同电场强度时模拟计算参数设定表

序号	$d/10^{-6}$ m	$\rho_p/(\mathrm{kg/m^3})$	$E/(10^6$ V/m)	Q/m $/(10^{-6}$ C/kg)	$v_0/(\mathrm{m/s})$	$A=\frac{Q}{m}E$	$B=\frac{18\mu}{\rho_p d^2}$
1	74	1 500	0	10	10	0	39.225 7
2	74	1 500	0.2	10	10	2	39.225 7
3	74	1 500	0.4	10	10	4	39.225 7
4	74	1 500	0.6	10	10	6	39.225 7
5	74	1 500	0.8	10	10	8	39.225 7
6	74	1 500	1.0	10	10	10	39.225 7
7	74	1 500	1.2	10	10	12	39.225 7

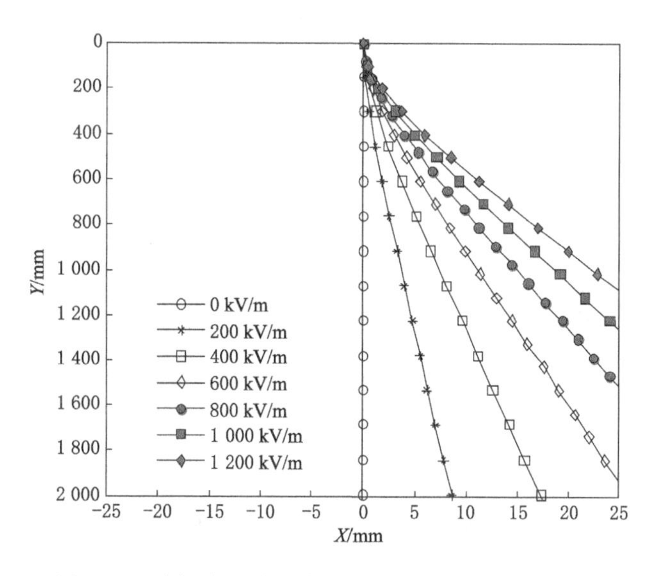

图 2-3　不同电场强度时荷电颗粒在电场中的运动轨迹

2.3.3　气流速度对荷电颗粒运动轨迹的影响

为了克服颗粒的团聚问题，摩擦电选机大多采用气流输送方式。较高的气流速度既可以实现物料颗粒在摩擦电选机中充分摩擦荷电，又可以提高摩擦电选的处理量，因此在摩擦电选中选择合适的气流速度很重要。图 2-4 为不同气流速度时荷电颗粒在电场中的运动轨迹。从图可以看出，气流速度过大时，荷电颗粒在摩擦电选机内停留的时间太短，尚未实现分离就已排出，也就是气流速度越大，颗粒在气流阻力的作用下被携带到更远的地方才能分离。但气流速度太小时又不能使粉体颗粒解聚，且处理量较小。由图 2-4 可知，设定荷电颗粒在极板长度为 1 000 mm 时，气流速度选择 5 m/s 即可实现物料分离。

表 2-3　不同气流速度时模拟计算参数设定表

序号	$d/10^{-6}$ m	$\rho_p/(kg/m^3)$	$E/(10^6$ V/m)	Q/m /(10^{-6} C/kg)	$v_0/(m/s)$	$A=\frac{Q}{m}E$	$B=\frac{18\mu}{\rho_p d^2}$
1	74	1 500	0.5	10	0	5	39.225 7
2	74	1 500	0.5	10	5	5	39.225 7
3	74	1 500	0.5	10	10	5	39.225 7
4	74	1 500	0.5	10	15	5	39.225 7
5	74	1 500	0.5	10	20	5	39.225 7
6	74	1 500	0.5	10	25	5	39.225 7
7	74	1 500	0.5	10	30	5	39.225 7

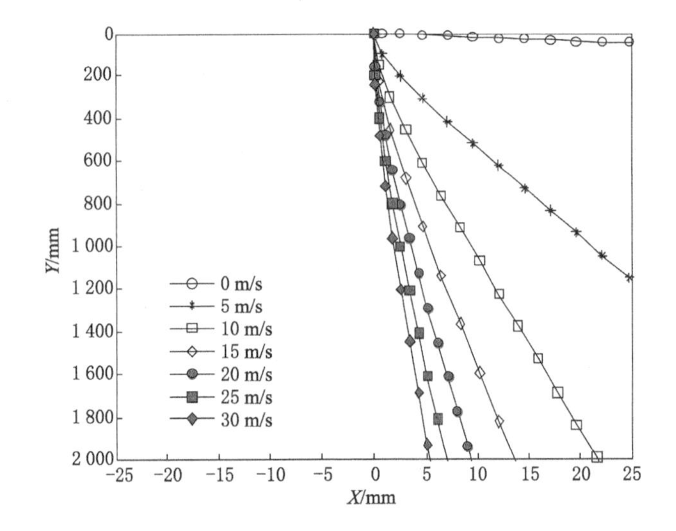

图 2-4　不同气流速度时荷电颗粒在电场中的运动轨迹

2.3.4　颗粒密度对荷电颗粒运动轨迹的影响

荷电颗粒在电场中运动时，颗粒密度会对其运动轨迹产生影响，因此利用摩擦电选进行多组分分离时必须考虑不同组分物料密度的影响。下面对摩擦电选过程中不同密度颗粒的运动轨迹进行模拟。不同颗粒密度时模拟计算参数设定如表 2-4 所示。

表 2-4　不同颗粒密度时模拟计算参数设定

序号	$d/10^{-6}$ m	$\rho_p/(kg/m^3)$	$E/(10^6$ V/m)	Q/m /(10^{-6} C/kg)	$v_0/(m/s)$	$A=\frac{Q}{m}E$	$B=\frac{18\mu}{\rho_p d^2}$
1	74	1 400	0.5	10	10	5	42.027 5
2	74	1 600	0.5	10	10	5	36.774 1
3	74	1 800	0.5	10	10	5	32.688 1
4	74	2 000	0.5	10	10	5	29.419 3
5	74	2 500	0.5	10	10	5	23.535 4
6	74	3 000	0.5	10	10	5	19.612 9
7	74	5 000	0.5	10	10	5	11.767 7

图 2-5 为不同密度荷电颗粒在电场中的运动轨迹。从该图可以看出，荷电颗粒的密度对其在电场中的运动轨迹影响不是很大。密度为 5 000 kg/m³ 的荷电颗粒在 Y 方向上运行到 1 300 mm 时即可到达极板，而密度为 1 400 kg/m³ 的荷电颗粒在 Y 方向上运行到 2 000 mm 时也基本实现分离。从图 2-5 还可以看出，密度越大的荷电颗粒越容易分离，这主要是因为密度越大的颗粒受到的气流阻力越大。

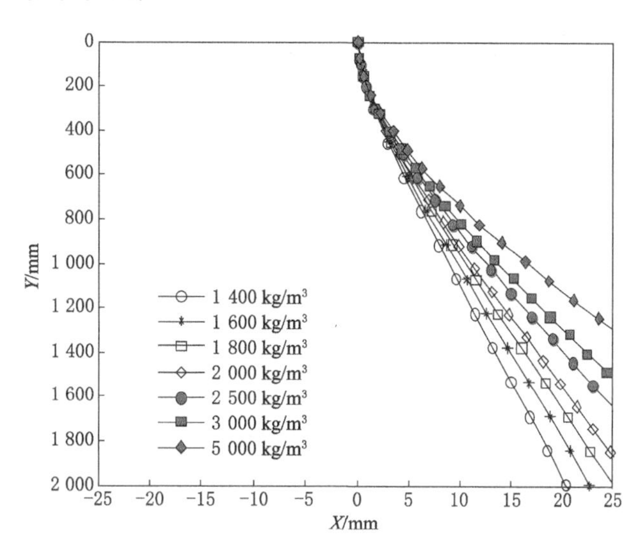

图 2-5　不同密度荷电颗粒在电场中的运动轨迹

2.3.5　荷质比对荷电颗粒运动轨迹的影响

荷质比是摩擦电选中评价物料颗粒是否可以分选的重要参数，对荷电颗粒在电场中的运动轨迹具有重要影响。本书根据试验经验和文献中物料颗粒摩擦荷质比数据[291-292]，确定了利用荷电颗粒运动轨迹模拟计算的荷质比，考察了荷质比对荷电颗粒在电场空间运动轨迹的影响，在此不考虑荷电颗粒的极性。荷质比不同时模拟计算参数设定如表 2-5 所示。

表 2-5　荷质比不同时模拟计算参数设定

序号	$d/10^{-6}$ m	ρ_p/(kg/m³)	E/(10⁶ V/m)	Q/m /(10⁻⁶ C/kg)	v_0/(m/s)	$A=\frac{Q}{m}E$	$B=\frac{18\mu}{\rho_p d^2}$
1	74	1 500	0.5	0.5	10	0.25	39.225 7
2	74	1 500	0.5	2.0	10	1	39.225 7
3	74	1 500	0.5	10	10	5	39.225 7
4	74	1 500	0.5	20	10	10	39.225 7
5	74	1 500	0.5	50	10	25	39.225 7
6	74	1 500	0.5	200	10	100	39.225 7
7	74	1 500	0.5	500	10	250	39.225 7

图 2-6 为不同荷质比荷电颗粒在电场中的运动轨迹。从图可以看出，荷电颗粒的荷质比对其在电场中的运动轨迹影响很大。由于荷质比与荷电颗粒所受的电场力成正比，因此当电场强度不能增大时，使颗粒尽可能增加荷电量就成为提高摩擦电选效果的重要技术手段。由图 2-6 可知，在设定条件下，当荷电颗粒的荷质比达到 20 μC/kg 时，1 300 mm 的极板长度即可实现其有效分选。

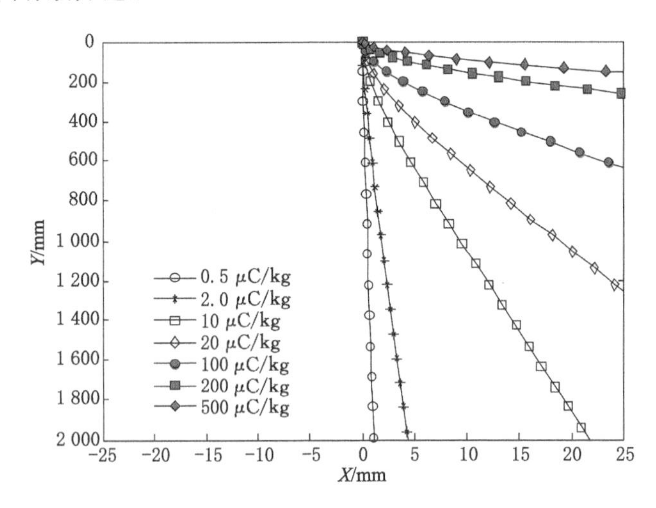

图 2-6　不同荷质比荷电颗粒在电场中的运动轨迹

2.4　煤和伴生矿物颗粒在摩擦电选机中运动轨迹的模拟研究

由于不同物料颗粒摩擦荷电性质不同，并且该性质与颗粒粒度关系密切，因此，本书根据颗粒在电场中的动力学方程，对无烟煤和伴生矿物黄铁矿、石英、方解石颗粒在摩擦电选机中的运动轨迹进行了模拟研究。首先，利用自制的荷质比测量系统（见第 4 章）对各粒级无烟煤样品颗粒和伴生矿物颗粒的摩擦荷电荷质比进行了测量。试验条件为温度约为 20 ℃，相对湿度约为 50%。模拟计算采用试验中实际测量的各粒级煤和伴生矿物颗粒的摩擦荷电荷质比数据，如表 2-6 所示。从该表可以看出，黄铁矿明显比无烟煤、石英和方解石粉体颗粒的摩擦荷电荷质比小，并且粒度对这几种物料的摩擦荷电荷质比的影响很大，无烟煤、石英和方解石各粒级摩擦荷电荷质比随粒度的减小而增大，0.125～0.074 mm 粒级颗粒的荷质比最大，但 0～0.074 mm 粒级颗粒的荷质比又减小，摩擦荷电量降低，也就是说 0.125～0.074 mm 粒级物料最易于进行摩擦电选，而黄铁矿各粒级颗粒摩擦荷电荷质比随粒度的减小一直增大。从荷电极性来看，黄铁矿和石英各粒级颗粒都带负电荷，与无烟煤颗粒极性相反，但方解石各粒级颗粒的摩擦荷电极性与无烟煤颗粒的相同，都是荷正电，这样在摩擦电选中就无法将煤中的方解石去除。模拟计算时将粒径设为各粒级的平均粒径，矿物颗粒密度按试样标示数据或按文献中的参考值设定[293-294]。

表 2-6　各粒级煤和伴生矿物摩擦荷电荷质比数据

物料名称	粒级/mm	荷质比/(nC/g)
无烟煤	0.8～0.5	1.05
	0.5～0.25	3.10
	0.25～0.125	6.74
	0.125～0.074	12.00
	−0.074	6.39
黄铁矿	0.8～0.5	−0.07
	0.5～0.25	−0.25
	0.25～0.125	−1.03
	0.125～0.074	−1.49
	−0.074	−4.24
石英	0.8～0.5	−0.53
	0.5～0.25	−1.01
	0.25～0.125	−5.48
	0.125～0.074	−16.44
	−0.074	−13.13
方解石	0.8～0.5	0.87
	0.5～0.25	0.45
	0.25～0.125	3.70
	0.125～0.074	23.23
	−0.074	9.70

注：1 nC=1×10^{-9} C。

2.4.1　无烟煤摩擦荷电颗粒在摩擦电选机中的运动轨迹

超低灰无烟煤制备是摩擦电选的重要应用方向之一。一般情况下，无烟煤的摩擦电选效果要优于其他煤种。模拟试验采用的无烟煤样品各粒级颗粒在摩擦电选机中的运动轨迹计算参数设定如表 2-7 所示。

表 2-7　不同粒级的无烟煤摩擦荷电颗粒模拟计算参数设定

序号	$d/10^{-6}$ m	$\rho_p/(\text{kg/m}^3)$	$E/(10^6$ V/m)	Q/m /(10^{-6} C/kg)	v_0/(m/s)	$A=\frac{Q}{m}E$	$B=\frac{18\mu}{\rho_p d^2}$
1	650	1 300	0.5	1.05	10	0.525	0.586 6
2	375	1 300	0.5	3.10	10	1.550	1.762 5
3	188	1 300	0.5	6.74	10	3.370	7.012 4
4	100	1 300	0.5	12.00	10	6.000	24.784 6
5	37	1 300	0.5	6.39	10	3.195	181.041 7

图 2-7 为不同粒级的无烟煤样品摩擦荷电颗粒在电场中的运动轨迹。从图可以看出，

0.25～0.125 mm 和 0.125～0.074 mm 两个粒级的无烟煤颗粒较易于实现摩擦电选，在极板长度为1 500 mm 处即可到达极板，0.5～0.25 mm 粒级的无烟煤颗粒在极板长度为 2 000 mm 时也可以实现分选，而 0.8～0.5 mm 和－0.074 mm 两个粒级的无烟煤颗粒最难以分选。分析原因可知，这是荷电颗粒的粒径和摩擦荷电荷质比两个因素共同作用的结果，因此，在进行无烟煤摩擦电选时，煤粉的粒度控制在 0.25～0.074 mm 可以获得最佳分选效果。

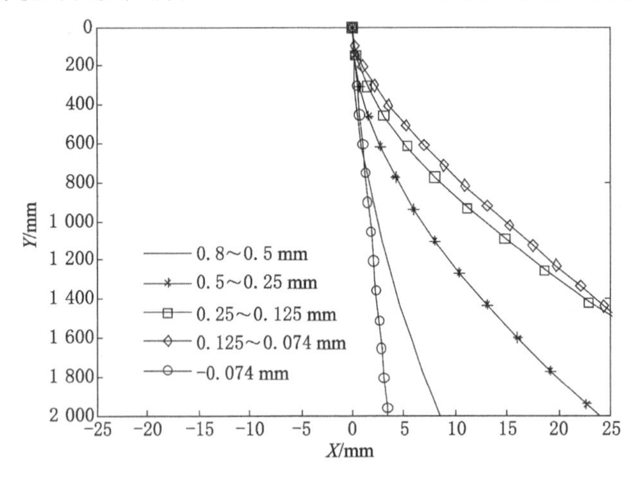

图 2-7 不同粒级无烟煤摩擦荷电颗粒在电场中的运动轨迹

2.4.2 黄铁矿摩擦荷电颗粒在摩擦电选机中的运动轨迹

黄铁矿是微粉煤摩擦电选脱除的主要对象。试验采用的黄铁矿样品各粒级颗粒在摩擦电选机中的运动轨迹计算参数设定如表 2-8 所示。

表 2-8 不同粒级的黄铁矿摩擦荷电颗粒模拟计算参数设定

序号	$d/10^{-6}$ m	$\rho_p/(kg/m^3)$	$E/(10^6$ V/m)	Q/m /(10^{-6} C/kg)	v_0/(m/s)	$A=\frac{Q}{m}E$	$B=\frac{18\mu}{\rho_p d^2}$
1	650	5 000	0.5	−0.07	10	−0.035	0.152 5
2	375	5 000	0.5	−0.25	10	−0.125	0.458 2
3	188	5 000	0.5	−1.03	10	−0.515	1.823 2
4	100	5 000	0.5	−1.49	10	−0.745	6.444 0
5	37	5 000	0.5	−4.24	10	−2.12	47.070 9

图 2-8 为不同粒级的黄铁矿样品摩擦荷电颗粒在电场中的运动轨迹。从该图可以看出，与无烟煤样品相比，黄铁矿各粒级颗粒摩擦荷电效果较差，荷电量低，使其较难以分离。其中，0.25～0.125 mm 和 0.125～0.074 mm 两个粒级的黄铁矿颗粒相对比较容易进行摩擦电选，在极板长度约为4 000 mm 处即到达极板；由于－0.074 mm 粒级黄铁矿颗粒的摩擦荷电量增大，所以其比 0.8～0.5 mm 和 0.5～0.25 mm 两个粒级的黄铁矿颗粒较易分选。同样分析可知，黄铁矿各粒级颗粒的运动轨迹是由荷电颗粒的粒径和摩擦荷电荷质比两个因素共同决定的，因此在进行黄铁矿摩擦电选脱除时，粒度控制在 0.25～0.074 mm 可取得较好的分选效果，同时应尽量提高摩擦荷电量以提高黄铁矿各粒级颗粒的脱除效率。

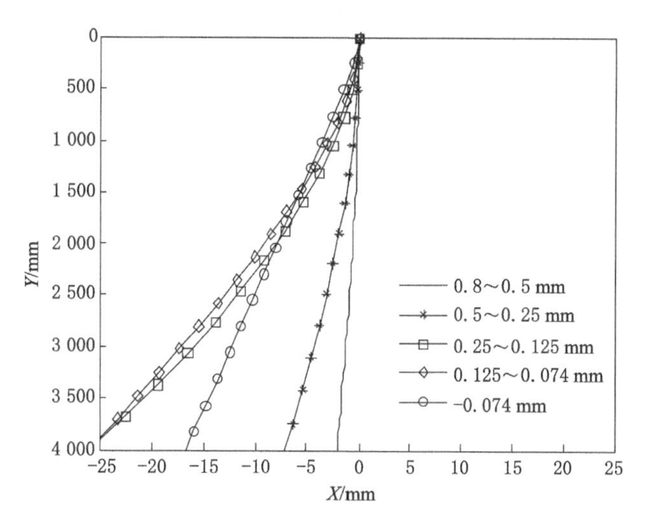

图 2-8　不同粒级黄铁矿摩擦荷电颗粒在电场中的运动轨迹

2.4.3　石英摩擦荷电颗粒在摩擦电选机中的运动轨迹

试验采用的石英样品各粒级颗粒在摩擦电选机中的运动轨迹计算参数设定如表 2-9 所示。

表 2-9　不同粒级的石英摩擦荷电颗粒模拟计算参数设定

序号	$d/10^{-6}$ m	$\rho_p/(\mathrm{kg/m^3})$	$E/(10^6$ V/m)	Q/m /(10^{-6} C/kg)	v_0/(m/s)	$A=\frac{Q}{m}E$	$B=\frac{18\mu}{\rho_p d^2}$
1	650	2 300	0.5	−0.53	10	−0.265	0.331 6
2	375	2 300	0.5	−1.01	10	−0.505	0.996 2
3	188	2 300	0.5	−5.48	10	−2.740	3.963 5
4	100	2 300	0.5	−16.44	10	−8.220	14.008 7
5	37	2 300	0.5	−13.13	10	−6.565	102.327 9

图 2-9 为不同粒级石英样品摩擦荷电颗粒在电场中的运动轨迹。从该图可以看出，0.25～0.125 mm 和 0.125～0.074 mm 两个粒级的石英样品颗粒比较容易进行摩擦电选脱除，分别在极板长度约为 1 000 mm 和 1 600 mm 处到达极板，而 0.8～0.5 mm 粒级、0.5～0.25 mm 粒级和−0.074 mm 粒级的石英样品颗粒难以进行摩擦电选分离。在操作条件不变的情况下，石英各粒级颗粒的运动轨迹同样是由荷电颗粒的粒径和摩擦荷电荷质比两个因素共同决定的，因此，在进行石英摩擦电选脱除时，粒度控制在 0.25～0.074 mm 可取得较好的分选效果，同时应尽量提高摩擦荷电量以提高石英各粒级颗粒的脱除效率。

2.4.4　方解石摩擦荷电颗粒在摩擦电选机中的运动轨迹

与黄铁矿和石英样品不同，方解石的摩擦荷电极性为正，与煤样的摩擦荷电极性相同，所以其运动轨迹和煤样颗粒一样都向负极板偏移，这样在进行微粉煤摩擦电选时煤中的方解石将难以脱除。试验采用的方解石样品各粒级颗粒在摩擦电选机中模拟运动轨迹计算参数设定如表 2-10 所示。

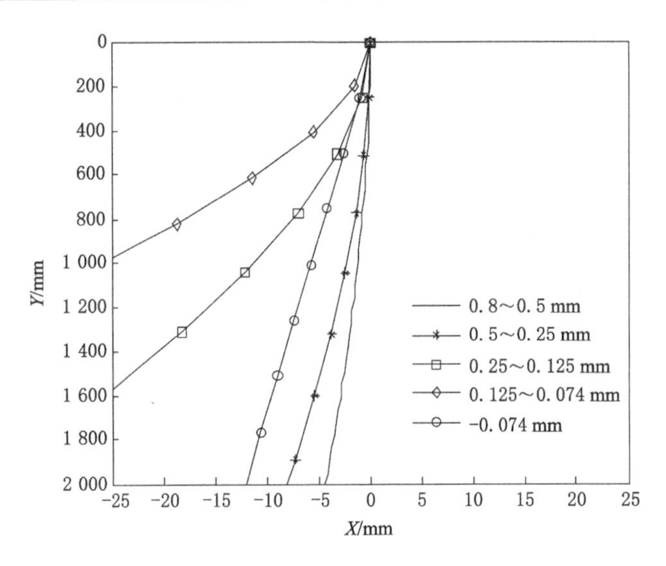

图 2-9　不同粒级石英摩擦荷电颗粒在电场中的运动轨迹

表 2-10　方解石摩擦荷电颗粒模拟计算参数设定

序号	$d/10^{-6}$ m	$\rho_p/(kg/m^3)$	$E/(10^6$ V/m)	Q/m /(10^{-6} C/kg)	v_0/(m/s)	$A=\frac{Q}{m}E$	$B=\frac{18\mu}{\rho_p d^2}$
1	650	2 700	0.5	0.87	10	0.435	0.282 4
2	375	2 700	0.5	0.45	10	0.225	0.848 6
3	188	2 700	0.5	3.70	10	1.850	3.376 3
4	100	2 700	0.5	23.23	10	11.615	11.933 3
5	37	2 700	0.5	9.70	10	4.850	87.168 2

图 2-10 为方解石样品荷电颗粒在电场中的运动轨迹。从此图可以看出，0.125～0.074 mm 粒级方解石荷电颗粒在极板长度约 600 mm 处即可到达极板，0.25～0.125 mm

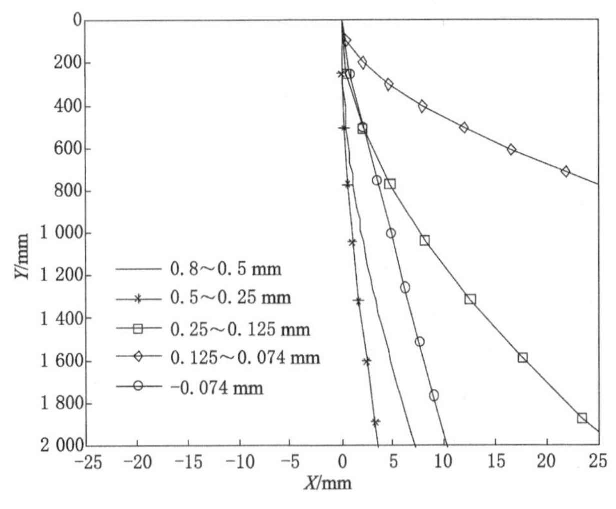

图 2-10　不同粒级方解石摩擦荷电颗粒在电场中的运动轨迹

粒级荷电颗粒在极板长度约 2 000 mm 处到达极板，而其他各粒级荷电颗粒都被气流携带得更远。分析可知，在操作条件不变的情况下，方解石各粒级荷电颗粒的运动轨迹同样也是由荷电颗粒粒径和摩擦荷电荷质比两个因素决定的。对于微粉煤摩擦电选，要脱除其中的方解石，必须采取其他手段改变方解石荷电颗粒的摩擦荷电极性才能进行分选。

2.5　摩擦荷电颗粒在电场中分离过程的研究

为了进一步研究摩擦电选机荷电颗粒的真实运动状态，本节采用高速摄像机和高速动态分析系统对不同粒级的煤和矿物颗粒摩擦荷电后在电场中的运动状态进行了试验研究，以指导、优化摩擦电选机的设计和摩擦电选过程参数的选择。受试验条件限制，本试验未对气流输送式摩擦电选过程进行高速动态试验研究，只对自由下落式摩擦电选机中摩擦荷电颗粒的运动规律进行了研究。

2.5.1　试验材料、仪器及装置

高速动态试验采用不同粒级的低灰无烟煤颗粒和不同粒级的黄铁矿、石英、方解石颗粒物料作为研究对象，对其摩擦荷电后在电场中的运动过程进行分析。

试验仪器有日本 NEC 公司生产的 Memrecam Ci3 颗粒高速动态分析系统、New Movias 分析软件、自由下落式摩擦电选机等。自由下落式摩擦电选机由滑落式摩擦荷电装置、平行电极板、高压直流电源等组成。摩擦电选高速动态试验系统如图 2-11 所示。该系统的滑落式摩擦荷电装置的摩擦溜槽采用不锈钢材料制作，摩擦距离为 80 cm；支架由有机玻璃制成；静电场由一对平行极板组成，极板间距离为 10 cm，极板外侧加有机玻璃板防护，两极板分别施加－30 kV、＋30 kV 的电压。物料颗粒在不锈钢溜槽摩擦荷电后经漏斗在两极板中心位

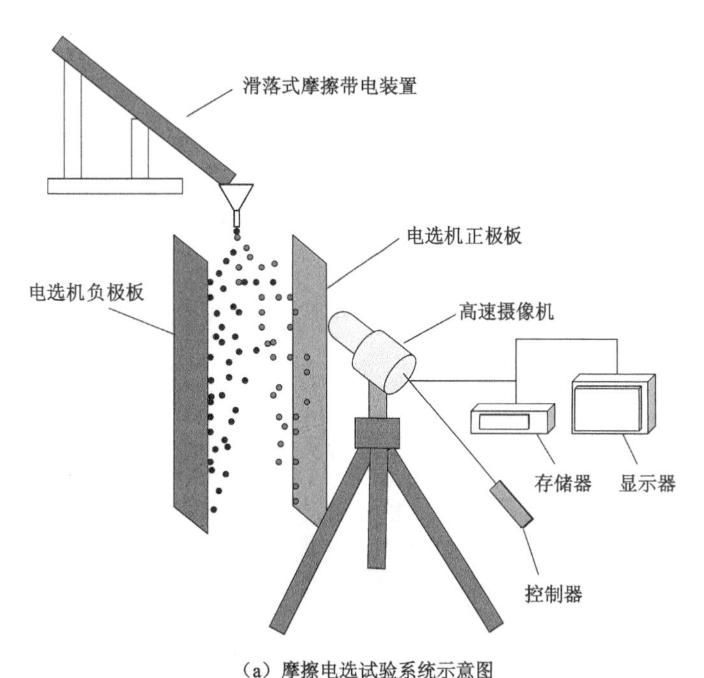

(a) 摩擦电选试验系统示意图

图 2-11　摩擦电选高速动态试验系统

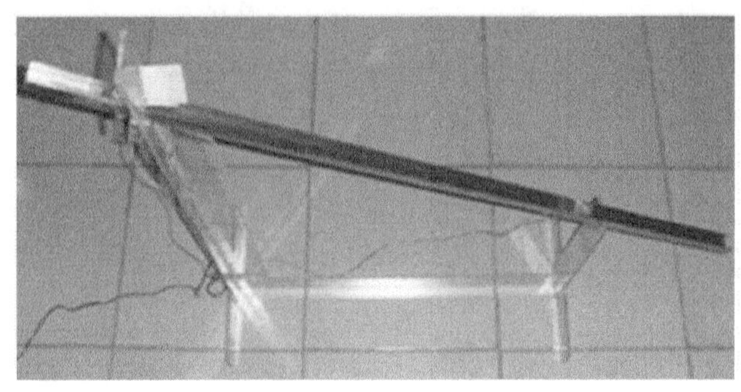

(b) 滑落式摩擦带电装置

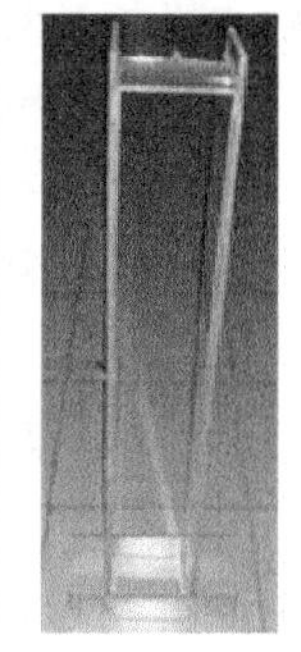

(c) 平行电极板

图 2-11(续)

置进入高压静电场。

2.5.2 高速动态试验结果分析

由于本试验采用的高速摄像机分辨率有限,对小于 0.5 mm 粒级的微细颗粒难以分辨,因此试验只对 2.0～0.8 mm 和 0.8～0.5 mm 两个粒级的低灰无烟煤(密度小于 1.35 g/cm^3)和黄铁矿、石英、方解石矿物颗粒在电场中的运动规律进行了动态分析,选取录像中典型的颗粒,利用软件分析了摩擦荷电颗粒在摩擦电选机电场中的位移、速度、加速度等参数的变化。

试验过程中荷电颗粒经绝缘漏斗在两极板中心位置进入电场,在分析过程中以颗粒进入电场的初始点为坐标原点,横坐标轴 X 向右为正,纵坐标轴 Y 向下为正,时间为绝对值,颗粒的位移、速度、加速度均为相对值。

(1) 煤颗粒摩擦荷电后在电场中的运动规律

图 2-12 显示了 2.0～0.8 mm 粒级摩擦荷电煤颗粒在电场中的运动过程。由于煤颗粒

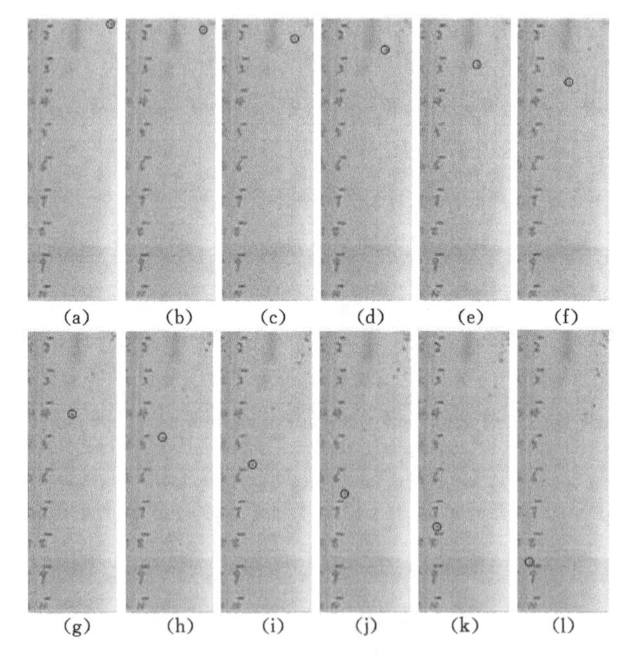

图 2-12 2.0～0.8 mm 粒级摩擦荷电煤颗粒在电场中运动的图片

较小，图中用黑色圆圈标出其所在位置，煤颗粒在两极板中心位置进入电场，在电场力、重力和阻力作用下运动（为了便于展示图片只截取煤颗粒运动的一侧，下同）。图 2-13～图 2-15 为 2.0～0.8 mm 粒级摩擦荷电煤颗粒自进入电场为起点，分析得到的运动轨迹、时间-速度曲线及时间-加速度曲线。从图 2-13 的运动轨迹可以看出，2.0～0.8 mm 粒级摩擦荷电的煤颗粒进入电场后开始做近似抛物线运动；从图 2-14 的速度曲线可以看出，2.0～0.8 mm 粒级摩擦荷电煤颗粒在水平和垂直方向的速度曲线近似呈直线，且都存在波动；从图 2-15 的加速度曲线可以看出，2.0～0.8 mm 粒级摩擦荷电煤颗粒在电场中的垂直加速度基本以 10 m/s^2 为轴线上下波动，这说明垂直方向所受的力以重力为主，波动主要是运动中所受阻力变化造成的；水平方向的加速度也呈波形变化，但加速度较小，说明煤颗粒摩擦荷电的荷质比较小，所受电场力较小，运动中所受阻力是不断变化的。

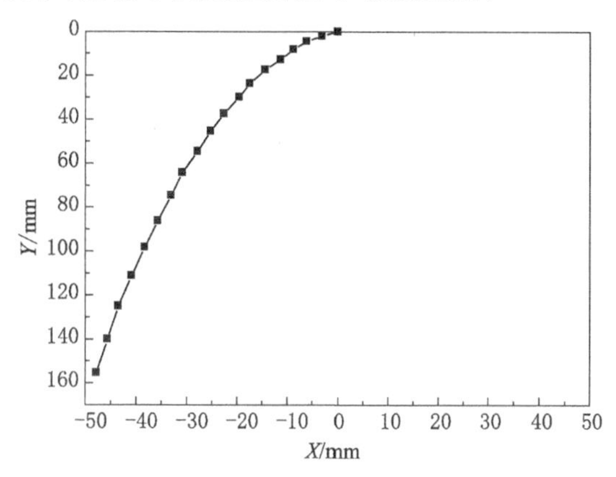

图 2-13　2.0～0.8 mm 粒级摩擦荷电煤颗粒在电场中的运动轨迹

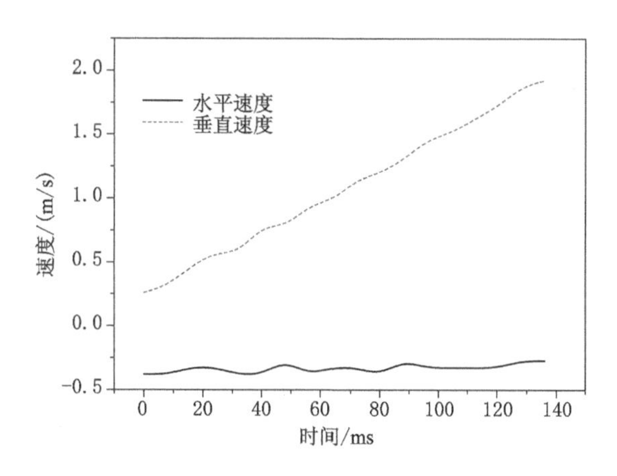

图 2-14　2.0～0.8 mm 粒级摩擦荷电煤颗粒在电场中的速度曲线

图 2-16 显示了 0.8～0.5 mm 粒级摩擦荷电煤颗粒在电场中的运动过程。图 2-17～图 2-19 为 0.8～0.5 mm 粒级摩擦荷电煤颗粒自进入电场为起点，分析得到的运动轨迹、时间-速度曲线及时间-加速度曲线。从图 2-17 的运动轨迹可以看出，0.8～0.5 mm 粒级摩擦荷电煤颗粒进入电场后做近似直线运动；从图 2-18 的速度曲线可以看出，0.8～0.5 mm 粒级摩擦荷电煤颗粒在水平和垂直方向的速度曲线近似呈直线，且都存在波动，与 2.0～0.8 mm 粒级摩擦荷电煤颗粒的速度曲线相比，颗粒的垂直速度曲线趋于平缓；从图 2-19 的加速度曲

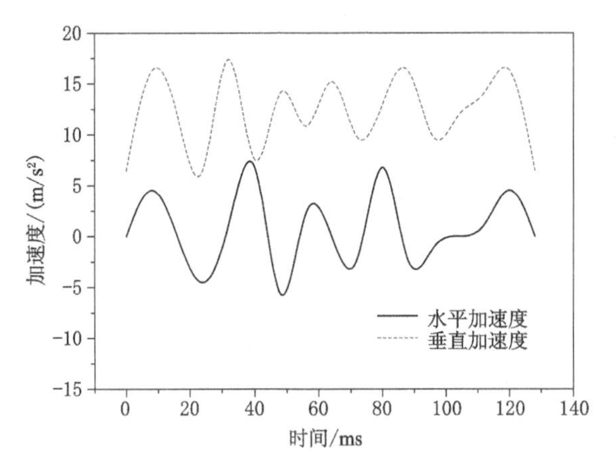

图 2-15　2.0～0.8 mm 粒级摩擦荷电煤颗粒在电场中运动的加速度曲线

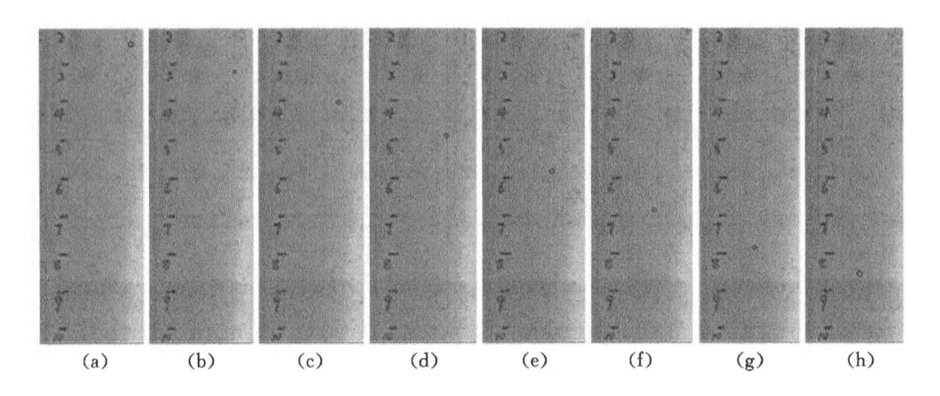

图 2-16　0.8～0.5 mm 粒级摩擦荷电煤颗粒在电场中运动的图片

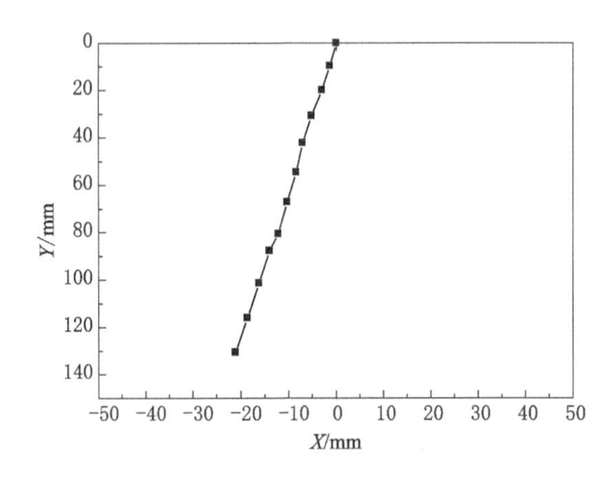

图 2-17　0.8～0.5 mm 粒级摩擦荷电煤颗粒在电场中的运动轨迹

线可以看出，0.8～0.5 mm 粒级摩擦荷电煤颗粒在电场中的加速度波动较大，其中垂直加速度基本在 10 m/s^2 以下波动，说明垂直方向所受的力以重力为主，与 2.0～0.8 mm 粒级摩擦荷电煤颗粒相比，颗粒形状和气流所产生的阻力等的作用更加明显，阻力的变化是造成加速度波动的主要原因；水平方向的加速度也呈波形变化，与 2.0～0.8 mm 粒级摩擦荷电煤颗

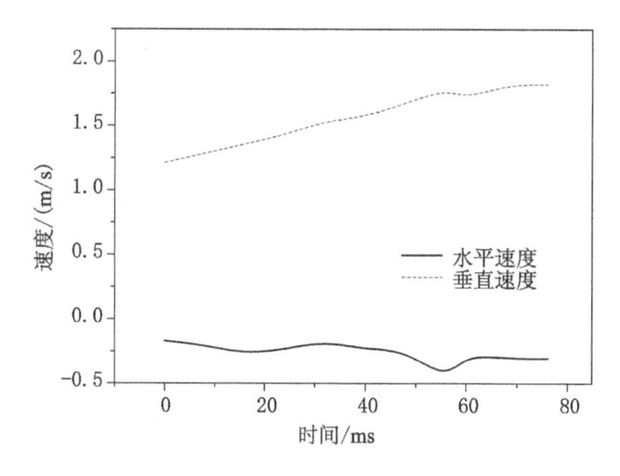

图 2-18　0.8～0.5 mm 粒级摩擦荷电煤颗粒在电场中的速度曲线

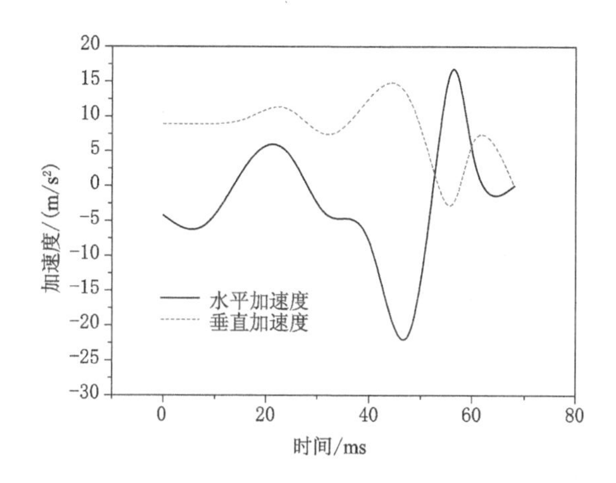

图 2-19　0.8～0.5 mm 粒级摩擦荷电煤颗粒在电场中运动的加速度曲线

粒相比，其加速度增大，说明 0.8～0.5 mm 粒级煤颗粒摩擦荷电的荷质比增大，所受电场力作用增强，但由于颗粒较小，阻力的作用更显著。

(2) 黄铁矿颗粒摩擦荷电后在电场中的运动规律

图 2-20 显示了 2.0～0.8 mm 粒级摩擦荷电黄铁矿颗粒在电场中的运动过程，记录了其在电场力作用下的分离过程。图 2-21～图 2-23 为 2.0～0.8 mm 粒级摩擦荷电黄铁矿颗粒自进入电场为起点，分析得到的运动轨迹、时间-速度曲线及时间-加速度曲线。从图 2-21 的运动轨迹可以看出，2.0～0.8 mm 粒级摩擦荷电黄铁矿颗粒进入电场后开始做近似抛物线运动；从图 2-22 的速度曲线可以看出，2.0～0.8 mm 粒级摩擦荷电黄铁矿颗粒在水平和垂直方向的速度曲线近似呈直线，且都存在微小波动，其中垂直速度不断增大；从图 2-23 的加速度曲线可以看出，2.0～0.8 mm 粒级摩擦荷电黄铁矿颗粒在电场中的垂直加速度基本以 10 m/s^2 为轴线上下波动，说明垂直方向所受的力以重力为主，加速度的波动主要是黄铁矿颗粒所受阻力作用的变化造成的；水平方向的加速度也呈波形变化，但加速度较小，说明黄铁矿颗粒摩擦荷电的荷质比较小，所受电场力较小，并且阻力不稳定。

图 2-24 显示了 0.8～0.5 mm 粒级摩擦荷电黄铁矿颗粒在电场中的运动过程。图 2-25～图 2-27 分别为 0.8～0.5 mm 粒级摩擦荷电黄铁矿颗粒自进入电场为起点，分析

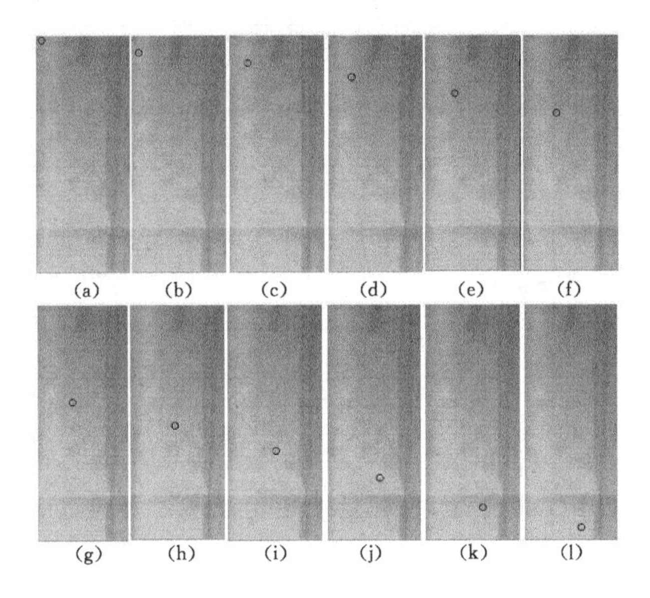

图 2-20　2.0～0.8 mm 粒级摩擦荷电黄铁矿颗粒在电场中运动的图片

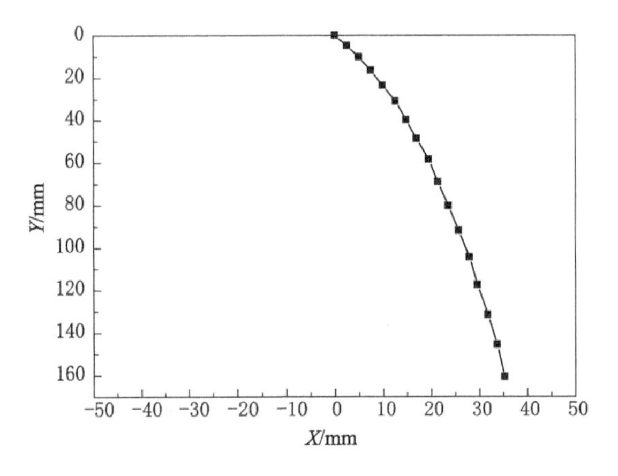

图 2-21　2.0～0.8 mm 粒级摩擦荷电黄铁矿颗粒在电场中的运动轨迹

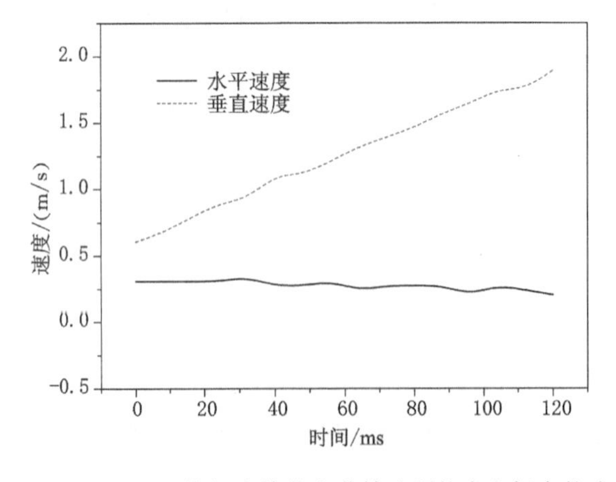

图 2-22　2.0～0.8 mm 粒级摩擦荷电黄铁矿颗粒在电场中的速度曲线

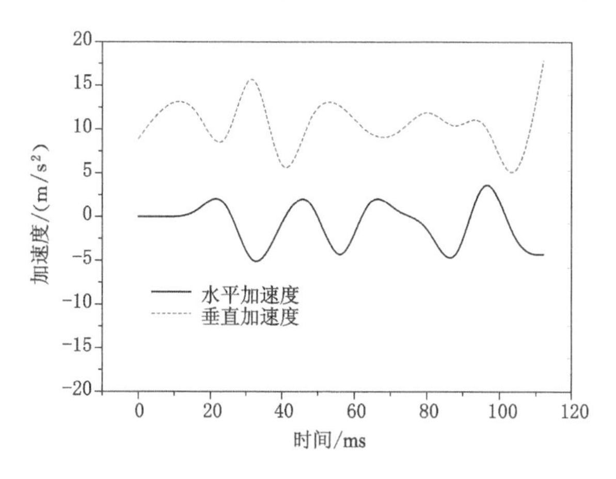

图 2-23　2.0～0.8 mm 粒级摩擦荷电黄铁矿颗粒在电场中运动的加速度曲线

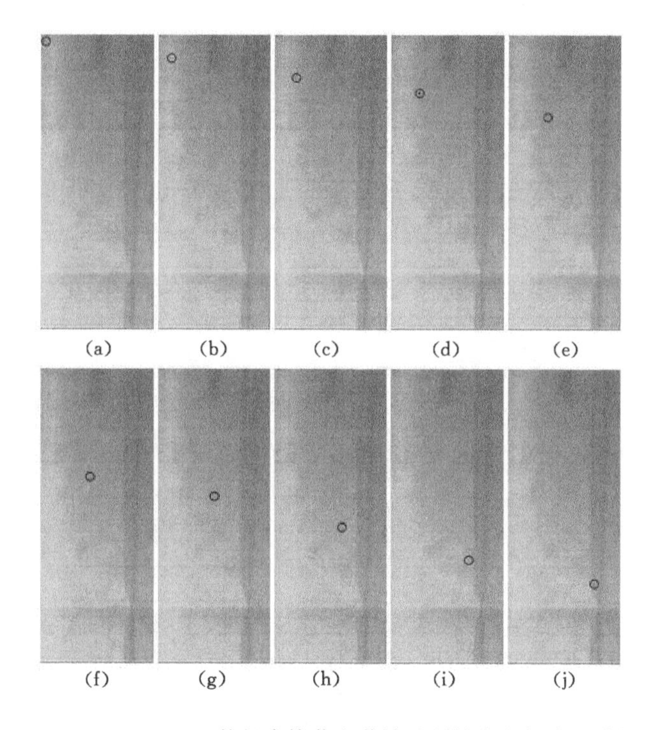

图 2-24　0.8～0.5 mm 粒级摩擦荷电黄铁矿颗粒在电场中运动的图片

得到的运动轨迹、时间-速度曲线及时间-加速度曲线。从图 2-25 黄铁矿颗粒的运动轨迹可以看出，0.8～0.5 mm 粒级摩擦荷电黄铁矿颗粒进入电场后做近似直线运动，与 2.0～0.8 mm 粒级摩擦荷电黄铁矿颗粒相比，更快地到达极板；从图 2-26 黄铁矿颗粒的速度曲线可以看出，0.8～0.5 mm 粒级摩擦荷电黄铁矿颗粒在水平和垂直方向的速度曲线近似呈直线，且都存在波动，与 2.0～0.8 mm 粒级摩擦荷电黄铁矿颗粒的速度曲线相比，垂直速度曲线趋于平缓；从图 2-27 黄铁矿颗粒的加速度曲线可以看出，0.8～0.5 mm 粒级摩擦荷电黄铁矿颗粒在电场中的加速度波动较大，其中垂直加速度基本在 10 m/s^2 以下波动，说明垂直方向所受的力以重力为主，与 2.0～0.8 mm 粒级摩擦荷电黄铁矿颗粒相比，粒度减小使黄

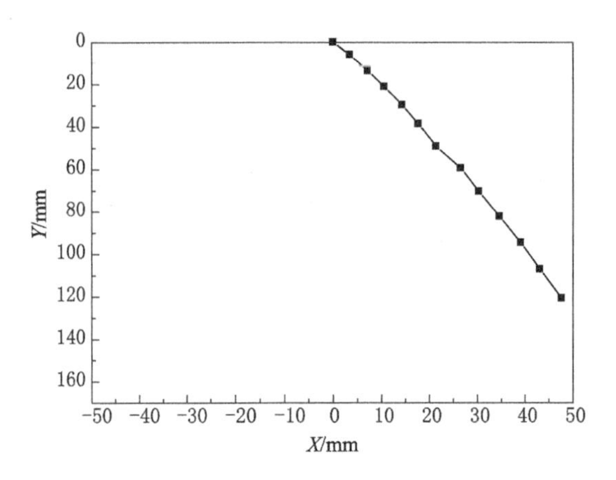

图 2-25　0.8～0.5 mm 粒级摩擦荷电黄铁矿颗粒在电场中的运动轨迹

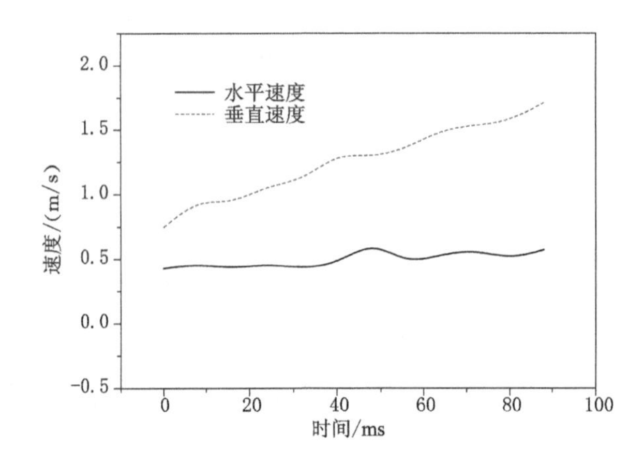

图 2-26　0.8～0.5 mm 粒级摩擦荷电黄铁矿颗粒在电场中的速度曲线

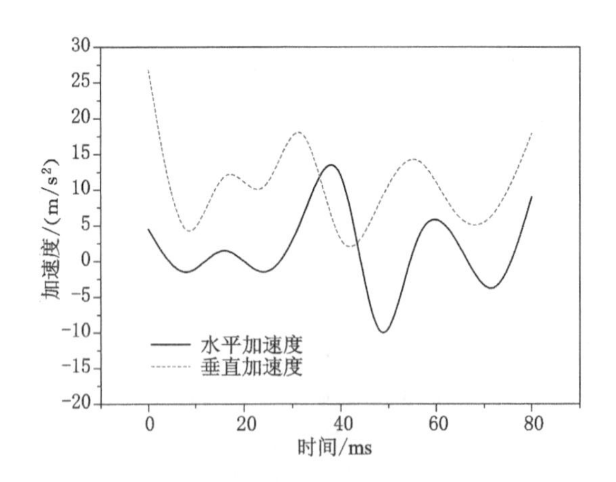

图 2-27　0.8～0.5 mm 粒级摩擦荷电黄铁矿颗粒在电场中运动的加速度曲线

铁矿颗粒在运动过程中所受阻力的作用更加明显，阻力的变化也是加速度波动的主要原因；水平方向的加速度也呈波形变化，与 2.0～0.8 mm 粒级摩擦荷电黄铁矿颗粒相比，加速度波动范围更大，说明 0.8～0.5 mm 粒级黄铁矿颗粒摩擦荷电的荷质比增大，所受电场力作用增强，同时所受水平方向的阻力作用也更加显著。

(3) 石英颗粒摩擦荷电后在电场中的运动规律

图 2-28 显示了 0.8～0.5 mm 粒级摩擦荷电石英颗粒在电场中的运动过程。图 2-29～图 2-31 为 0.8～0.5 mm 粒级摩擦荷电石英颗粒自进入电场为起点，分析得到的运动轨迹、时间-速度曲线及时间-加速度曲线。从图 2-29 石英颗粒的运动轨迹可以看出，0.8～0.5 mm粒级摩擦荷电石英颗粒进入电场后做近似直线运动；从图 2-30 石英颗粒的速度曲线可以看出，0.8～0.5 mm 粒级摩擦荷电石英颗粒在水平和垂直方向的速度曲线近似呈直线，且都存在波动，其中垂直方向速度增加较快，水平方向速度增加缓慢；从图 2-31 石英颗粒的加速度曲线可以看出，0.8～0.5 mm 粒级摩擦荷电石英颗粒在电场中的加速度波动较大，其中垂直加速度基本在 5 m/s^2 以下波动，说明垂直方向所受的力以重力为主，但粒度减小使石英颗粒在运动过程中所受阻力的作用增强，加速度减小明显，阻力的变化也是加速度波动的主要原因；水平方向的加速度也呈波形变化，且波动范围较大，说明 0.8～0.5 mm 粒级摩擦荷电石英颗粒所受的电场力作用和水平方向的阻力作用都比较强，水平方向阻力的不稳定是加速度波动的主要原因。

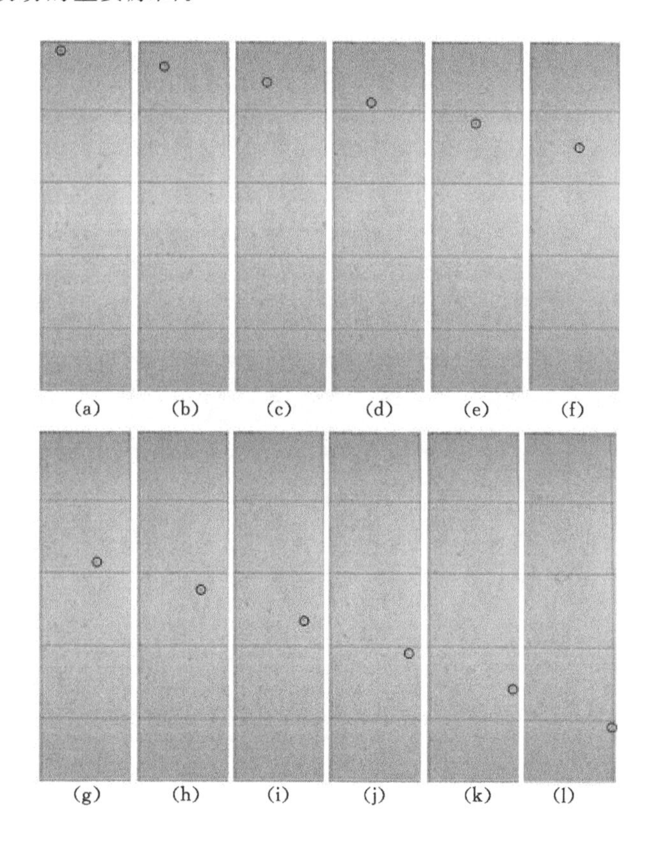

图 2-28　0.8～0.5 mm 粒级摩擦荷电石英颗粒在电场中运动的图片

(4) 方解石颗粒摩擦荷电后在电场中的运动规律

图 2-32 显示了 2.0～0.8 mm 粒级摩擦荷电方解石颗粒在电场中的运动轨迹，图中白色圆圈为颗粒位置(因方解石颗粒为白色透明状，图片在黑色背景下拍摄，经反色处理)。

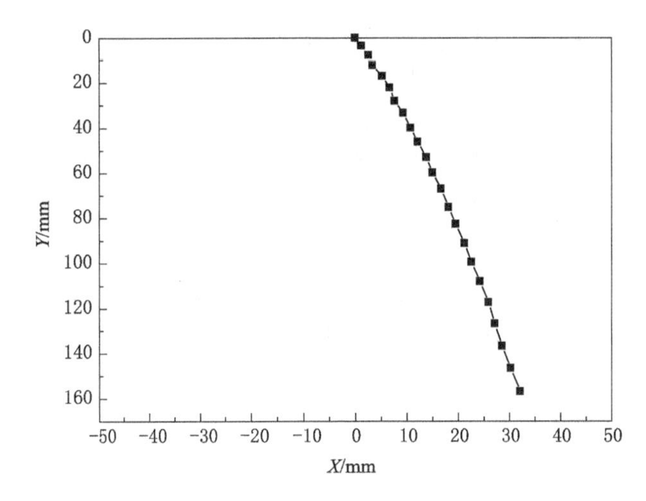

图 2-29　0.8～0.5 mm 粒级摩擦荷电石英颗粒在电场中的运动轨迹

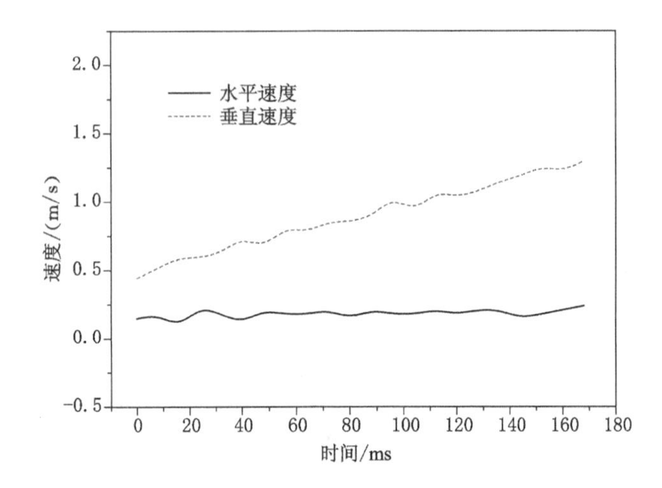

图 2-30　0.8～0.5 mm 粒级摩擦荷电石英颗粒在电场中的速度曲线

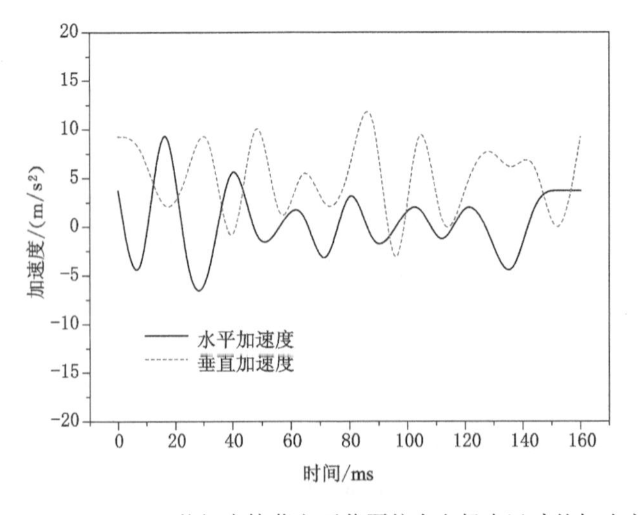

图 2-31　0.8～0.5 mm 粒级摩擦荷电石英颗粒在电场中运动的加速度曲线

图 2-33～图 2-35 为 2.0～0.8 mm 粒级摩擦荷电方解石颗粒自进入电场为起点，分析得到的运动轨迹、时间-速度曲线及时间-加速度曲线。从图 2-33 的运动轨迹可以看出，2.0～0.8 mm 粒级摩擦荷电方解石颗粒进入电场后开始做近似抛物线运动；从图 2-34 的速度曲线可以看出，2.0～0.8 mm 粒级摩擦荷电方解石颗粒在水平和垂直方向的速度曲线近似呈直线，且都存在微小波动，其中垂直速度不断增大；从图 2-35 的加速度曲线可以看出，2.0～0.8 mm 粒级摩擦荷电方解石颗粒在电场中的垂直加速度基本以 10 m/s^2 为轴线上下波动，说明颗粒在垂直方向所受的力以重力为主，加速度的波动主要是运动过程中所受阻力的变化造成的；水平方向的加速度也呈波形变化，且加速度变化范围较小，说明方解石颗粒的摩擦荷电荷质比较小，方解石颗粒所受电场力较小，并且所受的阻力是不稳定的，该力与电场力交替起主导作用。

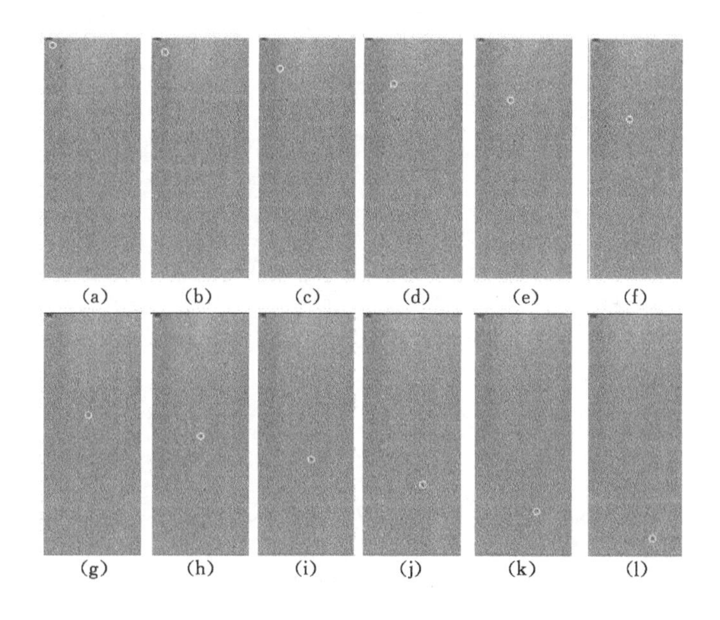

图 2-32　2.0～0.8 mm 粒级摩擦荷电方解石颗粒在电场中运动的图片

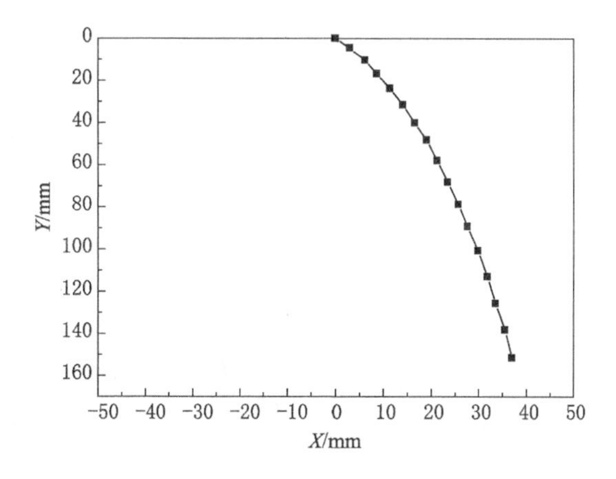

图 2-33　2.0～0.8 mm 粒级摩擦荷电方解石颗粒在电场中的运动轨迹

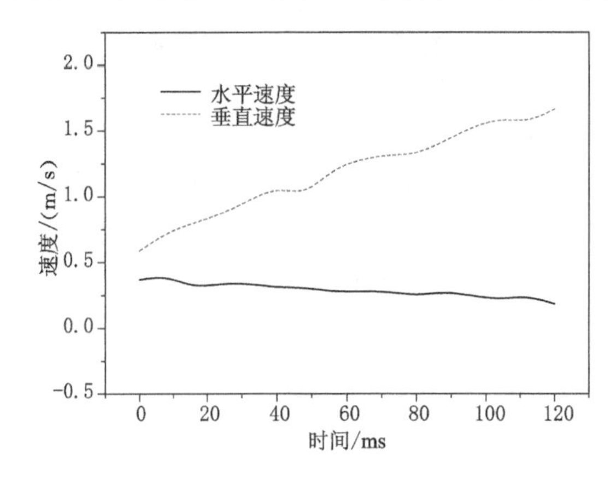

图 2-34　2.0～0.8 mm 粒级摩擦荷电方解石颗粒在电场中的速度曲线

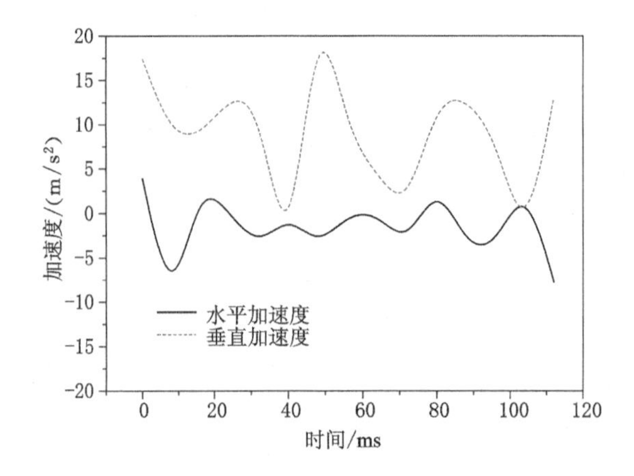

图 2-35　2.0～0.8 mm 粒级摩擦荷电方解石颗粒在电场中运动的加速度曲线

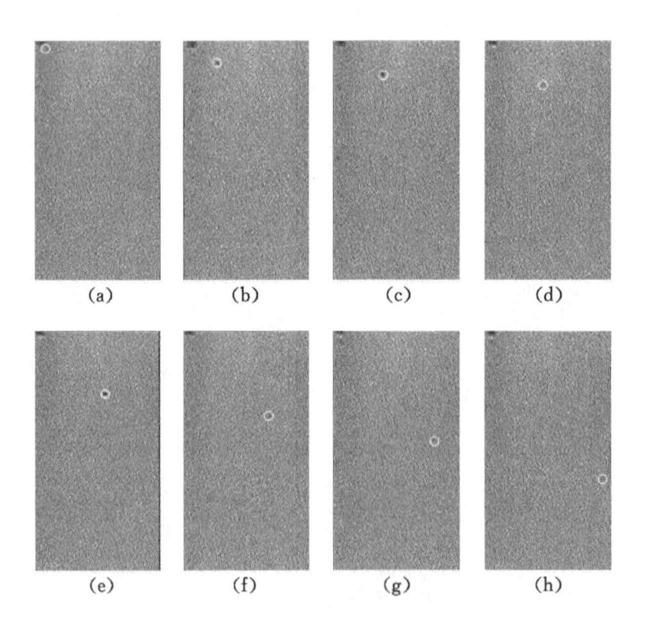

图 2-36　0.8～0.5 mm 粒级摩擦荷电方解石颗粒在电场中运动的图片

图 2-36 显示了 0.8～0.5 mm 粒级摩擦荷电方解石颗粒在电场中的运动过程。图 2-37～图 2-39 为 0.8～0.5 mm 粒级摩擦荷电方解石颗粒自进入电场为起点，分析得到的运动轨迹、时间-速度曲线及时间-加速度曲线。从图 2-37 方解石颗粒的运动轨迹可以看出，0.8～0.5 mm 粒级摩擦荷电方解石颗粒进入电场后做近似直线运动，与2.0～0.8 mm 粒级摩擦荷电方解石颗粒相比，能更快地到达极板，说明其受电场力作用更强；从图 2-38 方解石颗粒的速度曲线可以看出，0.8～0.5 mm 粒级摩擦荷电方解石颗粒在水平和垂直方向的速度曲线近似呈直线，且都存在波动，与 2.0～0.8 mm 粒级摩擦荷电方解石颗粒的速度曲线相比，方解石颗粒的垂直速度曲线趋于平缓；从图 2-39 方解石颗粒的加速度曲线可以看出，0.8～0.5 mm 粒级摩擦荷电方解石颗粒在电场中的加速度波动较大，其中垂直加速度基本在 10 m/s^2 上下波动，说明垂直方向所受的力以重力为主，垂直方向上阻力的变化是造成加速度波动的主要原因；水平方向的加速度也呈波形变化，与 2.0～0.8 mm 粒级摩擦荷电方解石颗粒相比，加速度波动范围更大，说明方解石颗粒所受水平方向上的阻力作用更加显著，同时 0.8～0.5 mm 粒级摩擦荷电方解石颗粒的荷质比增大，方解石颗粒所受电场力作用增强。阻力的波动变化使两者交替起主导作用。

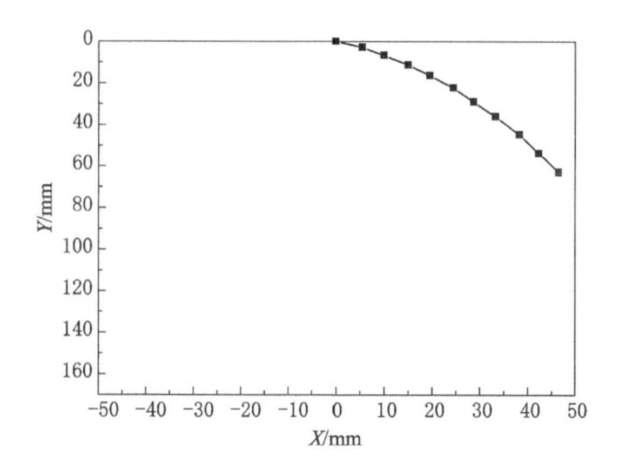

图 2-37　0.8～0.5 mm 粒级摩擦荷电方解石颗粒在电场中的运动轨迹

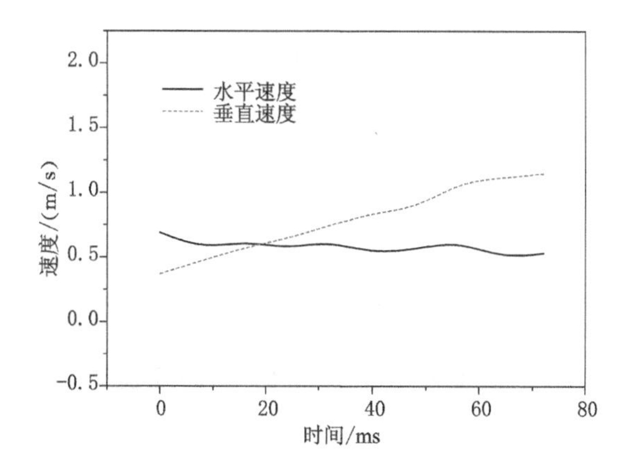

图 2-38　0.8～0.5 mm 粒级摩擦荷电方解石颗粒在电场中的速度曲线

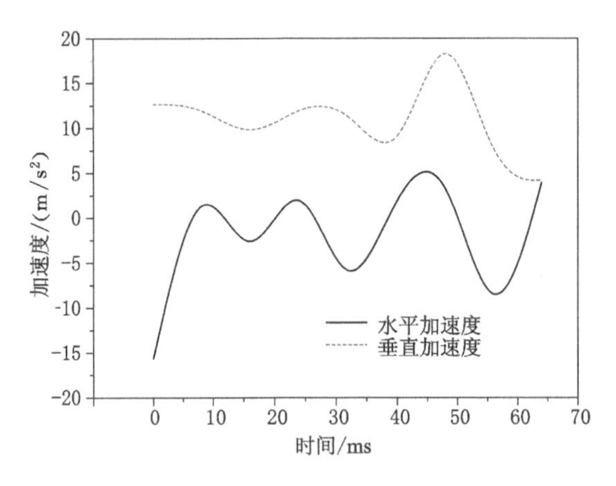

图 2-39　0.8～0.5 mm 粒级摩擦荷电方解石颗粒在电场中运动的加速度曲线

2.6 小　　结

本章对荷电颗粒在摩擦电选机电场中的动力学特性进行了深入研究，对荷电颗粒在摩擦电选机电场中的受力进行了理论分析，建立了荷电颗粒在摩擦电选机电场中的动力学方程，利用 Matlab 软件对荷电颗粒的运动轨迹进行了模拟研究，分析了颗粒粒径、电场强度、颗粒密度和摩擦荷电荷质比对荷电颗粒在摩擦电选机电场中运动轨迹的影响。根据试验测量的无烟煤、黄铁矿、石英和方解石各粒级样品的荷质比，模拟研究了各自在摩擦电选机电场中的运动轨迹。利用高速动态摄像机拍摄了煤和矿物颗粒摩擦荷电后在电场中的运动过程，并利用软件分析了颗粒的位移、速度和加速度变化规律，为优化摩擦电选机设计和微粉煤摩擦电选过程提供了动力学基础。

通过对摩擦电选过程动力学的理论分析和颗粒受力的量级比较可知，颗粒在摩擦电选过程中主要受电场力、曳力和重力的作用；建立了摩擦荷电颗粒在静电场中的动力学方程。

对摩擦荷电颗粒在电场中运动轨迹的数值模拟研究表明，颗粒的粒度、电场强度、气流速度和荷质比对分选过程均有显著影响。颗粒粒度越小，气流速度越低，越不利于分选；增大电场强度和荷质比可以有效提高分选效果，而颗粒密度差异对分选效果影响较小。摩擦荷电颗粒在电场中的运动轨迹主要决定于颗粒的粒度和荷质比。结合滑落式摩擦荷电试验测定的摩擦荷电荷质比数据，研究了煤和伴生矿物颗粒在静电场中的运动轨迹。结果表明，0.25～0.074 mm 粒级的颗粒最易于分选，而方解石颗粒的荷电极性与煤颗粒的相同，不能分选。

通过高速动态分析系统对煤和矿物颗粒在电场中运动轨迹的研究表明，2.0～0.8 mm 粒级颗粒在电场中做近似抛物线运动，而 0.8～0.5 mm 粒级颗粒做近似直线运动；颗粒的水平和垂直加速度都呈近似正弦波变化，粒度越小，加速度波动范围越大，说明颗粒所受空气的阻力作用越显著。

第 3 章　化学改性强化煤和矿物颗粒摩擦异性荷电研究

3.1　引　　言

微粉煤中的纯煤颗粒和伴生矿物颗粒摩擦荷电性质的差异是摩擦电选的基础，但因其天然电性差异难以使其高效分离，并且微粉煤表面具有较高的自由能，团聚现象严重，使煤和矿物颗粒在分选过程中不能分散，也是影响分选效率的重要因素。本章采用表面改性剂改性的方法，通过改变煤和伴生矿物颗粒的表面性质来强化摩擦异性荷电。利用净煤(密度级为$-1.35\ g/cm^3$)和单一煤伴生矿物分别进行表面改性探索性试验研究，采用湿法改性和干法改性两种方法，通过测量化学改性前后样品荷质比和介电常数的数值并总结其变化规律，来考察表面改性剂对单一纯煤或矿物颗粒的表面改性效果，分析化学改性的作用机理，并根据扩大煤和矿物颗粒摩擦异性荷电差异的原则，确定出改性效果较好的药剂。

3.2　粉体表面改性

3.2.1　粉体表面改性方法

粉体表面改性是指用物理、化学、机械等方法对粉体表面进行处理，根据需要有目的地改变粉体表面的物理、化学性质，如表面的组成、结构、官能团、润湿性、电性、光性、吸附能力和反应特性等，以满足现代新材料、新工艺和新技术发展的需要。粉体表面的官能团是粉体物料晶体结构与化学组成在表面上的体现，它决定了粉体在一定条件下的吸附能力和化学反应活性以及电性、润湿性等[295]。

粉体表面改性的方法主要有涂敷改性、表面化学改性、沉淀反应改性、机械化学改性、高能表面改性，此外还有胶囊化改性、化学气相沉积、物理沉积和无机酸、碱、盐处理等。

涂敷改性是利用高聚物或树脂等对粉体颗粒表面进行“覆膜”从而达到表面改性的方法。涂敷改性是一种简单对粉体表面进行改性处理的方法。表面涂敷改性工艺分为冷法和热法两种。影响表面涂敷改性效果的主要因素有颗粒形状、比表面积、孔隙率、涂敷剂种类及用量、涂敷处理工艺等。

表面化学改性是利用有机物分子官能团在无机物颗粒表面的吸附或化学反应对颗粒表面进行局部包覆来实现颗粒表面改性的方法。除利用表面官能团改性外，这种方法还包括利用游离基反应、螯合反应、溶胶吸附等进行表面包覆改性。

表面化学改性的改性剂种类很多，如硅烷、钛酸酯、铝酸酯等各种偶联剂，高级脂肪酸及其盐、有机铵盐，以及其他各种类型的表面活性剂、磷酸酯、不饱和有机酸、水溶性有机高聚物等，选择范围较广。具体选用要综合考虑粉体颗粒的表面性质、改性产品的用途、质量要求、处理工艺以及表面改性剂的成本等多方面的因素。表面化学改性工艺可分为干法和湿法两种，其中干法工艺一般采用高速加热混合机、流化床、连续式粉体表面改性机等设备。在溶液中进行湿法表面化学改性处理（如浸渍）一般采用反应釜或反应罐，改性后的产品再进行过滤和干燥脱水。

沉淀反应改性是利用无机化合物在颗粒表面进行沉淀反应，在颗粒表面形成一层或多层“包覆”或“包膜”，以改善粉体颗粒的表面性质，如光泽、着色力、遮盖力、保色性等为目的的表面处理方法。用沉淀反应方法对粉体颗粒表面进行改性一般采用湿法工艺，即在分散的粉体水浆液中加入一定量的表面改性剂，在适当的工艺条件下，使无机物表面改性剂以氢氧化物或水合氧化物的形式均匀沉淀在颗粒的表面，形成单层或多层包覆层，然后经洗涤、脱水、干燥、焙烧等工序使包覆层固定在颗粒表面，从而达到改进粉体颗粒表面性能的目的。

机械化学改性是利用超细粉碎及其他强烈机械力作用，有目的地对物体表面进行激活，在一定程度上改变颗粒表面的晶体结构、溶解性能、化学吸附性能和反应活性（增加表面的活性点或活性基团）等的方法。一般仅靠机械激活作用进行表面改性处理目前还难以满足粉体表面物理、化学性质的要求，但是机械化学作用激活了颗粒表面，可以提高颗粒与其他无机物或有机物的作用活性，此时如果在粉碎过程中添加表面活性剂及其他有机化合物，包括聚合物，机械激活作用就可以促进这些有机化合物分子在无机粉体（如填料或颜料）表面的化学吸附或化学反应，从而达到边产生新的表面边改性、粒度减小和表面有机化双重目的。

高能表面改性是指利用紫外线、红外线、电晕放电和等离子体照射等方法对粉体进行表面改性的方法。如用 ArC_3H_6 低温等离子体处理后的碳酸钙与未经处理的碳酸钙相比，可改善碳酸钙与聚丙烯（PP）的界面黏结性。因为经低温等离子体处理后的碳酸钙粒子表面存在一非极性有机层作为界面相，可以降低碳酸钙的极性，提高与 PP 的相容性。电子辐射可以使石英、方解石等粉体的荷电量发生变化，但是，高能表面改性方法由于技术复杂、成本较高，工业应用难以推广。

3.2.2 表面改性剂

粉体的表面改性主要是依靠改性剂（或处理剂）在粉体表面的吸附、反应、包覆或成膜等来实现的。表面改性剂对于粉体的表面改性或表面处理具有决定性作用。由于粉体表面处理一般都有其特定的应用背景或应用领域，因此选用表面改性剂时必须考虑被处理物料的应用对象、改性目的以及改性剂的成本等因素[295]。

3.2.3 微粉煤表面改性原理

微粉煤化学改性研究的目的就是改善微粉煤中煤和矿物质的摩擦荷电性能，扩大煤和矿物质之间的摩擦荷电差异，一般来说就是增大煤和伴生矿物颗粒的摩擦荷电量，并使煤颗粒极性为正，矿物质颗粒极性为负，同时保持荷电性能稳定，从而提高微粉煤摩擦电选效率，改善脱硫、降灰效果，其原理如图 3-1 所示。通过表面改性选择性地改变煤或矿物颗粒表面的化学组成、官能团结构等性质，达到了扩大煤和矿物颗粒摩擦异性荷电差异的目的。表面改性对实现微粉煤摩擦电选的实际应用具有重要意义。

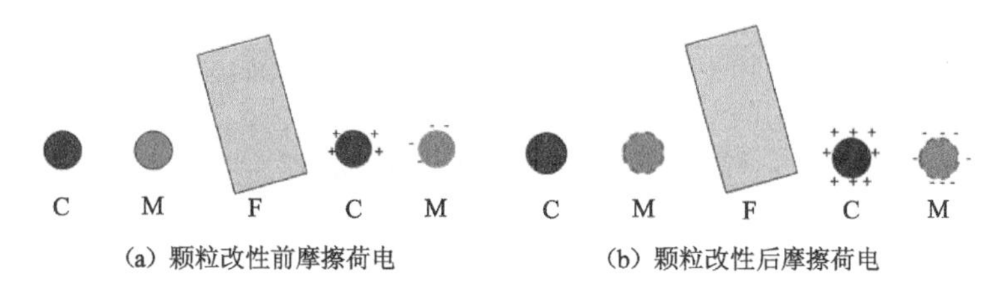

C—煤颗粒；M—矿物颗粒；F—摩擦材料。

图 3-1　微粉煤表面改性强化荷电原理

在煤泥浮选过程中，通常添加浮选药剂以改变煤或矿物颗粒表面的疏水性或亲水性，使煤颗粒在气泡的携带下上浮，达到分选的目的。而对于微粉煤通过药剂表面改性来扩大煤和矿物颗粒的摩擦异性荷电差异，国内外研究较少，并且都停留在分选试验研究阶段，本书的研究参考了粉体表面改性和矿物浮选的经验。

通过表面改性处理可以使药剂选择性地与煤或矿物颗粒表面发生化学吸附或微弱的化学反应，从而改变煤或矿物颗粒的表面特征、化学组成或分散性能，对煤或矿物颗粒的摩擦荷电性能产生影响，如非极性烃类油可以选择性地吸附在煤颗粒表面，使其更易于利用摩擦荷正电；而离子型药剂可吸附在矿物颗粒表面或发生微弱的化学反应，使矿物颗粒表面极性增强，更易于荷负电。通过单一药剂或复合药剂可以扩大煤和矿物颗粒摩擦异性荷电差异，使它们的荷电量向极性相反的方向增大。粒子表面特性、化学组成等是其荷电极性和荷电量大小的重要影响因素，利用化学药剂选择性地改变煤或矿物颗粒的表面特性、化学组成等，可以改善其摩擦荷电性能。

3.3　化学改性试验方法及样品制备

3.3.1　试验仪器

改性试验所需的仪器包括破碎机、套筛、搅拌器、万能高速粉碎机、恒温浴热器、电子天平、过滤机、烘箱等。2 种煤样和 5 种伴生矿物样品的原样及其改性后的样品采用自行制作的荷质比测量系统和介电常数测量系统进行荷质比和介电常数的测量。

(1) 荷质比测量系统

静电电荷的测量一般采用间接测量的方法，即通过测量其他有关参量来计算荷电量多少的方法。常用的方法有电位电容计算法和电流时间计算法两种，本试验采用电位电容计算法。电容器的荷电量 Q 是电容量 C 和两个电极之间电压 U 的乘积。如果两个电极其中一个电极接地，然后只要测出另一个电极的电位 V，该电容器的荷电量就可以根据公式计算出来。计算公式为：

$$Q = C \cdot V \tag{3-1}$$

在实际测量中，通常只要测量出带电物体的净电容和净电位，就可以计算出它的荷电量。图 3-2 就是试验过程中采用的荷质比测量系统。它由法拉第筒、数字式电荷测量仪和摩擦荷电装置组成。对粉体颗粒而言，常用荷质比来表示其荷电量大小。荷质比也就是单位质量粉体的荷电量，也称为电荷密度。

粉体摩擦荷电过程在空调房间内进行，需要保持房间内温度和湿度基本稳定。具体步

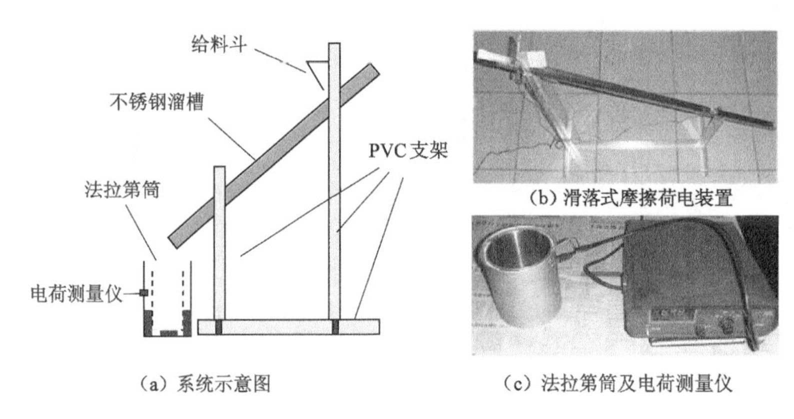

(a) 系统示意图

(b) 滑落式摩擦荷电装置

(c) 法拉第筒及电荷测量仪

图 3-2 荷质比测量系统

骤是:将粉体颗粒放入给料斗,颗粒在不锈钢溜槽中滑落入法拉第筒内,粉体颗粒在滑落过程中与不锈钢摩擦荷电,不锈钢溜槽用绝缘的 PVC 支架支撑,用电荷测量仪测量其荷电量,记录下电荷测量仪显示的数据,并称出进入法拉第筒内的粉体质量,然后计算出荷质比。每次试验完毕后用酒精棉将不锈钢溜槽擦拭干净,以便下次使用。

(2) 介电常数测量系统

本书利用自制的介电常数测量装置进行样品介电常数的测量,如图 3-3 所示。介电常数通常是判定物质导电性的重要参数,以符号 ε 表示。ε 越大,表明其导电性越好,反之则导电性越差。对于一个平板电容器而言,如果两个极板间充满介质,则电容器的电容量将增大,电容量的增大倍数就是该介质的相对介电常数 ε(真空的相对介电常数为 1),通常称之为介电常数。介质的介电常数用公式表示为:

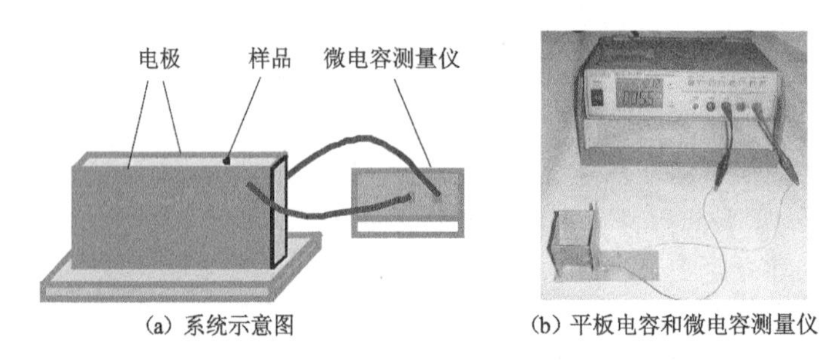

(a) 系统示意图

(b) 平板电容和微电容测量仪

图 3-3 介电常数测量系统

$$\varepsilon = C/C_0 \tag{3-2}$$

式中 ε——介质介电常数;

C_0——电容器极板间为真空时的电容量,F;

C——电容器极板间为介质时的电容量,F。

矿物介电常数测定方法一般有比较电容器电容量法、时间常数法、间接比较介电常数法和应用微波谐振腔法 4 种。其中,比较电容器电容量法较为常用,并且该方法简单、精确度高、重复性好。

比较电容器电容量法的基本原理就是基于式(3-2),通过测量相同电容器极板间分别为真空和介质时的电容量,代入式(3-2)即可求出介质的介电常数。测量电容器极板间为真空时的电容量很困难，而空气的相对介电常数为1.000 8，该值近似等于真空的相对介电常数1，故一般在实际测量中，通常以极板间充满空气时的电容量代替真空时的电容量。

3.3.2　样品制备

（1）煤及煤伴生矿物的选择

摩擦静电分选在煤炭分选方面主要有两个应用方向：一个是动力煤燃前摩擦电选脱硫、降灰，结合电厂制粉系统实现煤粉在线分选，脱除黄铁矿中硫和灰分，提高锅炉效率，降低SO_2排放；另一个是低灰无烟煤制备，生产煤基碳材料。试验选择了两种煤样进行表面改性基础试验研究，即太西无烟煤（No. 1煤样）和南非烟煤（No. 2煤样），采用浮沉法选取-1.35 g/cm^{3}密度级的煤样作为试验样品。煤样工业分析数据见表3-1。

表3-1　煤样工业分析数据表

煤样	水分(M_{ad})/%	灰分(A_{ad})/%	挥发分(V_{ad})/%	固定碳含量/%
No. 1	1.51	2.96	8.55	86.98
No. 2	2.77	4.30	27.50	65.43

煤中的矿物主要包括：① 黏土矿物，煤中黏土矿物主要是高岭石、伊利石、蒙皂石及伊蒙混层矿物等；② 氧化物和氢氧化物矿物，煤中常见的氧化物和氢氧化物矿物主要是石英，此外还有褐铁矿、磁铁矿、金红石、玉髓、蛋白石、赤铁矿等；③ 硫化物矿物，煤中常见的硫化物矿物主要是黄铁矿，此外还有白铁矿、胶黄铁矿、闪锌矿、方铅矿、黄铜矿、硫镍钴矿等；④ 碳酸盐矿物，煤中常见的碳酸盐矿物除方解石和菱铁矿外，还有白云石、文石等。此外，煤中还有硫酸盐矿物、磷酸盐矿物（以磷灰石为主）、铀矿物和盐类矿物等，一般它们比较少。

研究中选择了黄铁矿、石英、方解石、高岭土、石膏5种比较常见的煤伴生矿物。根据相关文献可知，这5种矿物与摩擦电选密切相关的因素有物质的介电常数、导电性、密度，如表3-2所示[58,293-294]。黄铁矿、方解石为市场购买的矿物单晶体，石英、高岭土、石膏为粉体，采购于化学品公司。在试验样品制备过程中所用的煤样、黄铁矿和石英矿物样品，均按相同的方法进行粉碎，筛取-0.074 mm粒级的粉碎样品作为试验样品，利用激光粒度仪对各个样品进行粒度分析。制备的煤和矿物样品的粒度分布如图3-4所示。

表3-2　试验矿物与摩擦电选密切相关的因素

矿物名称	介电常数	导电性	密度/(g/cm^3)
黄铁矿	33.70,81.00	导体	4.95～5.10
石英	4.50～6.80	非导体	1.90～2.30
高岭土	34.27	导体	2.60～2.68
方解石	6.50,7.80,9.50	非导体	2.60～2.80
石膏	6.83,9.00,9.50	非导体	2.30

（2）表面改性药剂的选择

表面改性药剂的选择是本试验的重点和难点。按照研究的目的，希望选用的表面改性药剂能够改变煤和矿物颗粒的电性质，扩大两者之间的摩擦荷电差异，因此，所选用的药剂

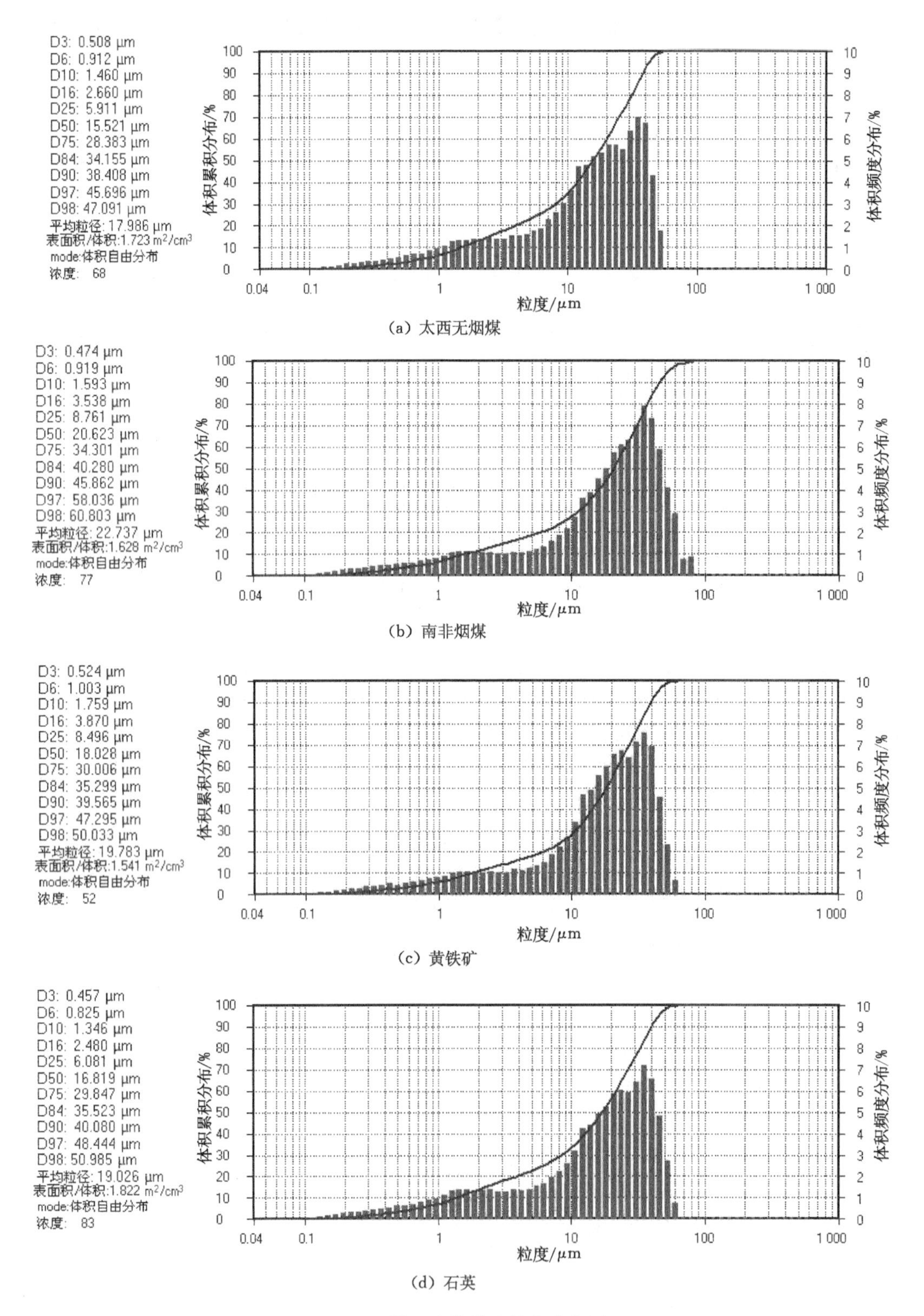

(a) 太西无烟煤

(b) 南非烟煤

(c) 黄铁矿

(d) 石英

图 3-4 煤和矿物样品粒度分布图

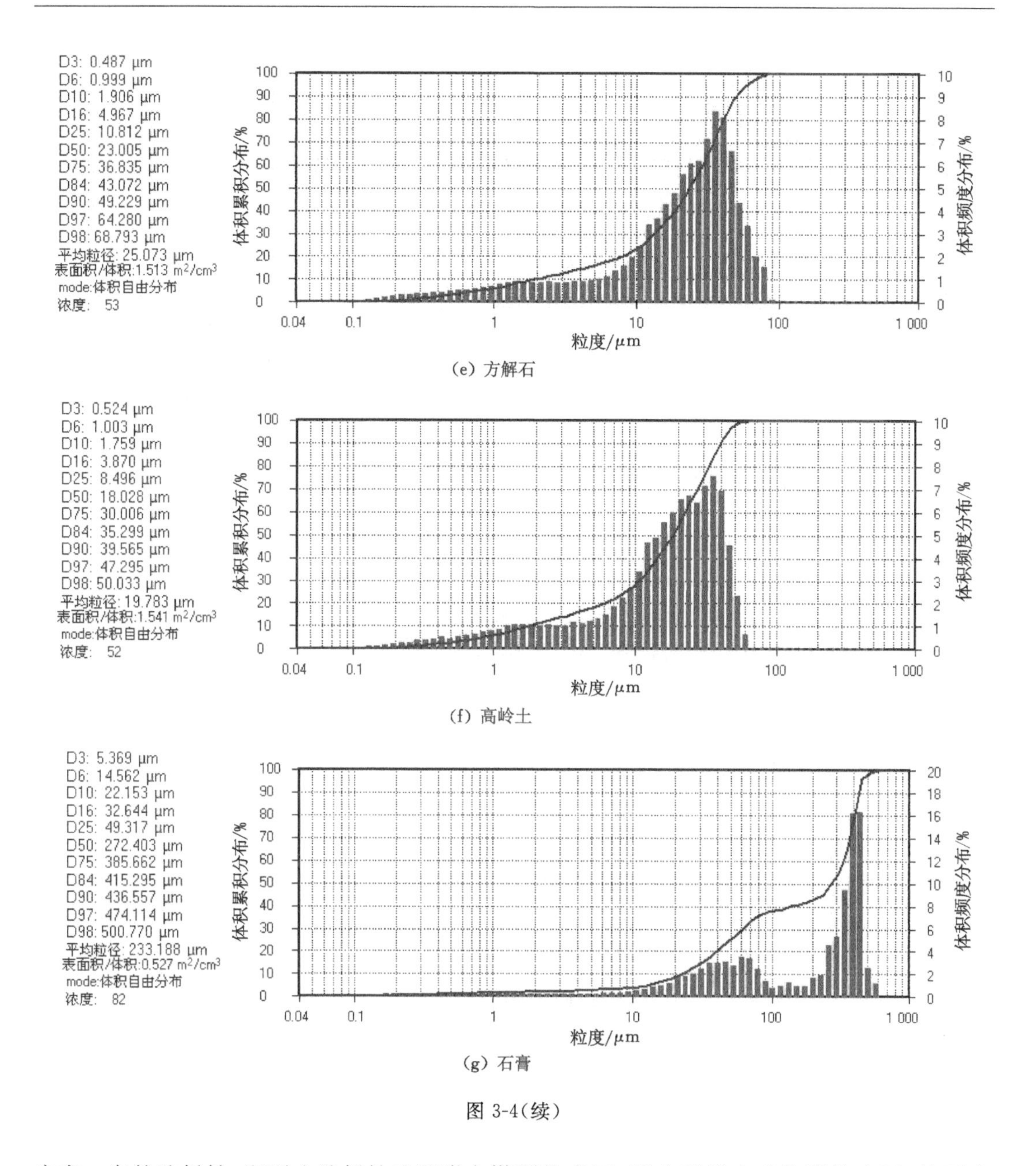

(e) 方解石

(f) 高岭土

(g) 石膏

图 3-4(续)

应有一定的选择性，即要么选择性地吸附在煤颗粒表面，要么吸附在矿物颗粒表面，从而改变煤或矿物颗粒表面的电性质，或者同时与煤和矿物颗粒作用，但使两者电性质向相反方向增强，从而扩大两者之间的摩擦荷电差异，提高微粉煤摩擦静电分选的效果。

根据上述要求和国外相关研究文献资料[100,295]，并参考常用煤及矿物所用浮选药剂，再考虑药剂可能对煤和(或)矿物产生的作用，可选择烷烃类，如煤油、柴油等；有机酸类，如乙酸、水杨酸、油酸、硬脂酸等；离子类，如硬脂酸钠、油酸钠、季胺、十二胺等；醇类，如乙醇、杂醇等；高分子类，如淀粉、木质素等药剂。

本书最终选择淀粉、木质素、煤油、乙醇、乙酸、水杨酸、油酸钠、六偏磷酸钠(SH)、硅酸钠、十二烷苯磺酸钠(SDBS)、碳酸氢钠、氨水共 12 种药剂进行煤和伴生矿物的表面改性探索性试验研究,并对原样和用蒸馏水处理过的样品进行了对比测试。

3.3.3 试验方法

借助粉体材料改性方法,本章采用湿法和干法两种改性工艺。湿法改性工艺将表面改性剂配制成质量浓度为 1.0%的溶液,将 10 g 样品加入 100 ml 溶液中搅拌 1.0 min,然后将样品过滤烘干。为了保证改性效果,要采用低温、干燥的环境,控制烘箱的温度在 60 ℃以下,烘干后将样品装入试样袋密封备用。

干法改性工艺采用万能高速粉碎机混合搅拌,药剂添加量为 1 000 g/t 样品,即将 10 g 样品和 0.01 g 表面改性剂放入万能高速粉碎机中,搅拌混合 1.0 min,取出装入试样袋密封备用。将改性前的样品和制备的改性样品在相同条件下,采用上述介电常数测量系统和荷质比测量系统,对其介电常数和摩擦荷电荷质比进行测定。

3.4 化学改性对煤和矿物颗粒摩擦荷电特性的影响

3.4.1 湿法表面改性对煤和矿物颗粒摩擦荷电性质的影响

以样品的介电常数和荷质比为评价指标,考察药剂改性前后粉体颗粒摩擦荷电特性的变化。湿法改性时利用蒸馏水进行了对比试验,以考察洗涤作用对粉体颗粒摩擦荷电特性的影响,并对原样进行测试作为对比,以考察药剂改性对粉体颗粒摩擦荷电特性的影响。根据试验结果,对各种药剂改性后不同样品的介电常数和摩擦荷电荷质比的变化分别进行了分析。为了消除温度和湿度对试验结果的影响,室内温度和湿度要保持稳定,试验时空气温度约为 20 ℃,空气相对湿度约为 50%,并且在荷质比测量时,负号只代表电荷的极性为负,不表示数值的大小。

(1) 湿法改性对介电常数的影响

煤样和伴生矿物样品改性前后的介电常数测量数据如表 3-3 所示。从该表可以看出,黄铁矿原样的介电常数较大,为 26.67,导电性较强;两种煤样的介电常数很小,在 2.00 左右,而石英、方解石、高岭土和石膏样品的介电常数相差不大,在 1.58~3.27,其与两种煤样的介电常数差异不大,这样它们的导电性相差不是太大,并且摩擦过程中电子回流较少,摩擦荷电量较大。由于摩擦荷电量取决于物料颗粒的介电常数[58],这样当摩擦荷电时如果它们带上同种电荷,则差异不会很大,在电场中不能分离。石英和高岭土样品的介电常数值略低于两种煤样,而方解石和石膏样品的介电常数值略高于两种煤样,这样就很难使它们经过一次摩擦电选同时去除。

表 3-3 样品湿法改性前后介电常数测量数据

序号	药剂	介电常数						
		No.1 煤样	No.2 煤样	黄铁矿	石英	方解石	高岭土	石膏
1	无药剂	1.98	2.12	26.67	1.73	2.15	1.58	3.27
2	蒸馏水	2.02	1.53	29.92	1.55	2.08	2.08	1.83
3	淀粉	1.73	2.27	9.63	1.95	2.30	2.30	1.42
4	木质素	1.73	1.50	9.42	1.65	2.50	2.50	1.32
5	煤油	1.87	1.67	36.58	1.72	1.78	1.78	2.08

表 3-3(续)

序号	药剂	介电常数						
		No.1 煤样	No.2 煤样	黄铁矿	石英	方解石	高岭土	石膏
6	乙醇	2.27	1.62	17.20	1.55	2.58	2.58	1.67
7	乙酸	3.53	2.27	145.00	1.87	1.63	1.63	1.80
8	水杨酸	5.07	2.37	135.00	1.72	2.62	2.62	1.52
9	油酸钠	2.52	2.05	7.08	1.92	2.22	2.98	1.58
10	SH	1.97	2.38	13.05	2.20	3.18	3.92	1.67
11	硅酸钠	1.55	2.47	8.68	3.53	2.00	7.60	2.08
12	SDBS	2.23	1.82	9.62	2.12	1.78	4.43	1.77
13	碳酸氢钠	2.17	1.78	12.40	4.43	1.58	8.12	2.22
14	氨水	1.67	1.88	9.63	1.63	2.75	2.82	2.27

图 3-5 显示了 No.1 煤样改性前后介电常数的变化。从该图可以看出,乙酸和水杨酸两种药剂的作用效果最大,使 No.1 煤样的介电常数增加最多,导电性增强。究其原因,煤样虽然比较纯净,但仍然含有少量的矿物质,酸和煤样中的矿物质作用会产生阳离子附着在颗粒的表面,从而使样品的导电性增强。同时由于介电常数增大,改性样品在摩擦荷电过程中的电子回流现象显著,摩擦荷电量可能会降低。在所使用的药剂中只有淀粉、木质素、煤油和硅酸钠使 No.1 煤样的介电常数值略有降低,改性后其导电性应有所减弱,摩擦荷电量应有所增大。此外,经蒸馏水处理后,No.1 煤样的介电常数基本不变,说明湿法改性过程中洗涤作用对 No.1 煤样的影响可以忽略。

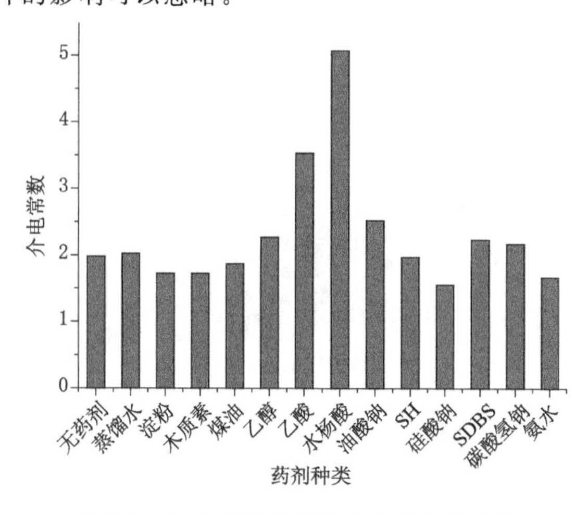

图 3-5　No.1 煤改性前后介电常数的变化

图 3-6 显示了 No.2 煤样改性前后介电常数的变化。从该图可以看出,淀粉、乙酸、水杨酸、SH 和硅酸钠使 No.2 煤样的介电常数略有增大,也就是导电性有所增强,摩擦荷电量可能会有所降低,而蒸馏水、木质素、煤油和乙醇使 No.2 煤样的介电常数减小,可能是由于原煤样中水分较高,湿法改性后样品经烘干、密封保存用于测试,与原煤样改性相比水分降低。其他药剂对 No.2 煤样的介电常数影响不大。

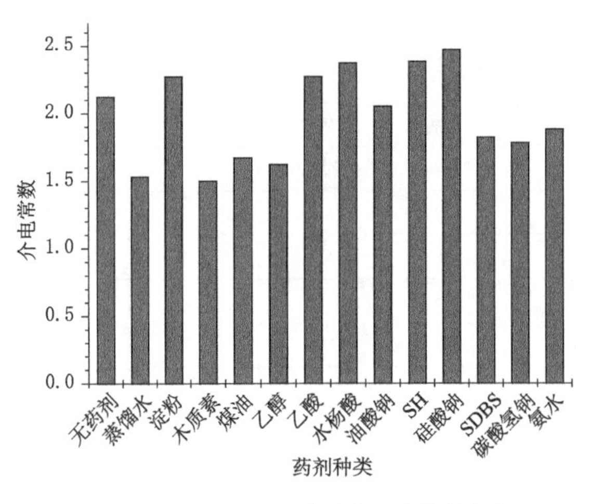

图 3-6　No. 2 煤改性前后介电常数的变化

图 3-7 显示了黄铁矿样品改性前后介电常数的变化。从该图可以看出，乙酸和水杨酸与黄铁矿样品作用后介电常数大大提高，导电性大大增强，可见酸洗去除了黄铁矿中的杂质，使其表面更加纯净，导电性更强。蒸馏水和煤油也使黄铁矿样品的介电常数有所增大，而其他药剂使黄铁矿样品的介电常数减小。对于淀粉和木质素而言，可能是添加的药剂本身介电常数很小所致，而对于油酸钠、SH、硅酸钠、SDBS、碳酸氢钠和氨水来说，它们都为弱碱性药剂，可能是钠离子和铵离子的加入降低了颗粒表面离子的迁移率所致[240]。

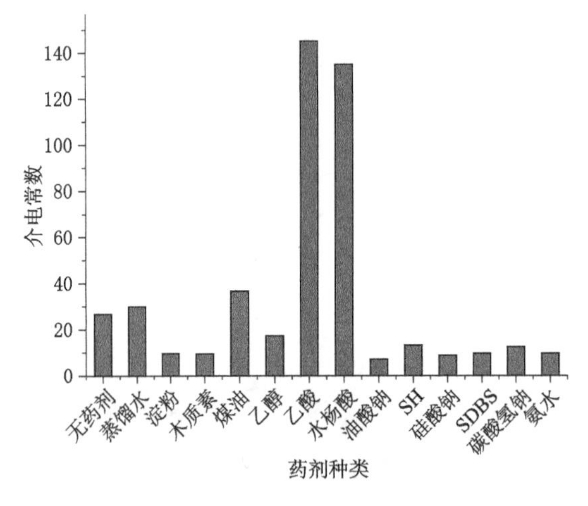

图 3-7　黄铁矿改性前后介电常数的变化

图 3-8 显示了石英样品改性前后介电常数的变化。从该图可以看出，硅酸钠和碳酸氢钠对石英样品的作用非常明显，使其介电常数大大提高，导电性增强。由于石英很难与其他药剂发生反应，故其他药剂对石英介电常数的影响都不显著。

图 3-9 显示了方解石样品改性前后介电常数的变化。从该图可以看出，SH 对方解石样品介电常数的影响最大，氨水次之，而添加煤油、乙酸、硅酸钠、SDBS 和碳酸氢钠后，方解石样品的介电常数有所降低。对于煤油而言，可能是煤油有机大分子附着在方解石颗粒表面所致；对于乙酸而言，可能是生成乙酸钙并附着在方解石颗粒表面所致；而对于硅酸钠、SD-

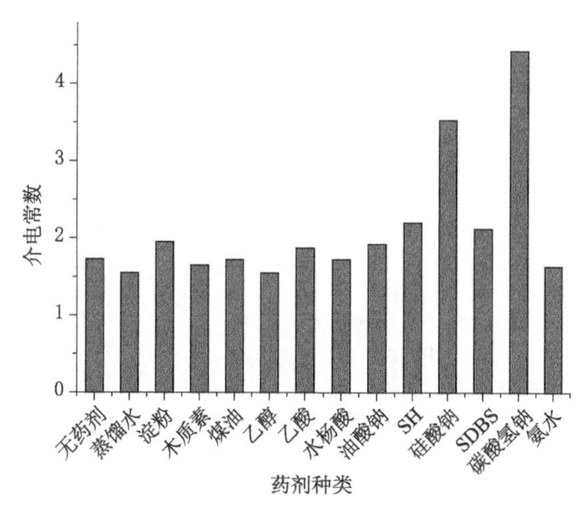

图 3-8　石英改性前后介电常数的变化

BS 和碳酸氢钠则可能是钠离子的加入引起的。此外，蒸馏水对方解石介电常数的影响很小，也就是说洗涤作用对方解石样品的导电性几乎没有影响。

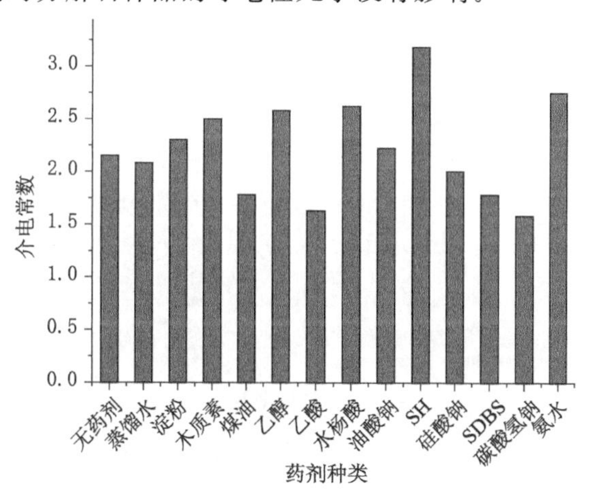

图 3-9　方解石改性前后介电常数的变化

图 3-10 显示了高岭土样品改性前后介电常数的变化。从该图可以看出，硅酸钠和碳酸氢钠使高岭土样品介电常数增加得最多，导电性增强，与石英的改性效果类似。除了煤油和乙酸对高岭土样品的介电常数几乎没有影响外，其余药剂都使高岭土的介电常数有所增大。由于高岭土的吸附能力较强，所用改性药剂应更易于吸附在颗粒表面。

图 3-11 显示了石膏样品改性前后介电常数的变化。从该图可以看出，蒸馏水和所有药剂都使石膏颗粒的介电常数降低，也就是减弱了其导电性。这主要是因为石膏改性后烘干可能使石膏脱除了一部分水，而水分子的存在一般会使矿物颗粒导电性增强。

(2) 湿法改性对摩擦荷电量的影响

煤样和伴生矿物样品改性前后摩擦荷电荷质比的测量数据如表 3-4 所示。从该表可以看出，No. 1 煤样和 No. 2 煤样摩擦荷电极性相反，荷电量也较小，No. 1 煤样为无烟煤，极性为正，与其他伴生矿物颗粒的极性相反，而 No. 2 煤样是烟煤，极性为负，与伴生矿物颗粒的

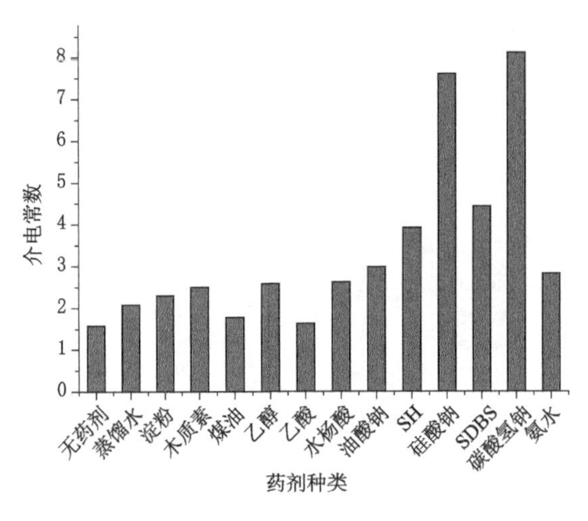

图 3-10 高岭土改性前后介电常数的变化

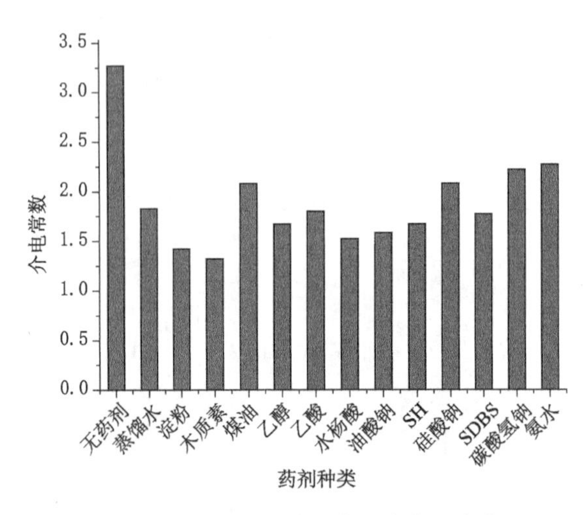

图 3-11 石膏改性前后介电常数的变化

荷电极性相同，这也就表明采用不锈钢作为摩擦材料很难进行烟煤的摩擦电选。这也与在实际摩擦电选中无烟煤最易于分选、烟煤较难分选的情况是一致的。黄铁矿、方解石和石膏原样的摩擦荷电量也较小，而石英和高岭土样品的摩擦荷电量较大，二者在摩擦电选过程中易于分离。

表 3-4 煤样和伴生矿物样品湿法改性前后荷质比测量数据

序号	药剂种类	荷质比/(nC/g)						
		No. 1 煤样	No. 2 煤样	黄铁矿	石英	方解石	高岭土	石膏
1	无药剂	3.20	−1.70	−1.00	−11.20	−3.00	−18.60	−3.30
2	蒸馏水	3.19	−0.19	−2.91	7.60	0.00	−19.50	−5.72
3	淀粉	−4.56	−2.23	−3.20	−11.70	−8.80	−14.50	−21.98
4	木质素	1.98	0.39	−2.30	−8.20	1.70	−4.60	−27.11

表 3-4(续)

序号	药剂种类	荷质比/(nC/g)						
		No. 1 煤样	No. 2 煤样	黄铁矿	石英	方解石	高岭土	石膏
5	煤油	6.60	2.41	−2.46	−13.50	−0.60	−5.70	−11.03
6	乙醇	0.67	−0.86	−2.98	−9.00	−3.10	−18.20	−16.67
7	乙酸	−2.52	−2.77	−2.60	−10.70	−6.50	−20.50	−16.74
8	水杨酸	−2.29	−9.13	−2.29	−13.50	−2.30	−13.80	−8.78
9	油酸钠	0.79	2.79	−0.29	7.30	11.30	−5.60	−2.33
10	六偏磷酸钠	−1.63	−3.92	−4.15	−5.40	−2.10	−2.40	−28.00
11	硅酸钠	−0.30	−2.40	−3.38	−6.00	−9.10	−0.60	−3.53
12	十二烷基苯磺酸钠	−0.78	0.78	−2.75	−3.70	4.10	−0.60	7.86
13	碳酸氢钠	−1.26	−2.17	−3.68	−0.50	−9.50	−0.50	−7.00
14	氨水	1.17	0.49	−3.05	−4.50	−4.60	−5.60	−15.34

注:1 nC=1×10^{-9} C;数字前的"−"号(负号)不同于数学意义上的负号,只表示摩擦荷电极性为负。

图 3-12 显示了 No. 1 煤样改性前后荷质比的变化。从该图可以看出。蒸馏水的洗涤作用对无烟煤摩擦荷电量几乎没有影响。木质素、乙醇、油酸钠和氨水使 No. 1 煤样摩擦荷电量减小,但极性不变,煤油使 No. 1 煤样摩擦荷电量增大了近一倍,对 No. 1 煤样而言其是所选药剂中效果最好的。乙酸、水杨酸、SH、硅酸钠、SDBS 和碳酸氢钠都改变了 No. 1 煤样的摩擦荷电极性,并且使其荷电量降低,对煤样的摩擦电选不利,而淀粉的作用很强,既使 No. 1 煤样摩擦荷电极性反转,又使其荷电量增大。

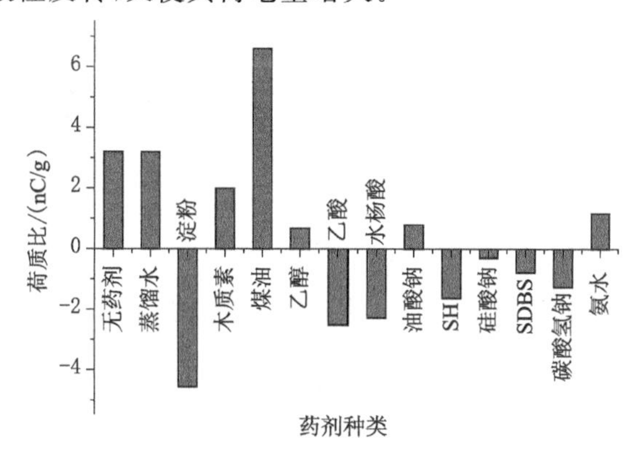

图 3-12　No. 1 煤样改性前后荷质比的变化

图 3-13 显示了 No. 2 煤样改性前后荷质比的变化。由该图可以看出,木质素、煤油、油酸钠、SDBS 和氨水使 No. 2 煤样改性后极性反转,并且煤油和油酸钠的效果最为显著。蒸馏水的洗涤作用减小了 No. 2 煤样的摩擦荷电量,这可能是洗涤作用去除了附着在颗粒表面的杂质引起的。乙醇也使样品颗粒的摩擦荷电量减小,作用和蒸馏水类似。淀粉、乙酸、水杨酸、SH、硅酸钠和碳酸氢钠使 No. 2 煤样摩擦荷电量增大,但极性不变,其中水杨酸的效果最为显著。按照微粉煤摩擦电选中煤带正电、矿物质带负电的要求,这几种药剂改性将使 No. 2 煤样更难进行摩擦电选,而煤油改性将使 No. 2 煤样易于摩擦电选。

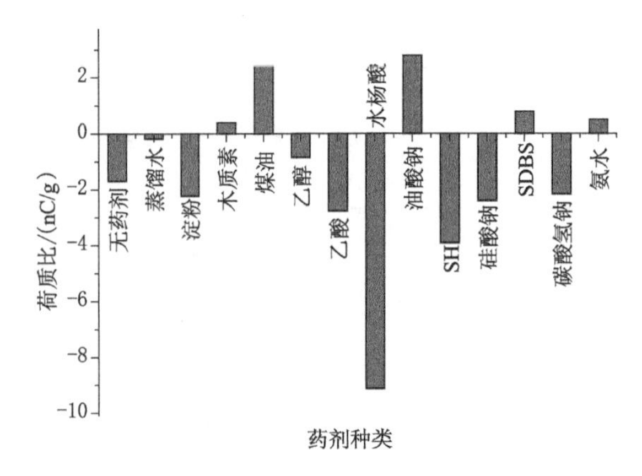

图 3-13　No.2 号煤样改性前后荷质比的变化

图 3-14 显示了黄铁矿样品改性前后荷质比的变化。由该图可以看出，除了油酸钠使黄铁矿样品的摩擦荷电量减小以外，其余药剂都使黄铁矿样品的摩擦荷电量增大，并且效果都很显著，其中 SH 药剂的效果最好，也就是说通过这几种药剂改性后，微粉煤中的黄铁矿更易于脱除。

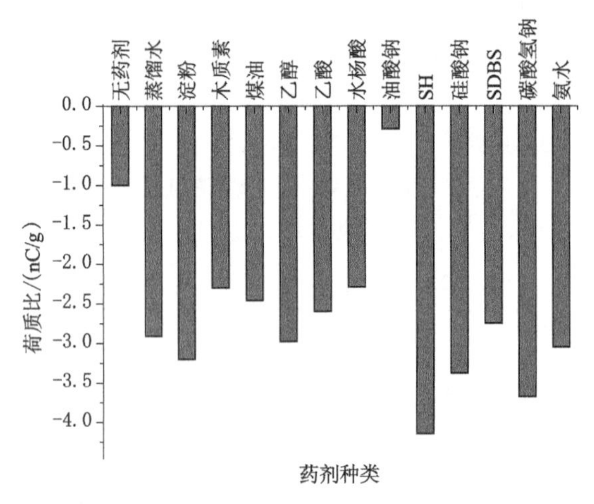

图 3-14　黄铁矿样品改性前后荷质比的变化

图 3-15 显示了石英样品改性前后荷质比的变化。由该图可以看出，蒸馏水和油酸钠改性后石英颗粒的摩擦荷电极性反转，荷电量有所减小。对于蒸馏水而言，可能是洗涤作用去除了石英颗粒表面微量污染物所致；对于油酸钠，可能是油酸根离子附着在石英颗粒表面造成的。淀粉、木质素、煤油、乙醇、乙酸和水杨酸则使石英的荷质比变化不大，荷电极性不变，其中煤油和水杨酸使石英摩擦荷电量增加得最多，是所选用药剂中效果最好的。而 SH、硅酸钠、SDBS、碳酸氢钠和氨水改性后石英样品荷质比大幅降低，极性不变，其中碳酸氢钠使石英样品荷质比降低得最多。

图 3-16 显示了方解石样品改性前后荷质比的变化。由该图可以看出，蒸馏水使方解石样品的荷电量降为零，这是方解石与水中溶解的 CO_2 反应在方解石表面生成碳酸氢钙所致。此外，蒸馏水的洗涤作用使颗粒表面更加清洁。所用药剂中淀粉、乙酸、硅酸钠和碳酸氢钠使方解石的荷质比增加最多。对于淀粉而言，可能是淀粉吸附在方解石颗粒表面导致。李

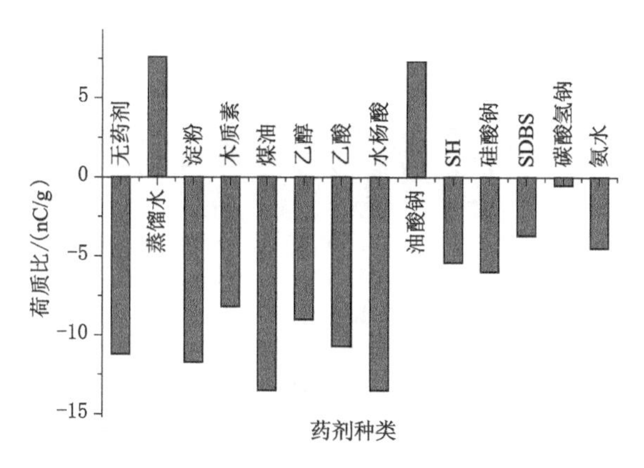

图 3-15　石英样品改性前后荷质比的变化

晔等的研究表明，淀粉在方解石表面的吸附能力较强，方解石经淀粉作用后 GaLMM 俄歇参数值增加量为 0.80 eV，变化显著，说明淀粉与方解石表面作用为化学键合[296]。乙酸的增强作用可能是乙酸与方解石反应在方解石表面生成乙酸钙所致。硅酸钠在方解石颗粒表面的吸附作用使其负电性增强，碳酸氢钠的负电性增强可能是钠离子的加入引起的。油酸钠使方解石颗粒表面荷电极性反转，并且荷电量大大增加，这可能是油酸根吸附在方解石颗粒表面所致[297]。木质素和 SDBS 的加入也使方解石摩擦荷电极性反转，但荷电量变化不大，可能是木质素和十二烷基苯磺酸根吸附在方解石颗粒表面所致。

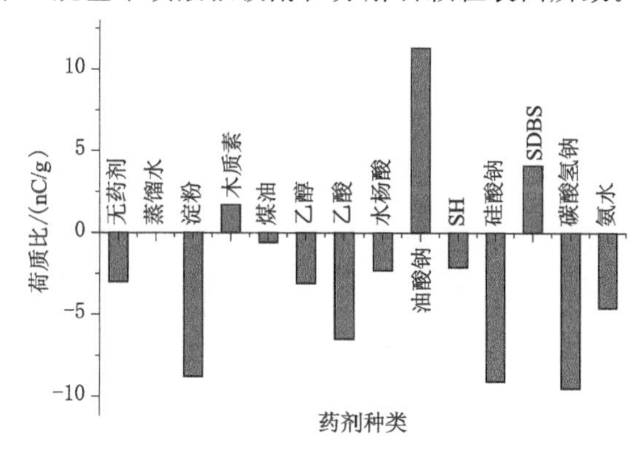

图 3-16　方解石样品改性前后荷质比的变化

图 3-17 显示了高岭土样品改性前后荷质比的变化。由该图可以看出，蒸馏水使高岭土样品的荷电量有所增加，这可能是洗涤作用减少了高岭土中的离子杂质所致。在所选用药剂中，乙酸对于高岭土荷电性能改善效果最好，应该是乙酸根吸附在高岭土表面所致。乙醇改性后高岭土颗粒的荷质比基本不变，淀粉和水杨酸改性后高岭土颗粒的荷质比略有降低。木质素、煤油、油酸钠和氨水改性后高岭土荷质比明显降低(降至 5 nC/g 左右)，而 SH、硅酸钠、SDBS 和碳酸氢钠的改性作用更强，大大降低了高岭土的摩擦荷电性能，可能是钠离子的加入使其电位增高造成的。此外，SH 和硅酸钠对于高岭土起分散作用[298-299]。对于微粉煤摩擦电选而言，高岭土是矿物质的主要成分，是主要的脱除对象，就所用改性药剂而言，乙酸的添加可能会改善高岭土的脱除效果。

图 3-18 显示了石膏样品改性前后荷质比的变化。由该图可以看出，除油酸钠外，其他

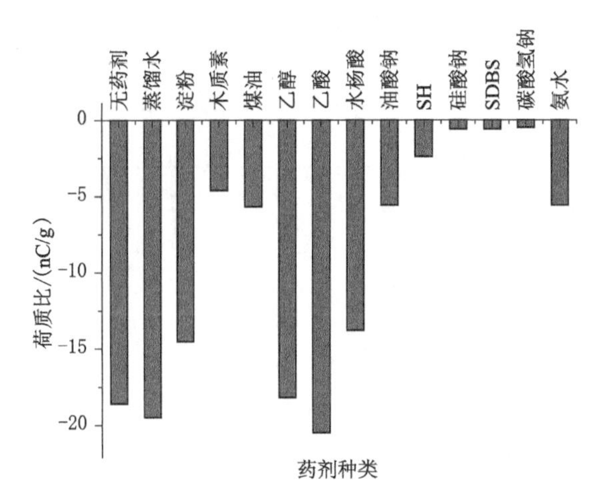

图 3-17　高岭土样品改性前后荷质比的变化

药剂改性后都使石膏颗粒的摩擦荷电量增大，其中淀粉、木质素和 SH 的效果最好。对前两者而言，应该是淀粉和木质素吸附在石膏颗粒表面所致；对 SH 而言，可能是其分散作用的结果。SDBS 改性后石膏样品的荷电极性发生反转，荷正电。蒸馏水的清洗作用也使石膏颗粒的表面杂质减少，荷电量有所增大。煤油、乙醇、乙酸、水杨酸和碳酸氢钠都使石膏颗粒的摩擦荷电性能有不同程度的提高。

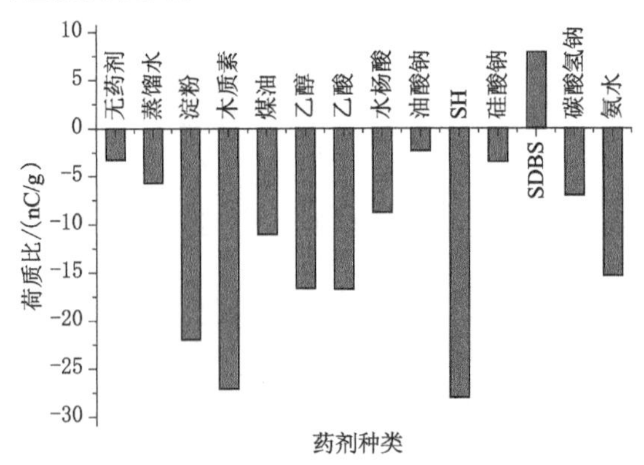

图 3-18　石膏样品改性前后荷质比的变化

3.4.2　干法改性对煤和矿物颗粒摩擦荷电性质的影响

干法改性时，将样品按照同样的试验程序进行测试作为对比，以考察药剂改性对粉体颗粒摩擦荷电特性的影响。根据试验结果，对各种药剂改性后不同样品的介电常数和摩擦荷电荷质比的变化分别进行分析。为了消除温度和湿度对试验结果的影响，要保持室内温度和湿度稳定，试验时空气温度约为 20 ℃，空气相对湿度约为 50%，并且在测量荷质比时，负号只代表电荷的极性为负，不表示数值的大小。

(1) 干法改性对介电常数的影响

煤样和伴生矿物样品干法改性前后的介电常数测量数据如表 3-5 所示。从该表可以看出，黄铁矿原样经机械粉碎后的介电常数高达 137.50，导电性很强。No.1 煤样和 No.2 煤样的介电常数最小。石英、方解石和高岭土的介电常数比两种煤样的略高，但相差不大，石膏样品的介电常数较大，为4.33。除黄铁矿样品外，其他样品的导电性都较差。由于摩擦荷电量取决于物料颗粒的介电常数，这样在摩擦荷电过程中这些样品的颗粒表面电子回流较少，而摩擦荷电量较大。黄铁矿样品颗粒则由于导电性较强，颗粒表面电子回流较多，摩擦荷电量较小，在微粉煤摩擦电选中不易脱除，因此必须通过化学药剂改性适当降低黄铁矿样品颗粒的介电常数，以提高其摩擦荷电量。

表3-5　煤和伴生矿物样品干法改性前后介电常数测量数据

序号	药剂	介电常数						
		No.1煤样	No.2煤样	黄铁矿	石英	方解石	高岭土	石膏
1	无药剂	1.60	1.47	137.50	1.63	1.82	2.02	4.33
2	淀粉	1.95	1.95	42.67	2.15	2.50	1.98	3.35
3	木质素	2.07	1.83	95.00	3.90	2.53	1.03	2.27
4	煤油	1.45	1.88	122.50	2.07	2.07	1.55	3.28
5	乙醇	1.92	1.83	67.50	2.12	1.75	1.62	2.20
6	乙酸	2.27	1.90	45.00	1.82	1.70	1.95	1.62
7	水杨酸	2.17	1.87	35.00	1.60	1.82	1.72	1.63
8	油酸钠	2.05	1.92	11.27	2.78	1.95	1.28	2.32
9	六偏磷酸钠	1.63	1.88	50.83	3.37	3.23	3.27	3.75
10	硅酸钠	2.08	1.98	34.17	3.57	2.22	2.17	4.30
11	十二烷基苯磺酸钠	1.63	2.00	83.83	3.88	2.70	2.03	2.23
12	碳酸氢钠	1.57	1.97	36.33	4.88	1.83	2.15	2.52
13	氨水	1.42	1.83	22.47	3.85	1.98	7.33	3.18

图3-19显示了No.1煤样干法改性前后介电常数的变化。从该图可以看出，采用干法药剂改性前后No.1煤样的介电常数变化不大，也就是说干法药剂改性对煤样导电性影响不大，对煤样的摩擦荷电量影响不大。淀粉、木质素、乙醇、乙酸、水杨酸和硅酸钠干法改性后No.1煤样的介电常数有较显著的增加，也就是说这几种药剂改性后No.1煤样的摩擦荷电量减小。煤油和氨水使No.1煤样介电常数略有降低，导电性略有减弱，但摩擦荷电量将有所增加。No.1煤样的介电常数变化可能是在高速搅拌过程中药剂的助磨作用和分散作用的结果，也有机械力、化学作用原因，二者在高速搅拌过程中使颗粒表面产生活性，有些药剂会在颗粒表面发生化学反应，从而改变颗粒表面的性质。

图3-20显示了No.2煤样干法改性前后介电常数的变化。从该图可以看出，所选用的药剂都使No.2煤样的介电常数略有增大，也就是使其导电性有所增强，摩擦荷电量可能会降低，并且各药剂改性后样品的介电常数之间差异很小。

图3-21显示了黄铁矿样品干法改性前后介电常数的变化。由图可以看出，干法药剂改性后黄铁矿样品的介电常数均有所降低，不同药剂改性的效果差异较大。煤油和木质素改性后黄铁矿样品的介电常数分别降至122.50和95.00。油酸钠对黄铁矿样品的作用效果最为显著，使黄铁矿样品的介电常数降至10.00左右，导电性也大大减弱。对于淀粉、木质素和煤油而言，其对黄铁矿样品的作用效果可能是在高速搅拌过程中吸附在黄铁矿颗粒表

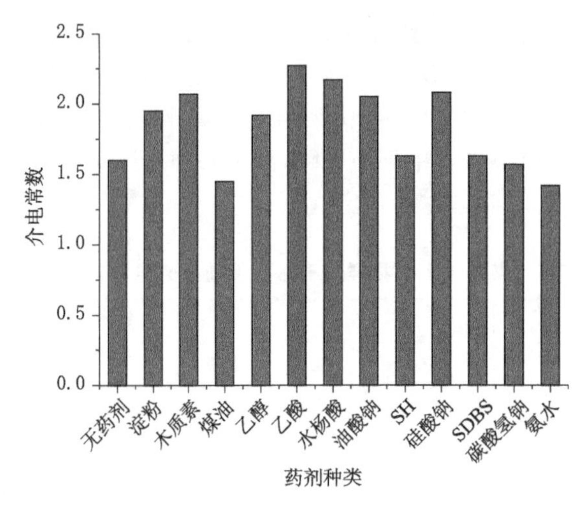

图 3-19　No.1 煤样干法改性前后介电常数的变化

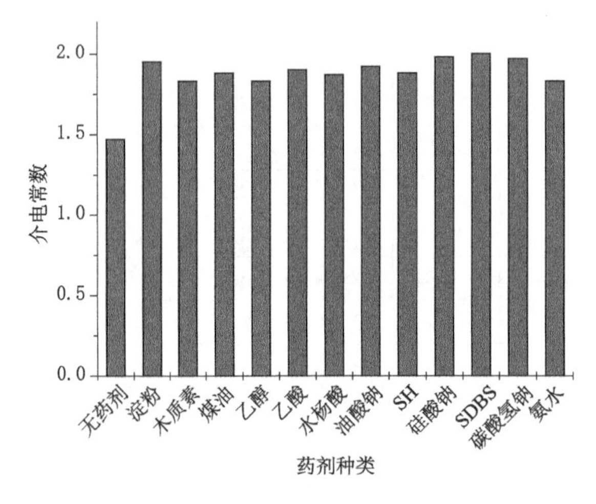

图 3-20　No.2 煤样干法改性前后介电常数的变化

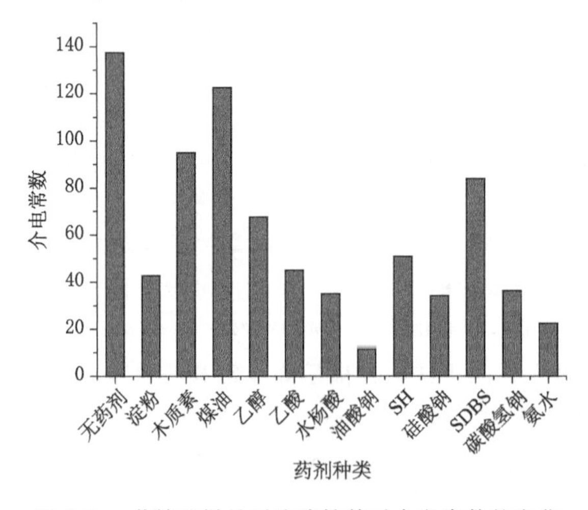

图 3-21　黄铁矿样品干法改性前后介电常数的变化

面的药剂本身介电常数很小所致。乙酸和水杨酸则会在黄铁矿颗粒表面发生化学反应，产生阴离子附着在黄铁矿颗粒表面。而油酸钠、SH、硅酸钠、SDBS、碳酸氢钠和氨水都为弱碱性药剂，它们对黄铁矿样品的作用效果是钠离子和铵离子的加入降低了颗粒表面离子的迁移率所致[240]。

图 3-22 显示了石英样品干法改性前后介电常数的变化。由图可以看出，干法药剂改性后石英样品的介电常数明显增大，也就是其导电性将增强，其中碳酸氢钠的作用效果最好。对木质素而言，其对石英样品的作用效果可能是木质素吸附在石英颗粒表面的结果，而对油酸钠、SH、硅酸钠、SDBS、碳酸氢钠和氨水来说，应该是钠离子和铵根离子吸附在石英颗粒表面所引起的。淀粉、煤油、乙醇和乙酸改性后石英样品的介电常数略有增加，而水杨酸改性后石英样品的介电常数基本不变。

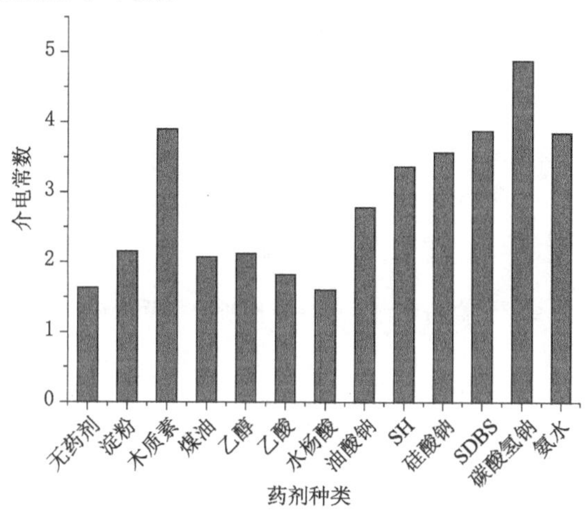

图 3-22　石英样品干法改性前后介电常数的变化

图 3-23 显示了方解石样品干法改性前后介电常数的变化。由图可以看出，淀粉、木质素、SH 和 SDBS 改性后方解石样品的介电常数明显增大，也就是说改性后样品的导电性将增强，但摩擦荷电量可能会降低。其他药剂对方解石样品介电常数的影响都不显著。

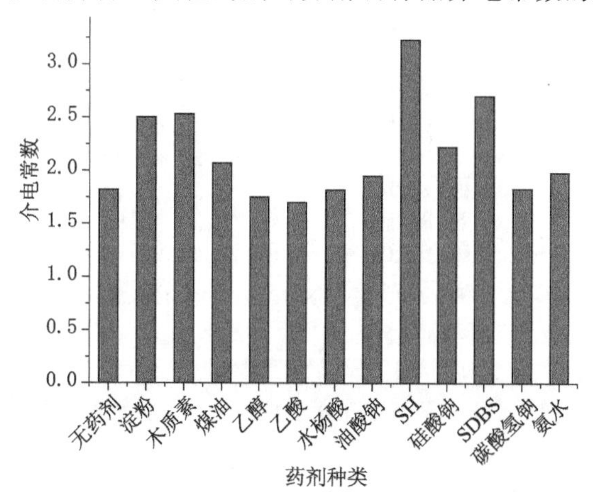

图 3-23　方解石样品干法改性前后介电常数的变化

图 3-24 显示了高岭土样品干法改性前后介电常数的变化。从图可以看出，木质素和油酸钠改性后高岭土样品的介电常数明显降低，也就是导电性减弱，摩擦荷电量有所增加。SH 和氨水改性后高岭土样品的介电常数明显增大，其中氨水的作用最强，其使高岭土改性后的介电常数增加了约 3 倍，这可能是铵根离子吸附在高岭土颗粒表面所致，而煤油、乙醇、乙酸、水杨酸、硅酸钠、SH 和碳酸氢钠改性前后高岭土样品的介电常数变化不大。

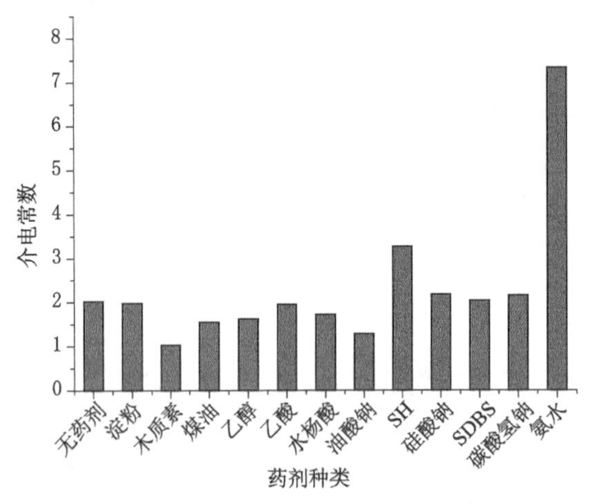

图 3-24 高岭土样品干法改性前后介电常数的变化

图 3-25 显示了石膏样品干法改性前后介电常数的变化。从图可以看出，除硅酸钠改性后石膏样品的介电常数基本不变外，其他药剂都使石膏样品的介电常数降低，也就是减弱了其导电性。淀粉、煤油、SH 和氨水的作用效果一样，它们改性后石膏样品的介电常数均在 3.50 左右。木质素、乙醇、油酸钠、SDBS 和碳酸氢钠改性后石膏样品的介电常数相差不大，乙酸和水杨酸改性后石膏样品的介电常数减少得最多，且两种药剂的效果相差不大。

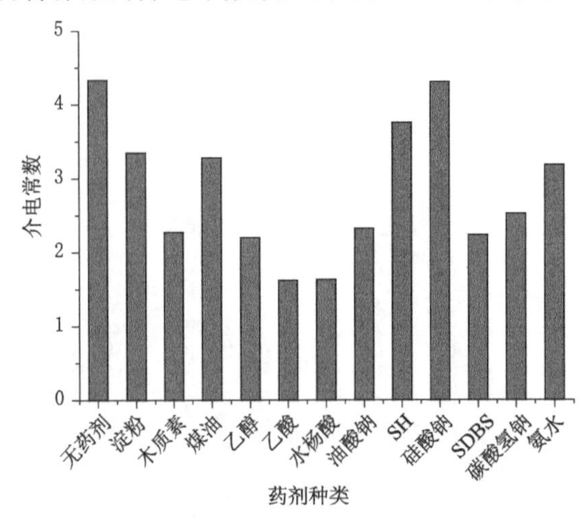

图 3-25 石膏样品干法改性前后介电常数的变化

(2) 干法改性对摩擦荷电的影响

煤样和伴生矿物样品干法改性前后摩擦荷电荷质比测量数据如表 3-6 所示。从该表可以看出，不添加药剂时 No.1 煤样和 No.2 煤样经高速粉碎机粉碎后摩擦荷电性能增强，摩擦荷电极性为正,荷电量较大,其中 No. 2 煤样的摩擦荷电极性发生反转。黄铁矿、石英和高岭土样品的荷电极性为负,在进行摩擦电选时易于脱除,但方解石样品的摩擦荷电极性为正,与煤样相同,这样采用不锈钢作为摩擦材料进行摩擦电选时就无法将方解石脱除。高岭土样品的摩擦荷电荷质比为 0 nC/g,可能是在石膏样品高速粉碎时热力作用使石膏中的结晶水减少的缘故。

表 3-6　煤和伴生矿物样品干法改性前后摩擦荷电荷质比测量数据

序号	药剂	荷质比/(nC/g)						
		No. 1 煤样	No. 2 煤样	黄铁矿	石英	方解石	高岭土	石膏
1	无药剂	7.21	10.73	−1.46	−4.18	5.88	−9.59	0.00
2	淀粉	9.64	10.15	−2.12	−3.08	6.28	−9.25	−0.25
3	木质素	7.78	10.43	−2.07	−0.96	3.18	−6.73	−0.22
4	煤油	8.65	9.49	−1.64	−2.83	7.50	−8.94	−0.24
5	乙醇	12.50	10.72	−1.28	−3.25	3.12	−12.68	−0.86
6	乙酸	6.00	9.48	−1.50	2.60	14.76	−10.25	−1.31
7	水杨酸	2.77	7.29	−1.67	−9.04	11.57	−9.54	2.67
8	油酸钠	9.11	9.45	−2.21	−5.11	9.15	−8.44	−0.38
9	六偏磷酸钠	6.98	9.13	−1.29	−0.95	−1.39	−3.17	−0.75
10	硅酸钠	7.14	9.29	−1.56	−3.46	8.17	−7.30	−0.40
11	十二烷基苯磺酸钠	7.85	11.48	−1.54	−0.99	6.78	−6.41	−0.39
12	碳酸氢钠	6.46	10.16	−1.21	−0.87	7.58	−8.16	−0.45
13	氨水	8.56	6.47	−0.60	−1.46	8.59	−0.45	−0.40

注:1 nC=1×10^{-9} C;数字前的“−”号(负号)不同于数学意义上的负号,只表示摩擦荷电极性为负。

图 3-26 显示了 No. 1 煤样干法改性前后荷质比的变化。由图可以看出,所选用药剂对 No. 1 煤样改性效果差异较大。淀粉、木质素、煤油、乙醇、油酸钠和氨水改性后 No. 1 煤样的荷质比明显增加,摩擦荷电性能增强,有利于微粉煤的摩擦电选。而乙酸和水杨酸改性后 No. 1 煤样的荷质比明显降低,也即摩擦荷电性能减弱,不利于摩擦电选。其他药剂改性前后 No. 1 煤样的荷质比变化不大,即对其摩擦荷电性能影响不大。根据 No. 1 煤样摩擦荷电荷质比的变化,可考虑在进行无烟煤煤粉摩擦电选时添加淀粉和乙醇作为改性药剂。

图 3-27 显示了 No. 2 煤样干法改性前后荷质比的变化。由图可以看出,只有 SDBS 药剂改性后 No. 2 煤样的荷质比略有增加,其他药剂改性后样品的荷质比都有所降低,也就是说 No. 2 煤样摩擦荷电性能有所减弱,但 No. 2 煤样改性后仍具有较高的摩擦荷电量,其中水杨酸和氨水改性后 No. 2 煤样荷质比减少得较多。这样从所选用的药剂来考虑,当它们使矿物质的摩擦荷电性能增强时可考虑将其作为无烟煤摩擦电选的添加剂。

图 3-28 显示了黄铁矿样品干法改性前后荷质比的变化。由图可以看出,所选用药剂改性后黄铁矿样品都保持摩擦荷电极性为负。其中,淀粉、木质素和油酸钠改性后黄铁矿样品的荷质比增加显著,摩擦荷电性能增强,可以考虑在微粉煤摩擦电选脱除黄铁矿时将其作为改性添加剂。此外,氨水改性后黄铁矿样品的荷质比减少得最多,可能是黄铁矿颗粒表面吸

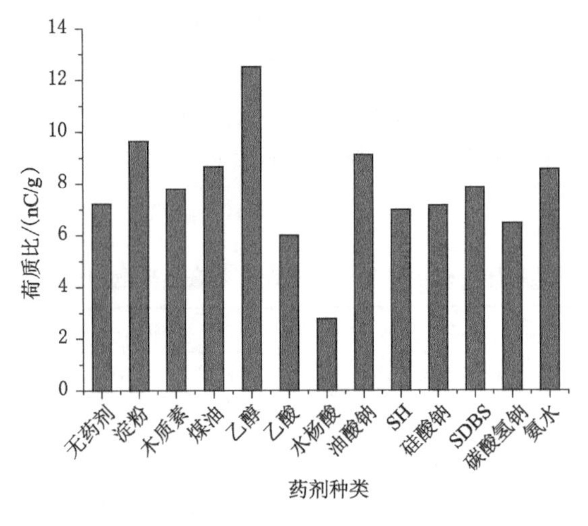

图 3-26　No.1 煤样干法改性前后荷质比的变化

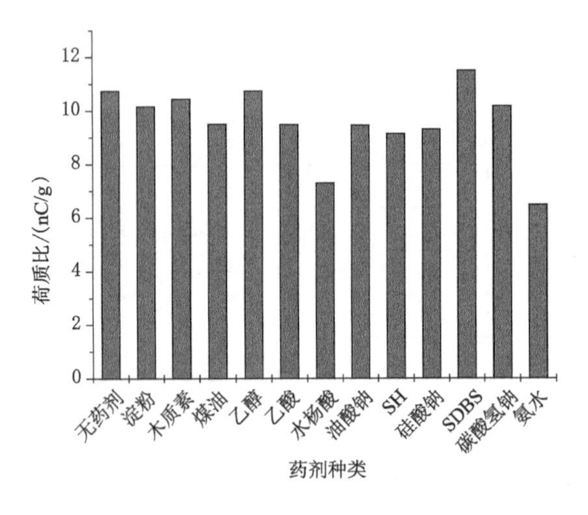

图 3-27　No.2 煤样干法改性前后荷质比的变化

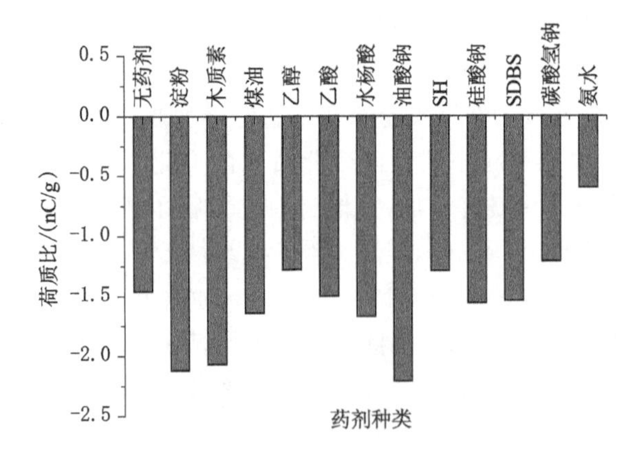

图 3-28　黄铁矿样品干法改性前后荷质比的变化

附铵根离子造成的，其他药剂改性对黄铁矿样品的荷质比影响不大。总体而言，所选用药剂的改性效果并没有使黄铁矿样品的摩擦荷电性能有较大提高，其摩擦荷质比仍低于 2.50 nC/g，但通过优化改性条件可能会使黄铁矿样品的荷质比进一步增大。

图 3-29 显示了石英样品干法改性前后荷质比的变化。由图可以看出，所选用药剂的改性效果差异很大。乙酸改性后石英样品摩擦荷电极性发生了反转，极性为正，可能是羟基吸附在石英颗粒表面所致。水杨酸和油酸钠改性后石英样品摩擦荷电荷质比增加，其中水杨酸改性效果最佳，它使石英样品的荷质比增加了约 1 倍。淀粉、煤油、乙醇和硅酸钠改性后石英样品的荷质比略有降低，而木质素、SH、SDBS、碳酸氢钠和氨水改性后石英样品荷质比降低得较多。根据石英样品干法改性前后荷质比的变化，可考虑在进行微粉煤摩擦电选时添加水杨酸进行干法改性处理，以提高石英的脱除效果，降低精煤灰分。

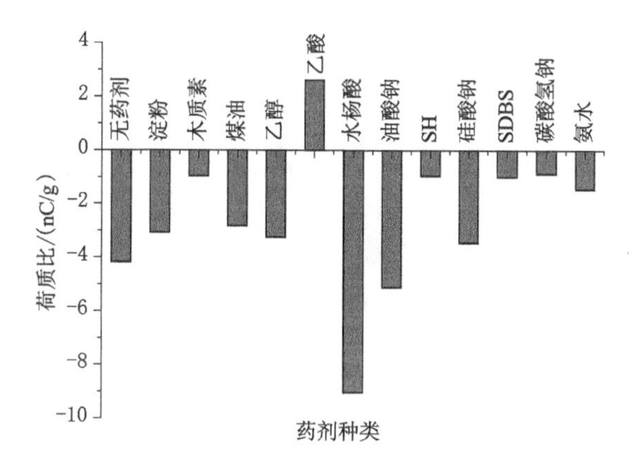

图 3-29　石英样品干法改性前后荷质比的变化

图 3-30 显示了方解石样品干法改性前后荷质比的变化。由图可以看出，所选用药剂改性效果差异较大。其中，木质素和乙醇改性后方解石样品的荷质比减小了约 50%，也就是说改性后方解石样品的摩擦荷电性能减弱。SH 药剂改性后方解石样品的荷质比减少得最多，降至 1.50 nC/g 左右，并且荷电极性发生反转。所选用的其他药剂改性后方解石样品的

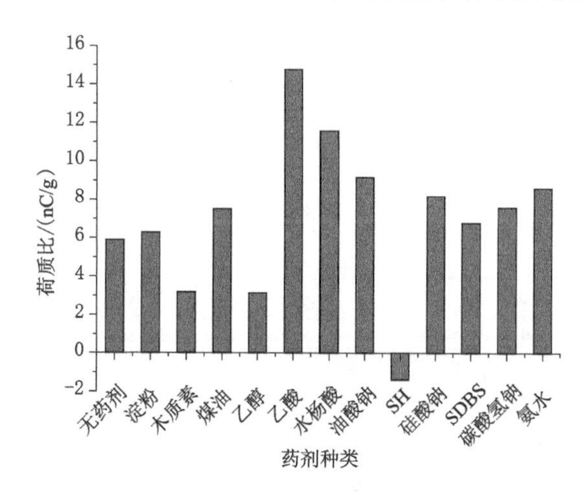

图 3-30　方解石样品干法改性前后荷质比的变化

荷质比均有所增加，其中乙酸和水杨酸的效果最佳，可能是乙酸和水杨酸在方解石颗粒表面发生化学反应，酸根粒子附着在方解石颗粒表面所致。根据方解石样品干法改性前后荷质比的变化，可考虑在进行微粉煤摩擦电选时添加乙酸和水杨酸以提高方解石的脱除效果。

图 3-31 显示了高岭土样品干法改性前后荷质比的变化。由图可以看出，在所选用药剂中乙醇对高岭土荷电性能改善效果最好，其次为乙酸，乙醇改性后高岭土样品的荷质比增大了约 30%。木质素、SH、SDBS 和氨水改性后高岭土荷质比明显降低，其中氨水使高岭土荷质比降低得最多，降至 0.50 nC/g 左右。其他药剂改性后对高岭土荷质比的影响不大。高岭土是煤中矿物质的主要成分，根据高岭土样品干法改性前后荷质比的变化，可考虑在微粉煤摩擦电选时添加乙醇或乙酸进行改性预处理，以改善高岭土的脱除效果。

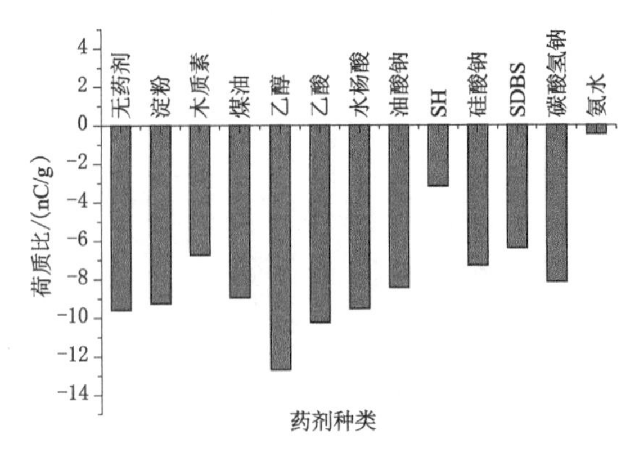

图 3-31 高岭土样品干法改性前后荷质比的变化

图 3-32 显示了石膏样品干法改性前后荷质比的变化。由图可以看出，药剂改性后石膏样品的摩擦荷电性能有所提高，但不同药剂的改性效果差异较大。其中，水杨酸改性后石膏样品的荷质比最大，但荷电极性为正，与煤样摩擦荷电极性相同，不符合石膏改性的要求。乙醇、乙酸和 SH 改性后石膏样品的摩擦荷电性能较好，并且荷电极性为负，摩擦荷电量虽然偏低，但已可以使石膏颗粒在摩擦电选中分离，因此在微粉煤摩擦电选时可考虑将乙醇、乙酸和 SH 作为改性药剂进行微粉煤预处理，以提高分选效果。

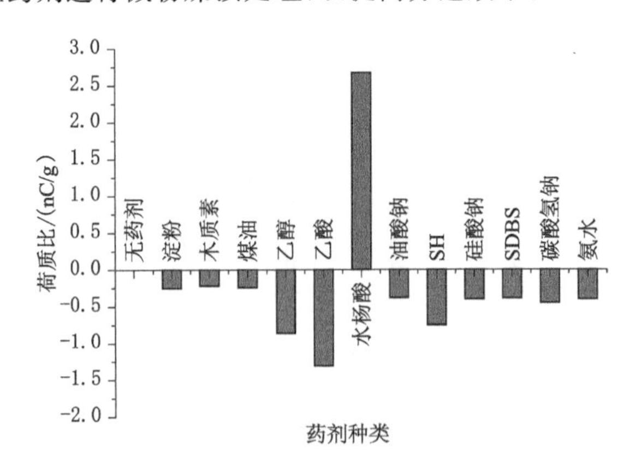

图 3-32 石膏样品干法改性前后荷质比的变化

3.5 小　　结

本章采用湿法改性和干法改性两种方法分别对低密度级无烟煤、烟煤和煤伴生矿物进行了药剂改性研究。研究表明，两种改性方法都能明显改变煤和伴生矿物的摩擦荷电性能，但药剂对煤或矿物样品的作用效果并不完全一致。通过研究药剂改性前后煤和伴生矿物介电常数和摩擦荷电荷质比的变化，分析了样品改性预处理对摩擦荷电性能的影响及可能原因，确定了煤与伴生矿物各样品合适的改性处理药剂，为微粉煤改性预处理药剂的选择提供了理论基础。

湿法化学改性强化摩擦荷电试验结果表明，经淀粉、乙酸、水杨酸、六偏磷酸钠、硅酸钠和碳酸氢钠改性处理后，煤和矿物颗粒与不锈钢摩擦荷电极性都为负，荷质比无明显的变化规律，不利于煤和矿物的摩擦电选分离；经煤油、氨水改性处理后，两种煤样与不锈钢摩擦荷电极性均为正，黄铁矿、石英、方解石、高岭土和石膏与不锈钢的摩擦荷电极性为负，煤油改性后多数样品荷质比都有不同程度的增加，而氨水改性后多数样品的荷质比降低；木质素改性后煤样荷电极性为正，但也使方解石的摩擦荷电极性变为正；乙醇改性后煤样荷质比降低，极性不变，但使黄铁矿荷质比大幅提高；油酸钠改性后，煤样荷电极性都为正，但使石英和方解石样品摩擦荷电极性变为正，使其他矿物荷质比减小；十二烷基苯磺酸钠的改性作用使两种煤样摩擦荷电极性发生反转，并使方解石和石膏样品的摩擦荷电极性变为正。

干法化学改性强化摩擦荷电试验结果表明，煤和矿物样品经干法化学改性后摩擦荷电性能的总体变化比湿法化学改性后的小。在干法化学改性试验中，只有石英经乙酸改性、方解石经硅酸钠改性和石膏经水杨酸改性后摩擦荷电极性发生了变化。煤和矿物样品经化学改性后摩擦荷电量变化规律不明显。

综合分析湿法改性和干法改性的试验结果可知，木质素、煤油、乙醇、氨水药剂的化学改性对微粉煤摩擦电选能够起促进作用，特别是烷烃类药剂会起良好的改性效果，而离子类药剂改性的选择性较差，不利于煤和矿物颗粒的摩擦电选分离。

第4章　微粉煤化学改性强化摩擦电选试验研究

4.1 引　　言

煤和矿物颗粒化学改性强化颗粒摩擦荷电特性的研究结果表明，化学改性可改变煤和伴生矿物颗粒的摩擦荷电特性，扩大煤和伴生矿物颗粒摩擦异性荷电的差异，有利于微粉煤摩擦电选脱硫、降灰。本章内容为在实验室摩擦电选系统上进行了微粉煤摩擦电选试验。首先进行了未采用药剂预处理煤样的单因素摩擦电选试验，利用 Design-Expert 软件设计了优化试验，分析了各因素之间的交互作用，然后在此基础上进行了药剂改性预处理微粉煤的摩擦电选试验，采用干法工艺对微粉煤进行改性预处理，最后进行摩擦电选，考察了化学改性对微粉煤摩擦电选脱硫、降灰的实际效果。

4.2 摩擦电选试验系统及样品制备

4.2.1 摩擦电选试验系统

实验室摩擦电选系统如图 4-1 所示，主要由供风系统、给料装置、摩擦电选机和产品收集系统 4 部分组成。供风系统由风机、流量计组成。风机通过变频器控制，可以连续调节送风量；流量计用来测量气流流量。给料装置将煤粉给入供风管路，煤粉在气流携带下进入摩擦器，摩擦荷电后进入分离室。摩擦电选机由摩擦器和由正、负极板构成的分离室组成。正、负极板平行、竖直安装，分别与正、负高压电源相连接，提供颗粒分离所需的高压电场。产品收集系统由产品分离器和布袋除尘器组成。因煤和伴生矿物颗粒的荷电极性不同，在电场力的作用下可以实现对煤和伴生矿物颗粒的分离。

4.2.2 样品制备

摩擦电选试验所用煤样为第 3 章不同密度级煤样表面改性试验缩分预留的南非原煤煤粉。单因素分选试验和优化设计分选试验每次用量为 100 g。

根据化学改性强化煤和伴生矿物摩擦荷电的基础研究结果可知，化学改性强化摩擦电选试验选择乙醇、氨水、煤油、轻柴油、木质素作为改性药剂。药剂改性预处理摩擦电选试验也按照第 3 章所述干法改性程序进行。煤粉样品每次用量为 50 g，煤样改性好后封存备用。

本章首先进行了未采用药剂预处理煤样的摩擦电选试验，通过单因素试验和利用 De-

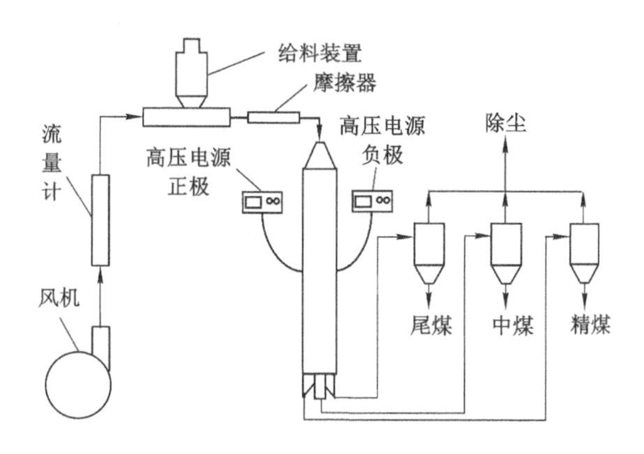

图 4-1　实验室摩擦电选系统示意图

sign-Expert 软件进行操作参数的优化试验，确定了摩擦电选的最佳操作条件。在确定的微粉煤摩擦电选操作条件下进行了煤样改性预处理电选试验，并在相同条件下同时做了空白对比分选试验，以便进行对比分析。

4.3　风量、电压、给料速度对摩擦电选效果的影响

微粉煤摩擦电选的影响因素较多，例如风量、电场强度、给料速度、极板长度、摩擦器材料等。本章结合实验室摩擦电选系统的具体条件，研究了风量、极板电压、给料速度 3 个主要因素对微粉煤摩擦电选效果的影响。风量由转子流量计测定，极板电压为两极板同时施加极性相反、大小相同的直流高压，给料速度以给料装置的振动频率来表示。目前，国内外对微粉煤摩擦静电分选效果的评价没有统一标准，本章结合试验经验采用脱灰率、脱硫率和可燃体回收率作为分选效果的主要评价指标，以精煤灰分、产率为辅助指标进行分选效果的评价。

4.3.1　风量对微粉煤摩擦电选效果的影响

在气流输送式摩擦电选系统中，微粉煤颗粒在气流的携带下经过摩擦器，颗粒通过和摩擦器之间碰撞摩擦或颗粒之间的碰撞摩擦带上正电荷，其他矿物颗粒带上负电荷，然后二者进入电场分离空间，在电场力作用下分离。一般情况下，摩擦荷电量与摩擦强度成正比，通过提高气流速度可以增加颗粒与摩擦器壁或颗粒之间的摩擦碰撞强度，增大颗粒摩擦荷电量，同时使携带的团聚矿物颗粒解聚，以利于分选。气流携带摩擦荷电颗粒进入分选静电场后，荷电极性不同的颗粒在电场力的作用下向两侧运动，气流速度过低时，物料易黏附在极板上。但是气流速度越大，颗粒在电场中的停留时间就越短，且分离室内气流紊乱，不利于分选。因此，确定合理的风量条件，考察风量对微粉煤摩擦电选效果的影响十分必要。

表 4-1 和图 4-2 是微粉煤在极板电压为±30 kV、给料速度为 120 Hz 的条件下改变风量得到的摩擦电选结果。由此可知，随着风量的增大，脱灰率和脱硫率都有所下降，而精煤的产率有所增大，同时灰分也略有升高。这说明风量较大时，煤和矿物颗粒通过电场空间的时间较短，分选作用时间变短，导致分选效果变差，并且精煤产率的增大使可燃体回收率得到了提高。

表 4-1　不同风量条件下微粉煤摩擦电选结果

序号	风量/(m³/h)	精煤			中煤			尾煤			脱灰率/%	脱硫率/%	精煤可燃体回收率/%
		产率/%	灰分/%	硫分/%	产率/%	灰分/%	硫分/%	产率/%	灰分/%	硫分/%			
1	40	38.60	11.87	1.02	20.29	27.19	1.72	41.11	35.44	1.52	81.42	44.19	45.16
2	50	41.51	12.89	1.03	16.16	28.11	1.64	42.33	34.91	1.61	78.32	41.91	48.00
3	60	40.12	10.76	0.98	18.40	31.31	1.88	41.48	35.17	1.52	82.50	44.28	47.53
4	65	39.17	12.34	1.02	19.16	28.96	1.71	41.67	34.28	1.55	80.41	43.92	45.58
5	70	37.67	14.11	1.09	17.58	29.40	1.77	44.75	31.69	1.44	78.45	42.92	42.94
6	75	41.45	11.51	1.04	17.32	31.92	1.90	41.23	34.85	1.47	80.66	41.41	48.70
7	80	47.05	13.24	1.08	14.59	36.27	2.02	38.36	34.27	1.49	74.74	36.05	54.19
8	85	44.05	12.54	1.05	15.35	34.50	2.01	40.59	34.11	1.47	77.61	39.16	51.15
9	90	42.75	13.45	1.10	15.70	32.68	1.90	41.55	33.18	1.44	76.70	38.57	49.11

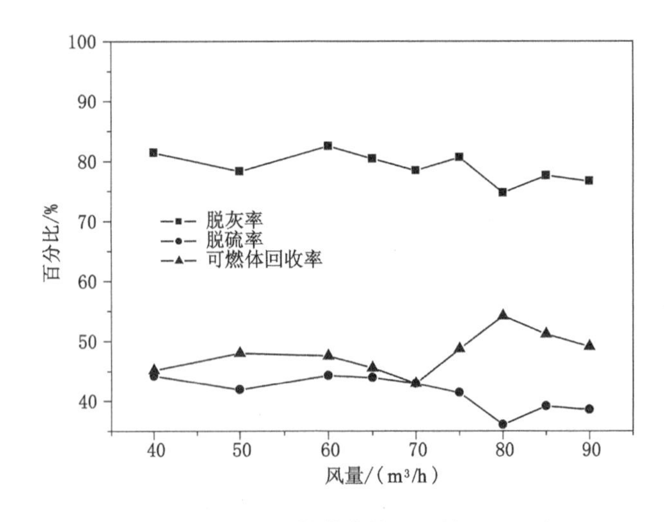

图 4-2　风量对微粉煤摩擦电选效果的影响

4.3.2　电压对微粉煤摩擦电选效果的影响

在摩擦电选系统中，摩擦荷电颗粒在气流携带下通过电场空间，根据自身荷电极性和荷电量的不同在电场力的作用下分别按照不同的轨迹运动，从而实现摩擦荷电颗粒的分离。摩擦荷电颗粒所受电场力的大小除受自身荷电量影响外，还受电场强度的影响。在极板距离固定的电场空间内，调高所施加的直流电压和增大荷电颗粒所受的电场力可以使摩擦荷电颗粒更易于到达极板，改善分选效果。

在其他条件不变的情况下，一般来说两个极板施加的电压越高，摩擦电选的效果越好，但是高电压会造成空气被击穿，对于微粉煤摩擦电选来说是非常危险的，因此必须将电压设置在恰当的范围内[300]。此外，荷电颗粒在高压电场中运动时还会对其荷电量产生影响(使颗粒的荷电量增大)，这可能是空气电离产生的离子与颗粒碰撞造成的。根据实验室电源条件，试验中正、负极板上施加的最高电压分别设定为＋40 kV 和－40 kV，两极板间的距离为 4 cm，极板间的电场强度为 2.0×10^{6} kV/m。

表 4-2 和图 4-3 是微粉煤在风量为 85 m^3/h、给料速度为 120 Hz 的条件下，改变两极板的电压得到的分选结果。由此可知，随着电压的增大，脱灰率和可燃体回收率逐渐增大，但脱硫率整体上降低，这说明提高电压对煤和成灰矿物的分离有利，而对黄铁矿的脱除不利，这可能是黄铁矿导电性强、摩擦荷电量低或接触极板后电性发生反转所致。此外，精煤的灰分随电压的升高明显降低，在电压为±40 kV 时，灰分达到 11.71%，产率也有所增加，达到 46.04%，并且脱灰率为 78.15%，可燃体回收率为 53.95%，分选效果良好。根据结果可以预测，进一步提高电压，精煤质量将会更好，产率也会有所增大，但需采用其他方法来改善脱硫效果。

表 4-2　不同电压条件下微粉煤摩擦电选结果

序号	电压/kV	精煤			中煤			尾煤			脱灰率/%	脱硫率/%	精煤可燃体回收率/%
		产率/%	灰分/%	硫分/%	产率/%	灰分/%	硫分/%	产率/%	灰分/%	硫分/%			
1	0	38.12	22.17	1.00	16.82	34.17	2.04	45.06	23.23	1.43	65.73	45.13	39.38
2	±10	42.35	18.06	1.07	17.77	34.55	1.93	39.89	27.27	1.43	68.99	39.81	46.06
3	±20	44.03	16.11	1.14	15.64	34.89	1.89	40.32	30.04	1.42	71.24	36.36	49.03
4	±30	44.05	12.54	1.05	15.35	34.50	2.01	40.59	34.11	1.47	77.61	39.16	51.15
5	±40	46.04	11.71	1.17	14.13	33.46	2.21	39.83	36.52	1.30	78.15	33.64	53.95

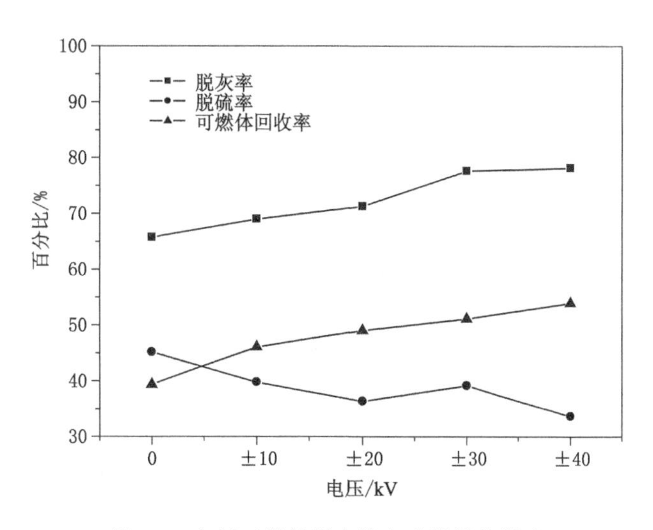

图 4-3　电压对微粉煤摩擦电选效果的影响

4.3.3　给料速度对微粉煤摩擦电选效果的影响

在摩擦电选试验系统中，煤粉经给料装置进入管路，在气流携带作用下进入摩擦器摩擦荷电。本试验系统所采用的摩擦器由安插排列摩擦棒的方形管构成，煤粉在与摩擦棒摩擦荷电的同时，还会起分散作用。在风量不变的条件下，给料速度决定了气流中颗粒相的浓度。一般来说,气固两相流的气固比(单位体积内气体与固体颗粒体积之比)越大,颗粒相就越稀疏,颗粒之间的相互干扰作用就越小,就越有利于提高分选效果。由于给料速度决定了摩擦电选的单位处理能力,因此在可能的情况下应尽量提高给料速度。但是给料速度过大和气流中颗粒浓度过大,会降低摩擦荷电的效果,并且由于颗粒摩擦荷电后,荷电极性不同的煤和矿物颗粒会相互吸引,使煤和矿物颗粒产生团聚,不利于分选。因此,确定合适的给料速度对于微粉煤摩擦电选来说是非常必要的。

表 4-3 和图 4-4 是微粉煤在风量 85 m^3/h、电压±30 kV 条件下,改变给料速度得到的分选结果。由此可知,随着给料速度的增大,脱灰率和脱硫率先增大后减小,但变化幅度不大;给料速度对可燃体回收率的影响很小;精煤产率变化不大;精煤灰分先降低后增加。在给料速度为 120 Hz 时取得最佳分选效果,此时精煤灰分为 12.54%,产率达 44.05%,脱灰率为 77.61%,脱硫率为 39.16%,可燃体回收率达 51.15%。

表 4-3 不同给料速度条件下微粉煤摩擦电选结果

序号	给料速度/Hz	精煤			中煤			尾煤			脱灰率/%	脱硫率/%	精煤可燃体回收率/%
		产率/%	灰分/%	硫分/%	产率/%	灰分/%	硫分/%	产率/%	灰分/%	硫分/%			
1	110	44.17	13.92	1.11	16.03	32.43	1.86	39.80	33.46	1.45	75.07	37.06	50.47
2	115	44.26	13.87	1.09	13.32	33.28	1.93	42.42	33.23	1.48	75.10	37.69	50.60
3	120	44.05	12.54	1.05	15.35	34.50	2.01	40.59	34.11	1.47	77.61	39.16	51.15
4	125	42.50	14.29	1.11	16.91	31.99	1.90	40.58	32.48	1.42	75.38	38.54	48.36
5	130	45.00	14.41	1.11	11.77	34.08	2.07	43.24	32.78	1.44	73.71	36.39	51.12

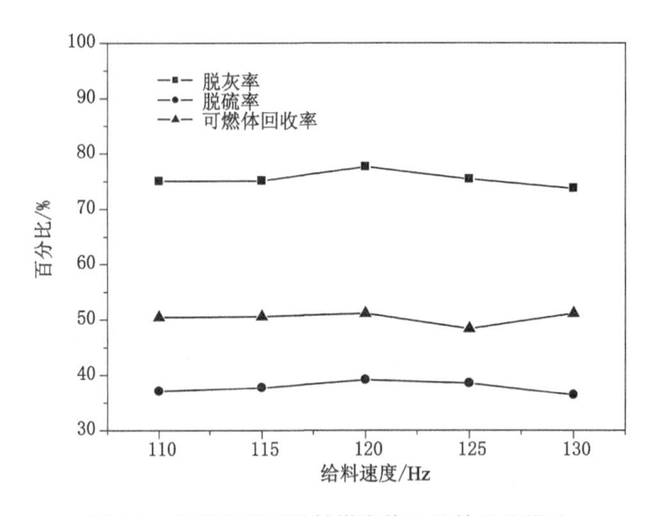

图 4-4 给料速度对微粉煤摩擦电选效果的影响

根据对分选结果的分析可知,在一定条件下给料速度有一个最佳值,但给料速度对分选效果的影响很小,这样就可以在尽可能提高摩擦电选单位处理量的条件下,通过控制电压等操作参数来保证最佳分选效果。

4.4　多因素交互作用对微粉煤摩擦电选效果的影响

4.4.1　试验设计

微粉煤摩擦电选单因素试验得到了风量、极板电压和给料速度对微粉煤摩擦电选效果的影响。但单因素分选试验不能系统地说明哪个因素对最终分选结果产生最主要的影响，也无法说明 3 个因素的交互作用对微粉煤摩擦电选效果的影响。因此，本节根据微粉煤单因素摩擦电选试验结果，利用响应面分析方法对风量、极板电压和给料速度 3 个因素进行试验设计，优化微粉煤摩擦电选操作参数，考察各因素之间的交互作用对分选效果的影响。

试验设计借助美国 State-Ease 公司开发的 Design-Expert 试验设计软件中 Response Surface 模块，利用 Miscellaneous 模型对风量、极板电压和给料速度 3 个操作参数设计了三因素三水平试验方案。根据微粉煤摩擦电选试验结果对风量、极板电压和给料速度 3 个因素进行响应面分析，并对所获得的响应面回归模型进行显著性检验。试验设计如表 4-4、图 4-5 所示。试验结果如表 4-5 所示。

表 4-4　试验设计的基本信息

因素代码	名称	单位	最小值	最大值	最小代码	最大代码
A	电压	kV	40(±20)	80(±40)	−1	1
B	风量	m^3/h	65	85	−1	1
C	给料速度	Hz	110	130	−1	1

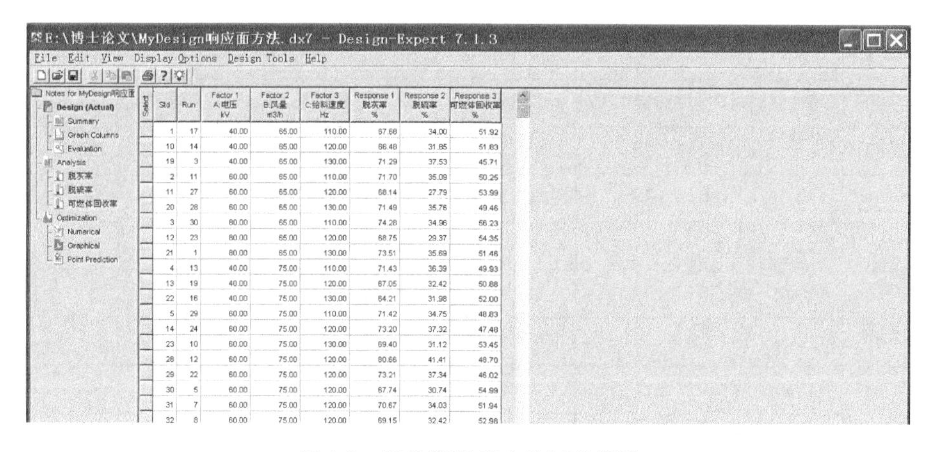

Std	Run	Factor 1 A:电压 kV	Factor 2 B:风量 m3/h	Factor 3 C:给料速度 Hz	Response 1 脱灰率 %	Response 2 脱硫率 %	Response 3 可燃体回收率 %
1	17	40.00	65.00	110.00	67.68	34.00	51.92
10	14	40.00	65.00	120.00	66.48	31.85	51.83
19	3	40.00	65.00	130.00	71.29	37.53	45.71
2	11	60.00	65.00	110.00	71.70	35.09	50.25
11	27	60.00	65.00	120.00	68.14	27.79	53.99
20	28	60.00	65.00	130.00	71.49	35.76	49.46
3	30	80.00	65.00	110.00	74.28	34.96	56.23
12	23	80.00	65.00	120.00	68.75	29.37	54.35
21	1	80.00	65.00	130.00	73.51	35.69	51.46
4	13	40.00	75.00	110.00	71.43	36.39	49.93
13	19	40.00	75.00	120.00	67.05	32.42	50.88
22	16	40.00	75.00	130.00	64.21	31.98	52.00
5	29	60.00	75.00	110.00	71.42	34.75	48.83
14	24	60.00	75.00	120.00	73.20	37.32	47.48
23	10	60.00	75.00	130.00	69.40	31.12	53.45
28	12	60.00	75.00	120.00	80.66	41.41	46.70
29	22	60.00	75.00	120.00	73.21	37.34	46.02
30	5	60.00	75.00	120.00	67.74	30.74	54.99
31	7	60.00	75.00	120.00	70.67	34.03	51.94
32	8	60.00	75.00	120.00	69.15	32.42	52.98

图 4-5　微粉煤摩擦电选试验设计

表 4-5　微粉煤摩擦电选试验结果

序号	操作参数			精煤			中煤			尾煤			脱灰率/%	脱硫率/%	可燃体回收率/%
	电压/kV	风量/(m^3/h)	给料速度/Hz	产率/%	灰分/%	硫分/%	产率/%	灰分/%	硫分/%	产率/%	灰分/%	硫分/%			
1	±40	85	110	46.94	14.20	1.11	14.79	33.52	1.99	38.27	34.08	1.45	72.97	34.97	53.46
2	±30	85	110	50.60	14.58	1.12	13.52	36.45	2.05	35.88	34.45	1.46	70.09	31.54	57.38

表 4-5(续)

序号	操作参数			精煤			中煤			尾煤			脱灰率/%	脱硫率/%	可燃体回收率/%
	电压/kV	风量/(m^3/h)	给料速度/Hz	产率/%	灰分/%	硫分/%	产率/%	灰分/%	硫分/%	产率/%	灰分/%	硫分/%			
3	±20	85	110	45.20	16.17	1.14	15.38	33.12	2.00	39.42	31.11	1.38	70.37	35.28	50.30
4	±40	85	120	46.20	13.61	1.10	13.84	33.32	1.98	39.96	34.45	1.46	74.50	35.75	52.98
5	±30	85	120	43.50	14.54	1.12	15.49	32.46	1.93	41.02	32.46	1.42	74.35	37.39	49.34
6	±20	85	120	45.30	15.62	1.15	15.16	33.54	1.91	39.53	31.63	1.42	71.31	35.03	50.74
7	±40	85	130	39.36	13.15	1.07	12.24	32.14	2.02	48.40	32.14	1.45	79.02	42.26	45.37
8	±30	85	130	41.65	15.68	1.15	12.36	31.68	1.94	45.98	30.92	1.41	73.53	37.95	46.62
9	±20	85	130	40.04	17.11	1.12	13.79	32.38	1.91	46.17	28.92	1.42	72.23	40.18	44.06
10	±40	75	110	43.69	11.32	1.03	14.18	30.49	2.01	42.13	36.54	1.50	79.95	40.05	51.43
11	±30	75	110	43.83	16.09	1.20	14.44	29.19	1.89	41.73	32.12	1.38	71.42	34.75	48.83
12	±20	75	110	44.66	15.78	1.12	15.91	31.89	1.93	39.43	31.82	1.42	71.43	36.39	49.93
13	±40	75	120	47.33	14.89	1.13	6.13	38.12	2.27	46.55	32.84	1.49	71.43	33.87	53.47
14	±30	75	120	42.38	15.60	1.15	9.74	31.14	2.00	47.88	31.38	1.43	73.20	37.32	47.48
15	±20	75	120	46.46	17.49	1.20	7.54	36.36	2.22	46.00	29.99	1.41	67.05	32.42	50.88
16	±40	75	130	45.00	13.78	1.09	13.51	31.01	1.90	41.49	34.41	1.49	74.87	37.04	51.50
17	±30	75	130	47.81	15.79	1.20	1.87	48.28	2.22	50.32	32.23	1.50	69.40	31.12	53.45
18	±20	75	130	48.00	18.39	1.17	1.93	48.02	1.91	50.07	29.78	1.54	64.21	31.98	52.00
19	±40	65	110	48.71	13.03	1.07	9.17	36.91	2.23	42.12	35.46	1.53	74.28	34.96	56.23
20	±30	65	110	44.84	15.57	1.16	8.95	32.92	1.98	46.22	31.89	1.46	71.70	35.09	50.25
21	±20	65	110	47.08	16.93	1.13	11.41	34.47	1.92	41.51	30.75	1.48	67.68	34.00	51.92
22	±40	65	120	48.65	15.84	1.23	5.46	36.77	2.14	45.89	32.58	1.43	68.75	29.37	54.35
23	±30	65	120	48.53	16.20	1.28	5.98	36.88	2.32	45.49	32.10	1.35	68.14	27.79	53.99
24	±20	65	120	47.31	17.47	1.19	5.95	37.19	2.15	46.74	30.35	1.45	66.48	31.85	51.83
25	±40	65	130	45.30	14.42	1.13	12.45	31.82	1.85	42.25	33.54	1.49	73.51	35.69	51.46
26	±30	65	130	44.29	15.88	1.15	12.94	30.98	1.88	42.77	31.86	1.44	71.49	35.76	49.46
27	±20	65	130	41.51	17.06	1.17	14.80	30.76	1.93	43.69	29.83	1.37	71.29	37.53	45.71
28	±30	75	120	41.45	11.51	1.04	17.32	31.92	1.90	41.23	34.85	1.47	80.66	41.41	48.70
29	±30	75	120	41.28	16.01	1.18	7.65	33.79	2.02	51.07	30.30	1.42	73.21	37.34	46.02
30	±30	75	120	49.38	16.11	1.17	6.78	37.24	2.15	43.84	32.36	1.47	67.74	30.74	54.99
31	±30	75	120	46.36	15.61	1.15	6.89	35.81	2.22	46.75	32.01	1.46	70.67	34.03	51.94
32	±30	75	120	47.52	16.02	1.17	5.86	37.37	2.36	46.62	31.89	1.45	69.15	32.42	52.98

4.4.2　试验结果分析

利用 Design-Expert 软件对试验结果进行了分析，考察了风量、极板电压和给料速度 3 个因素的交互作用，分别得到了脱灰率、脱硫率和可燃体回收率 3 个分选结果指标与 3 个因素之间的数学模型。微粉煤摩擦电选试验结果分析见表 4-6。

表 4-6　微粉煤摩擦电选试验结果分析

响应代码	名称	单位	观测值个数	最小值	最大值	平均值	变换	模型
Y1	脱灰率	%	32	64.21	80.66	71.75	无	2FI
Y2	脱硫率	%	32	27.79	42.26	35.10	无	2FI
Y3	可燃体回收率	%	32	44.06	57.38	50.91	无	2FI

（1）脱灰率分析

对脱灰率 2FI 模型的具体分析见表 4-7～表 4-9。

表 4-7　脱灰率 2FI 模型的方差分析

方差来源	平方和	自由度	均方	*F* 值(统计检定值)	*P* 值	显著性检验
模型	165.54	6	27.59	2.69	0.037 6	显著
A(电压)	123.84	1	123.84	12.05	0.001 9	
B(风量)	34.86	1	34.86	3.39	0.077 4	
C(给料速度)	0.01	1	0.01	0.00	0.980 6	
A-*B*	0.18	1	0.18	0.02	0.894 3	
A-*C*	0.32	1	0.32	0.03	0.861 8	
B-*C*	6.33	1	6.33	0.62	0.439 8	
误差	256.84	25	10.27			
总和	422.38	31				

注：*P* 值表示概率，该值小于或等于 0.05 时则表示显著，拒绝原假设。

表 4-8　脱灰率 2FI 模型综合表

名称	数值	名称	数值
标准偏差	3.21	R^2	0.391 9
均值	71.75	R^2调整值	0.246 0
相关系数	4.47	R^2预测值	0.039 3
预测残差平方和	405.77	精确度	6.542

表 4-9　2FI 模型置信度分析

因素	参数估计	自由度	标准偏差	95%置信区间(低)	95%置信区间(高)
截距	71.75	1	0.57	70.58	72.92
A(电压)	2.62	1	0.76	1.07	4.18
B(风量)	1.39	1	0.76	−0.16	2.95

表 4-9(续)

因素	参数估计	自由度	标准偏差	95%置信区间(低)	95%置信区间(高)
C(给料速度)	−0.02	1	0.76	−1.57	1.54
A-*B*	0.12	1	0.93	−1.78	2.03
A-*C*	0.16	1	0.93	−1.74	2.07
B-*C*	0.73	1	0.93	−1.18	2.63

以因素代码表示的摩擦电选脱灰率公式如下：

$$脱灰率=71.75\%+2.62A\%+1.39B\%-0.02C\%+0.12AB\%+0.16AC\%+0.73BC\% \quad (4\text{-}1)$$

式中 A——电压代码，取值范围是[−1,1]；

B——风量代码，取值范围是[−1,1]；

C——给料速度代码，取值范围是[−1,1]。

图 4-6 为微粉煤摩擦电选脱灰率的学生化残差分布。

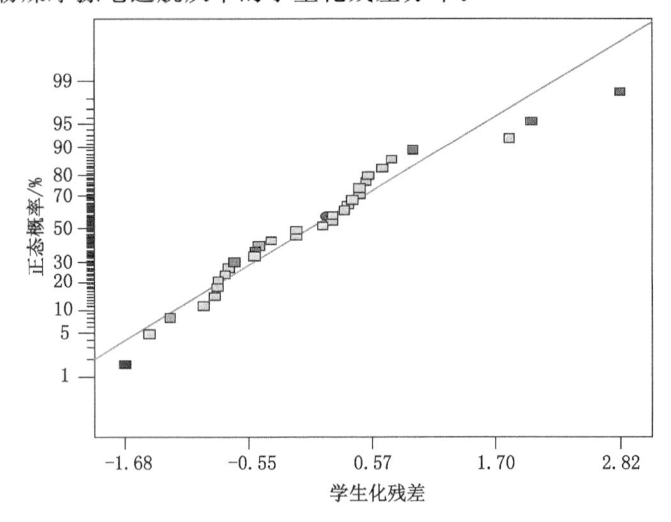

图 4-6 脱灰率的学生化残差分布

以实际影响因素数值表示的脱灰率的公式如下：

$$\eta_1 = 127.694\% - 0.013U - 0.770Q - 0.595R + 0.000\,62UQ + 0.000\,81UR + 0.007\,26QR \quad (4\text{-}2)$$

式中 η_1——脱灰率，%；

U——电压，kV，取值范围是[40,80]；

Q——风量，m^3/h，取值范围是[65,85]；

R——给料速度，Hz，取值范围是[110,130]。

图 4-7～图 4-9 分别显示了电压和风量、电压和给料速度、风量和给料速度的交互作用对微粉煤摩擦电选脱灰率的影响。

(2) 脱硫率分析

对脱硫率 2FI 模型的具体分析见表 4-10～表 4-12。

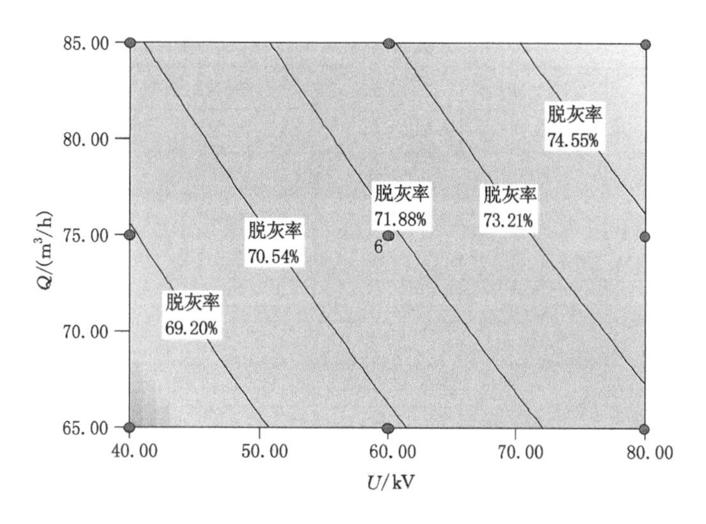

图 4-7　电压和风量交互作用对微粉煤摩擦电选脱灰率的影响

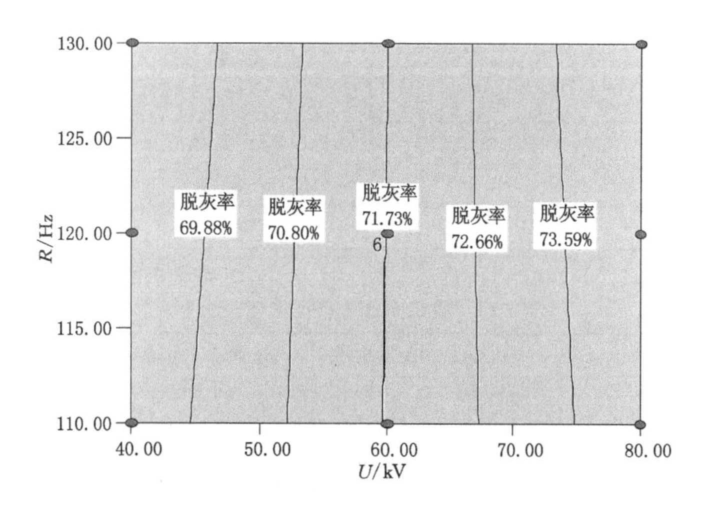

图 4-8　电压和给料速度交互作用对微粉煤摩擦电选脱灰率的影响

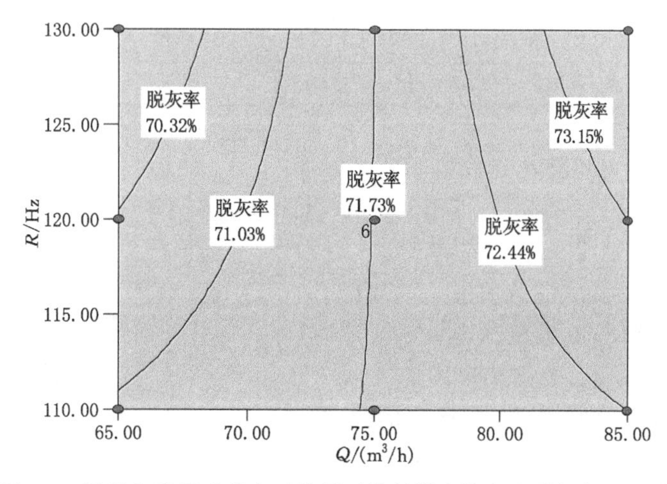

图 4-9　风量和给料速度交互作用对微粉煤摩擦电选脱灰率的影响

表 4-10　脱硫率 2FI 模型的方差分析

方差来源	平方和	自由度	均方	F 值(统计检定值)	P 值	显著性检验
模型	76.42	6	12.74	1.16	0.356 1	不显著
A(电压)	4.78	1	4.78	0.44	0.514 7	
B(风量)	44.46	1	44.46	4.07	0.054 6	
C(给料速度)	8.66	1	8.66	0.79	0.381 9	
A-B	2.86	1	2.86	0.26	0.613 3	
A-C	0.08	1	0.08	0.01	0.932 4	
B-C	15.58	1	15.58	1.42	0.243 9	
误差	273.38	25	10.94			
总和	349.80	31				

注：P 值表示概率，该值小于或等于 0.05 时则表示显著，拒绝原假设。

表 4-11　脱硫率 2FI 模型综合表

名称	数值	名称	数值
标准偏差	3.31	R^2	0.218 5
均值	35.10	R^2 调整值	0.030 9
相关系数	9.42	R^2 预测值	−0.294 8
预测残差平方和	452.94	精确度	4.277 7

表 4-12　脱硫率 2FI 模型置信度分析

因素	参数估计	自由度	标准偏差	95%置信区间(低)	95%置信区间(高)
截距	35.10	1	0.58	33.90	36.31
A(电压)	0.52	1	0.78	−1.09	2.12
B(风量)	1.57	1	0.78	−0.03	3.18
C(给料速度)	0.69	1	0.78	−0.91	2.30
A-B	0.49	1	0.95	−1.48	2.45
A-C	0.08	1	0.95	−1.88	2.05
B-C	1.14	1	0.95	−0.83	3.11

以因素代码表示的摩擦电选脱硫率公式如下：

$$\text{脱硫率}=35.10\%+0.52A\%+1.57B\%+0.69C\%+0.49AB\%+0.082AC\%+1.14BC\% \tag{4-3}$$

式中　A——电压代码，取值范围是[−1,1]；

B——风量代码，取值范围是[−1,1]；

C——给料速度代码，取值范围是[−1,1]。

以实际影响因素数值表示的脱硫率的公式如下：

$$\eta_2 = 129.927\,1\% - 0.206\,6U - 1.356\,7Q - 0.809\,7R + 0.002\,443UQ + 0.000\,409\,2UR + 0.011\,39QR \tag{4-4}$$

式中　η_2——脱硫率，%；

U——电压，kV，取值范围是[40，80]；

Q——风量，m^3/h，取值范围是[65，85]；

R——给料速度，Hz，取值范围是[110，130]。

图 4-10 为微粉煤摩擦电选脱硫率的学生化残差分布。

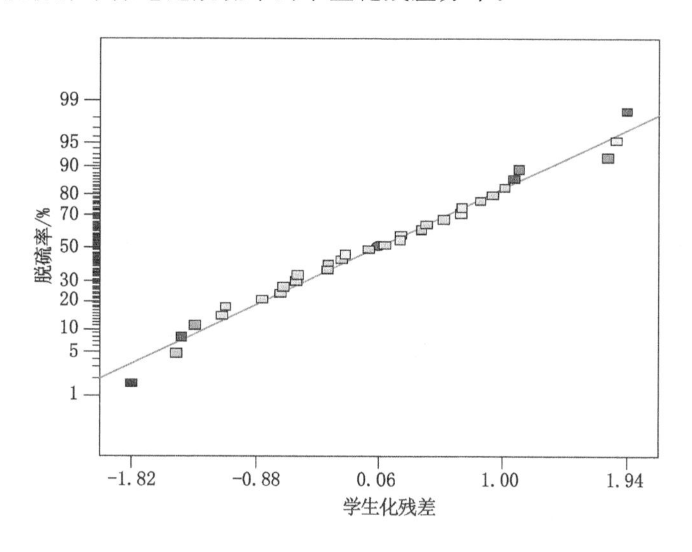

图 4-10　脱硫率的学生化残差分布

图 4-11～图 4-13 分别显示了电压和风量、电压和给料速度、风量和给料速度的交互作用对微粉煤摩擦电选脱硫率的影响。

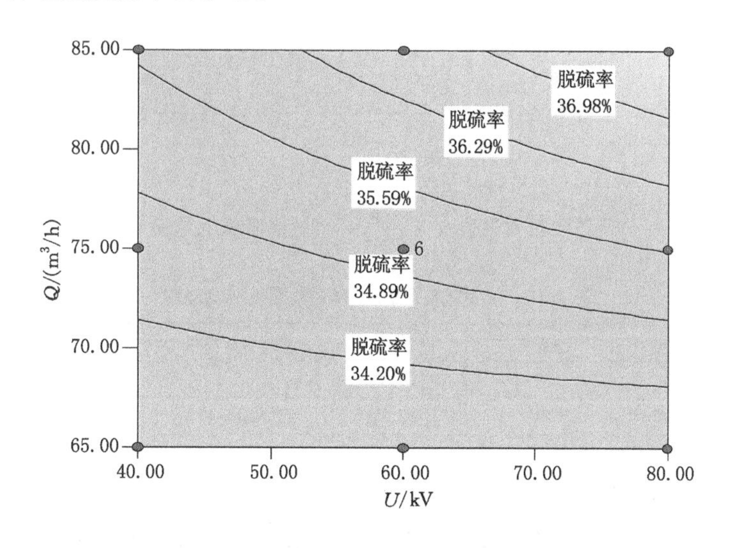

图 4-11　电压和风量交互作用对微粉煤摩擦电选脱硫率的影响

(3) 可燃体回收率分析

对可燃体回收率 2FI 模型的具体分析见表 4-13～表 4-15。

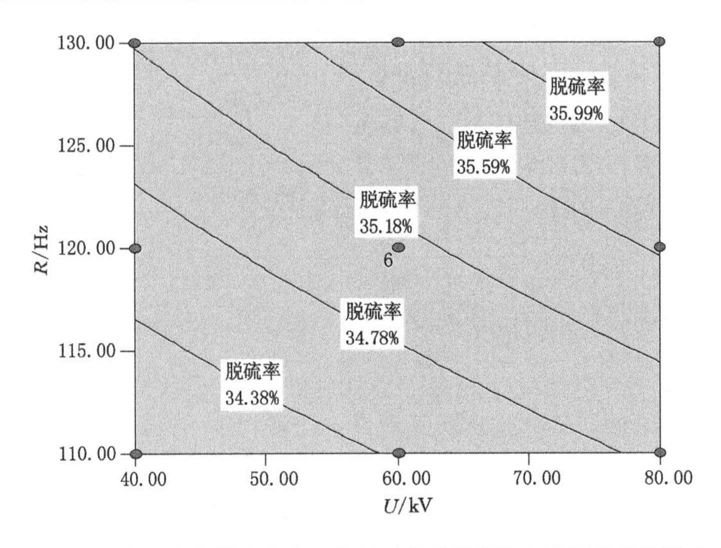

图 4-12 电压和给料速度交互作用对微粉煤摩擦电选脱硫率的影响

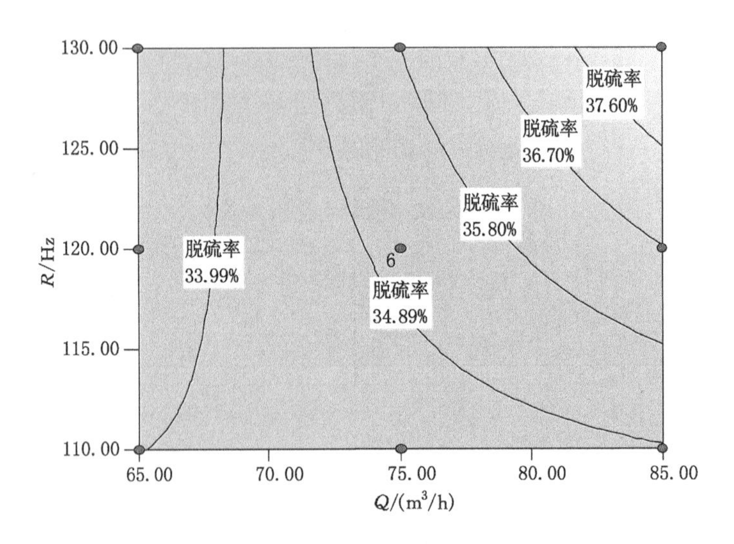

图 4-13 风量和给料速度交互作用对微粉煤摩擦电选脱硫率的影响

表 4-13 可燃体回收率 2FI 模型的方差分析

方差来源	平方和	自由度	均方	F 值(统计检定值)	P 值	显著性检验
模型	109.93	6	18.32	2.23	0.073 7	不显著
A(电压)	29.12	1	29.12	3.54	0.071 5	
B(风量)	12.38	1	12.38	1.51	0.231 2	
C(给料速度)	50.31	1	50.31	6.12	0.020 5	
A-B	2.88	1	2.88	0.35	0.559 5	
A-C	0.49	1	0.49	0.06	0.810 1	
B-C	14.76	1	14.76	1.79	0.192 4	
误差	205.57	25	8.22			
总和	315.50	31				

注：P 值表示概率，该值小于或等于 0.05 时则表示显著，拒绝原假设。

表 4-14　可燃体回收率 2FI 模型综合表

名称	数值	名称	数值
标准偏差	2.87	R^2	0.348 4
均值	50.91	R^2调整值	0.192 1
相关系数	5.63	R^2预测值	−0.107 4
预测残差平方和	349.40	精确度	5.627

表 4-15　可燃体回收率 2FI 模型置信度分析

因素	参数估计	自由度	标准偏差	95%置信区间(低)	95%置信区间(高)
截距	50.91	1	0.51	49.86	51.95
A(电压)	1.27	1	0.68	−0.12	2.66
B(风量)	−0.83	1	0.68	−2.22	0.56
C(给料速度)	−1.67	1	0.68	−3.06	−0.28
A-B	−0.49	1	0.83	−2.19	1.22
A-C	−0.20	1	0.83	−1.91	1.50
B-C	−1.11	1	0.83	−2.81	0.60

以因素代码表示的摩擦电选可燃体回收率公式如下：

$$回收率=50.91\%+1.27A\%-0.83B\%-1.67C\%-0.49AB\%-0.20AC\%-1.11BC\% \quad (4\text{-}5)$$

式中　A——电压代码，取值范围是[−1,1]；

B——风量代码，取值范围是[−1,1]；

C——给料速度代码，取值范围是[−1,1]。

以实际影响因素数值表示的摩擦电选可燃体回收率公式如下：

$$\eta_3=-44.694\,8\%+0.367\,8U+1.394\,8Q+0.724\,9R-0.002\,478UQ-0.001\,005UR-0.011\,09QR \quad (4\text{-}6)$$

式中　η_3——可燃体回收率，%；

U——电压，kV，取值范围是[40,80]；

Q——风量，m^3/h，取值范围是[65,85]；

R——给料速度，Hz，取值范围是[110,130]。

图 4-14 为微粉煤摩擦电选可燃体回收率的学生化残差分布。

图 4-15～图 4-17 分别显示了电压和风量、电压和给料速度、风量和给料速度的交互作用对微粉煤摩擦电选可燃体回收率的影响。

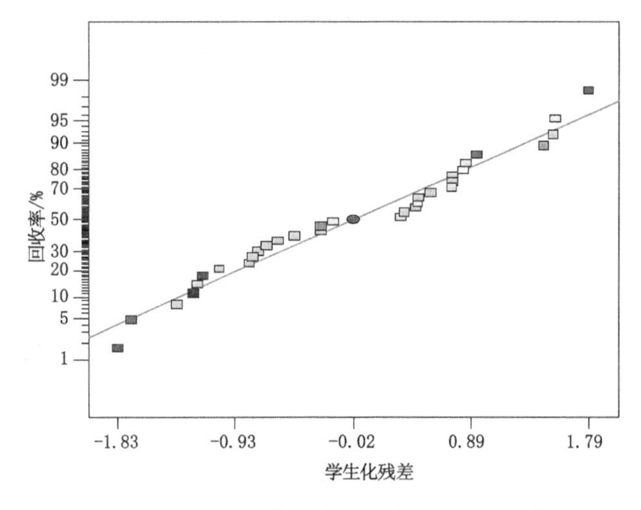

图 4-14　可燃体回收率的学生化残差分布

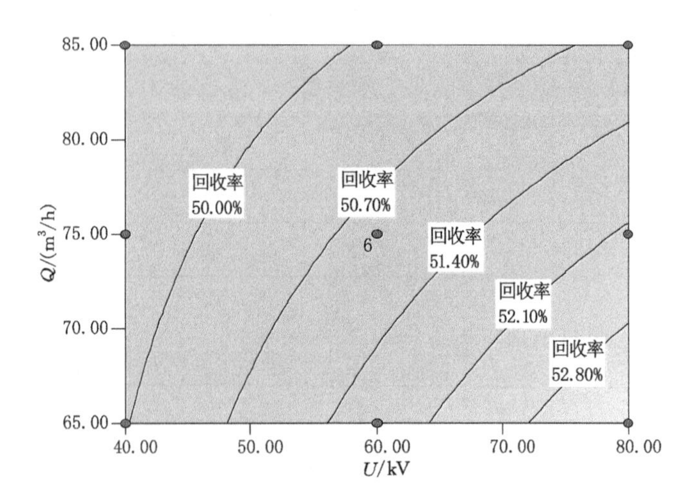

图 4-15　电压和风量交互作用对微粉煤摩擦电选可燃体回收率的影响

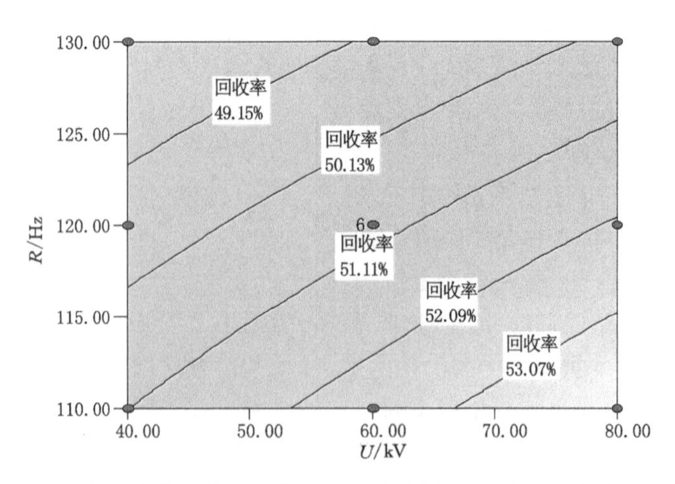

图 4-16　电压和给料速度交互作用对微粉煤摩擦电选可燃体回收率的影响

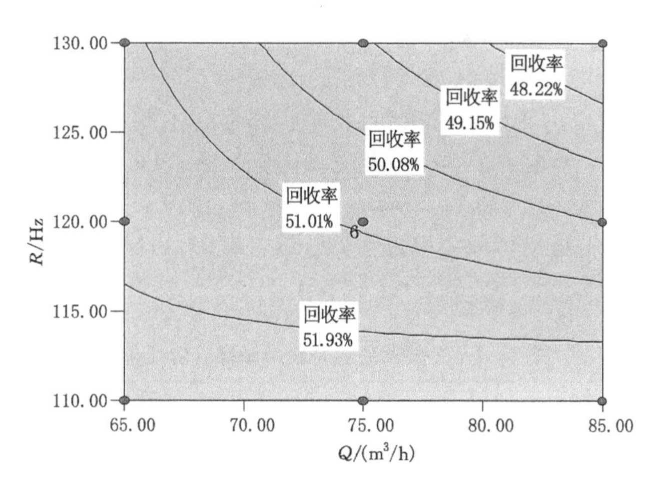

图 4-17　风量和给料速度交互作用对微粉煤摩擦电选可燃体回收率的影响

4.5　化学改性对微粉煤摩擦电选效果的影响

在对低灰精煤和煤中矿物样品药剂改性前后摩擦荷质比及介电常数研究的基础上，进行了微粉煤药剂改性摩擦静电分选试验，以考察化学药剂预处理对微粉煤摩擦静电分选的实际作用效果。分选试验在上述实验室摩擦静电分选系统上进行。微粉煤药剂改性摩擦静电分选试验选用乙醇、氨水、煤油、轻柴油、木质素 5 种药剂，并安排了 2 次无药剂处理的对比试验。药剂用量分别为 500 g/t、1 000 g/t、2 000 g/t、4 000 g/t、8 000 g/t 煤样。微粉煤样品药剂预处理方法采用第 3 章所述干法改性处理方法，将 50 g 煤样和所添加的药剂一起加入高速冲击式粉碎机中搅拌 1.0 min，然后装入密封袋中以备分选试验使用。微粉煤化学改性和空白对比摩擦电选试验操作条件都设定为：气流流量 85 m^3/h、电极电压±30 kV、给料速度 120 Hz。对化学药剂改性处理后摩擦电选效果进行分析，研究化学药剂种类和药剂用量对微粉煤摩擦电选脱灰率、脱硫率和可燃体回收率的影响。

未改性预处理微粉煤摩擦电性试验结果如表 4-16 所示。由该表可以看出，两次空白对比试验精煤平均产率为 30.19%，灰分为 16.16%，脱灰率为 80.23%，脱硫率为 48.75%，精煤可燃体回收率为 33.60%。精煤产率与前期所作单因素试验的相比有所降低，灰分相差不大，脱灰率和脱硫率都有明显提高，但可燃体回收率降幅增大，可能是受空气温度和空气湿度等环境条件的影响。

表 4-16　未预处理微粉煤摩擦电选结果

序号	药剂用量/(g/t 煤样)	精煤			中煤			尾煤			脱灰率/%	脱硫率/%	可燃体回收率/%
		产率/%	灰分/%	硫分/%	产率/%	灰分/%	硫分/%	产率/%	灰分/%	硫分/%			
1	0	28.51	15.68	1.03	14.26	30.58	1.91	57.23	27.67	1.40	81.87	48.83	31.91
2	0	31.86	16.58	1.13	14.98	32.91	1.90	53.16	27.19	1.36	78.59	48.56	35.29
平均值	0	30.19	16.16	1.08	14.62	31.78	1.91	55.19	27.44	1.38	80.23	48.75	33.60

4.5.1 乙醇改性对微粉煤摩擦电选结果的影响

乙醇改性预处理微粉煤摩擦电选试验结果如表 4-17、图 4-18 所示。总体来看，微粉煤乙醇改性预处理后摩擦电选效果有所改善，精煤产率提高了约 3%，灰分变化不大，脱灰率和脱硫率都略有降低，可燃体回收率有所提高。从相关图、表可以看出，药剂用量对改善摩擦电选效果影响明显，当药剂用量为 2 000 g/t 煤样时，精煤灰分降低明显，降至 15.23%，但产率很低，为 23.54%，可燃体回收率也很低。综合考虑，药剂用量为 500 g/t 煤样时微粉煤改性摩擦电选的效果最佳。

表 4-17 乙醇预处理微粉煤摩擦电选结果

序号	药剂用量/(g/t 煤样)	精煤			中煤			尾煤			脱灰率/%	脱硫率/%	可燃体回收率/%
		产率/%	灰分/%	硫分/%	产率/%	灰分/%	硫分/%	产率/%	灰分/%	硫分/%			
1	500	33.00	16.18	1.08	13.90	32.51	2.15	53.10	27.89	1.34	78.36	42.66	36.72
2	1 000	30.30	16.20	1.08	14.85	31.47	1.79	54.85	27.50	1.41	80.09	42.32	33.71
3	2 000	23.54	15.23	1.17	19.03	29.90	1.90	57.43	26.80	1.27	85.46	47.32	26.49
4	4 000	34.00	16.83	1.14	13.88	30.89	1.93	52.12	28.12	1.37	76.81	48.33	37.53
5	8 000	33.25	16.02	1.12	15.23	31.38	1.90	51.52	28.26	1.37	78.40	44.19	37.06

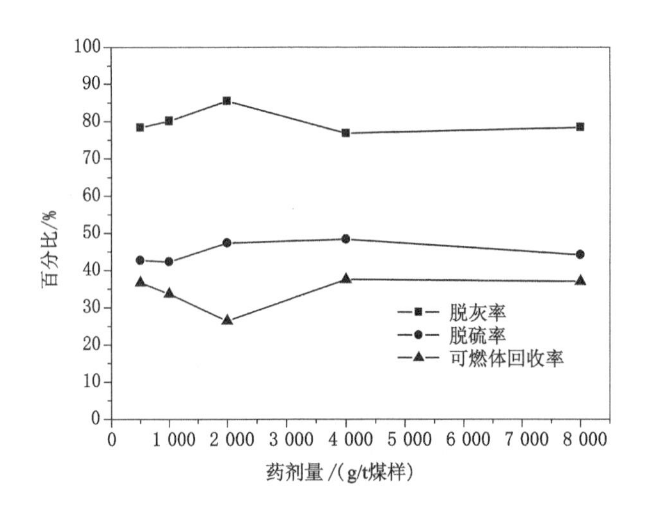

图 4-18 乙醇改性预处理对微粉煤摩擦电选效果的影响

4.5.2 氨水改性对微粉煤摩擦电选结果的影响

氨水改性预处理微粉煤摩擦电选试验结果如表 4-18、图 4-19 所示。总体来看，氨水改性预处理后微粉煤摩擦电选效果明显得到改善，在灰分相差不大时，精煤产率提高了约 3%～9%，脱灰率和脱硫率略有降低，可燃体回收率提高了约 4%～11%。从相关图、表可以看出，药剂用量对分选效果影响不是很大，当药剂用量为 2 000 g/t 煤样时，精煤灰分最低，为 15.20%，产率为 38.26%，可燃体回收率为 43.07%。脱灰率随药剂用量的变化改变不大，在 73.75%～76.71%波动。脱硫率变化较大，药剂用量为 1 000 g/t 煤样时脱硫率最高，为 45.35%；药剂用量为 8 000 g/t 煤样时脱硫率最低，为 35.29%。综合考虑，当药剂用量为 2 000 g/t 煤样时，微粉煤摩擦电选的效果最佳。

表 4-18　氨水预处理微粉煤摩擦电选结果

序号	药剂用量/(g/t 煤样)	精煤			中煤			尾煤			脱灰率/%	脱硫率/%	可燃体回收率/%
		产率/%	灰分/%	硫分/%	产率/%	灰分/%	硫分/%	产率/%	灰分/%	硫分/%			
1	500	37.92	16.69	1.17	14.10	33.00	1.93	47.99	28.52	1.36	74.34	44.26	41.93
2	1 000	36.59	16.48	1.15	14.19	33.45	1.92	49.22	28.22	1.37	75.55	45.35	40.57
3	2 000	38.26	15.20	1.18	13.28	34.74	1.96	48.45	29.38	1.36	76.41	36.21	43.07
4	4 000	33.86	16.97	1.17	13.52	35.98	1.98	52.62	26.71	1.35	76.71	40.68	37.32
5	8 000	39.78	16.28	1.13	12.23	35.41	2.02	47.99	28.88	1.40	73.75	35.29	44.20

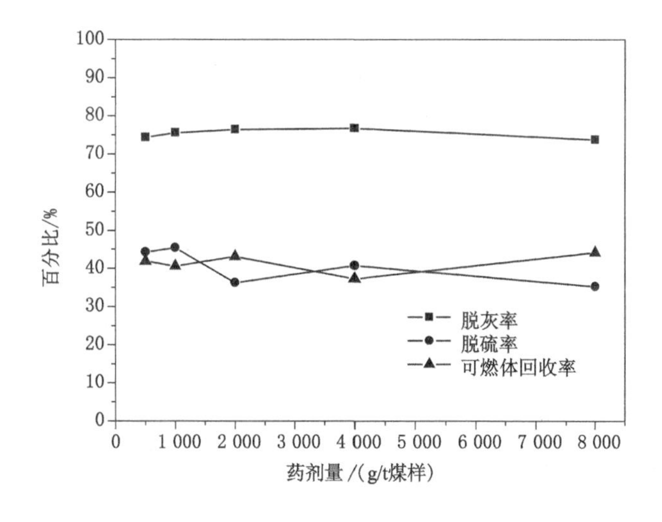

图 4-19　氨水改性预处理对微粉煤摩擦电选效果的影响

4.5.3　煤油改性对微粉煤摩擦电选结果的影响

煤油改性预处理微粉煤摩擦电选试验结果如表 4-19、图 4-20 所示。总体看来，煤油改性预处理后微粉煤摩擦电选效果明显得到改善，与空白煤样摩擦电选结果相比精煤灰分略有增加。精煤灰分随药剂用量的增加而略有降低，在 16.26%～16.91%变化，精煤产率随药剂量的变化在 37.30%～41.62%波动，与空白对比试验结果相比，产率提高了 7%～11%，改性作用效果明显。但脱灰率和脱硫率总体略有降低，随着药剂量的增加，脱灰率在 72.07%～74.96%波动，脱硫率在 41.82%～46.42%变化。综合考虑，药剂用量为 2 000 g/t 煤样时摩擦电选的脱灰、脱硫效果最好。

表 4-19 煤油预处理微粉煤摩擦电选结果

序号	药剂用量/(g/t 煤样)	精煤			中煤			尾煤			脱灰率/%	脱硫率/%	可燃体回收率/%
		产率/%	灰分/%	硫分/%	产率/%	灰分/%	硫分/%	产率/%	灰分/%	硫分/%			
1	500	38.36	16.91	1.12	12.68	29.11	2.01	48.96	29.59	1.40	73.70	44.04	42.31
2	1 000	37.30	16.75	1.12	18.26	29.90	1.90	44.44	29.16	1.37	74.68	45.40	41.22
3	2 000	36.99	16.53	1.14	13.64	32.75	1.97	49.37	28.53	1.38	75.21	46.42	40.98
4	4 000	41.62	16.55	1.09	14.17	33.59	2.01	44.21	29.45	1.42	72.07	41.82	46.11
5	8 000	38.00	16.26	1.08	12.97	32.48	1.99	49.03	29.12	1.43	74.96	45.49	42.24

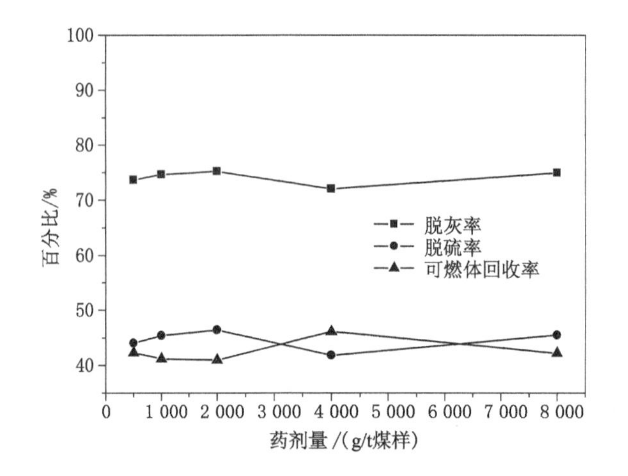

图 4-20 煤油改性预处理对微粉煤摩擦电选效果的影响

煤油预处理后可燃体回收率明显得到提高，随着药剂用量的增加，可燃体回收率在40.98%～46.11%波动，药剂用量为 4 000 g/t 煤样时最高。从相关图、表可以看出，药剂用量对分选效果影响不是很显著，当药剂用量为 8 000 g/t 煤样时，精煤灰分最低，为16.26%，产率为 38.00%，可燃体回收率为 42.24%。总体来看，当药剂用量为 4 000 g/t 煤样时，微粉煤摩擦电选的效果最好，此时精煤灰分为 16.55%，产率为 41.62%。

综上所述，煤油改性预处理后微粉煤摩擦电选效果改善明显，在精煤灰分一定时，精煤产率大大提高，煤油用量对分选效果有一定影响。

4.5.4 轻柴油改性对微粉煤摩擦电选结果的影响

轻柴油改性预处理微粉煤摩擦电选试验结果如表 4-20、图 4-21 所示。总体上看，轻柴油改性预处理后微粉煤摩擦电选效果明显得到提高，与空白对比试验结果相比，精煤灰分变化不大，精煤硫分略微增加，精煤产率提高了约 10%，可燃体回收率提高了约 11%，脱灰率和脱硫率有所下降。

表 4-20　轻柴油预处理微粉煤摩擦电选结果

序号	药剂用量/(g/t 煤样)	精煤			中煤			尾煤			脱灰率/%	脱硫率/%	可燃体回收率/%
		产率/%	灰分/%	硫分/%	产率/%	灰分/%	硫分/%	产率/%	灰分/%	硫分/%			
1	500	39.71	16.17	1.10	15.41	33.04	1.97	44.88	29.31	1.40	73.96	41.15	44.19
2	1 000	40.22	15.92	1.13	13.46	34.83	1.95	46.32	29.30	1.41	74.03	41.61	44.89
3	2 000	43.32	16.54	1.12	12.22	35.00	2.06	44.46	29.74	1.43	70.95	41.85	47.99
4	4 000	39.85	15.72	1.12	11.50	35.76	2.07	48.66	29.37	1.41	74.61	39.83	44.58
5	8 000	38.38	15.17	1.08	13.83	33.87	1.92	47.80	29.63	1.45	76.41	39.25	43.22

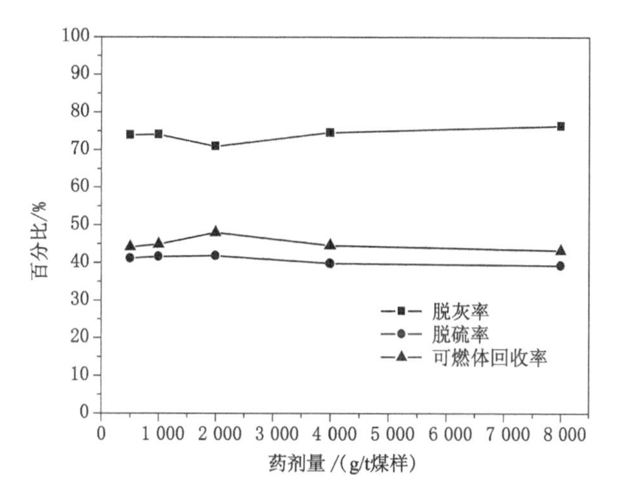

图 4-21　轻柴油改性预处理对微粉煤摩擦电选效果的影响

从相关图、表可以看出，轻柴油的添加量对微粉煤摩擦电选效果有一定影响。随着药剂用量的增加，精煤产率先增加后降低，当药剂用量为 2 000 g/t 煤样时产率最高，为43.32%，此时精煤灰分为 16.54%。随着药剂用量的增加，精煤灰分总体呈降低趋势，在 15.17%～16.54%变化，变化范围较小。当药剂用量为 8 000 g/t 煤样时精煤灰分最低，为 15.17%，此时精煤产率为38.38%。随着药剂用量的增加，脱灰率在 70.95%～76.41%波动，变化范围较大。总体来看，当药剂用量为 8 000 g/t 煤样时脱灰效果最好。随着药剂用量的增加，精煤硫分在1.08%～1.13%变化，脱硫率在 39.25%～41.85%变化，变化范围较小。轻柴油改性预处理后可燃体回收率明显得到提高，随着药剂用量的增加，可燃体回收率在 43.22%～47.99%波动，当药剂用量为 2 000 g/t 煤样时可燃体回收率最高。

综上所述，轻柴油改性预处理对提高微粉煤摩擦电选效果有非常显著的作用，在精煤灰分一定时，精煤产率大大提高，最多提高了约 13%。煤油用量对分选效果也有一定影响，总体来看，药剂用量为 2 000 g/t 煤样时脱灰、脱硫效果最好，此时精煤产率为 43.32%，精煤灰分为 16.54%，可燃体回收率为 47.99%。

4.5.5　木质素改性对微粉煤摩擦电选结果的影响

木质素改性预处理微粉煤摩擦电选试验结果如表 4-21、图 4-22 所示。总体来看，木质素改性预处理后微粉煤摩擦电选效果改善明显，精煤灰分略有增加，随着药剂用量的增加，精煤灰分先降低后增加，在15.84%～17.92%变化。精煤产率随药剂用量的变化在37.30%～41.62%波动，与空白对比试验结果相比，产率提高了2%～13%，改性作用效果明显。但脱灰率和脱硫率都有所降低，随着药剂用量的变化，脱灰率在69.79%～79.34%波动，变化范围较大，脱硫率在39.42%～49.39%变化，精煤硫分在1.11%～1.20%变化，药剂用量为4 000 g/t 煤样时脱灰、脱硫效果最好，但此时精煤产率、可燃体回收率也最低。煤油预处理后可燃体回收率提高显著，随着药剂用量的增加，可燃体回收率在35.95%～47.22%波动，药剂用量为8 000 g/t 煤样时最高。

表 4-21 木质素预处理微粉煤摩擦电选结果

序号	药剂用量/(g/t 煤样)	精煤			中煤			尾煤			脱灰率/%	脱硫率/%	可燃体回收率/%
		产率/%	灰分/%	硫分/%	产率/%	灰分/%	硫分/%	产率/%	灰分/%	硫分/%			
1	500	41.04	16.92	1.14	13.76	33.92	1.95	45.20	28.88	1.40	71.85	42.53	45.26
2	1 000	38.64	16.76	1.16	13.19	33.87	2.01	48.17	28.49	1.37	73.74	42.54	42.70
3	2 000	39.14	16.55	1.15	13.22	34.40	2.00	47.64	28.64	1.38	73.74	43.70	43.36
4	4 000	32.18	15.84	1.11	13.94	33.39	1.99	53.88	27.68	1.36	79.34	49.39	35.95
5	8 000	43.03	17.32	1.20	12.57	35.35	2.05	44.41	28.76	1.35	69.79	39.42	47.22

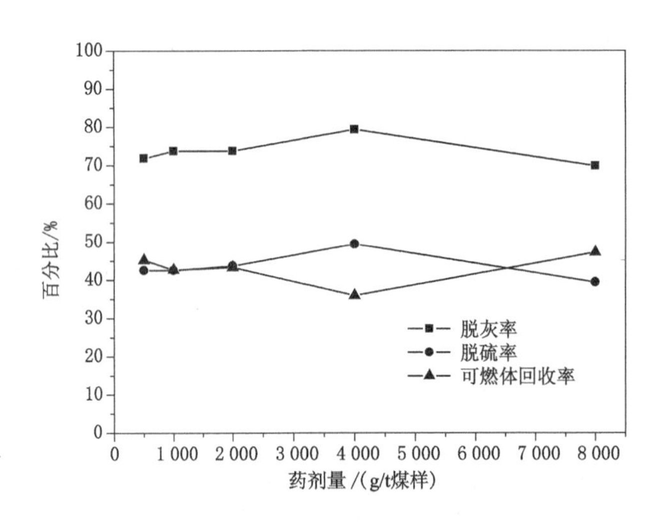

图 4-22 木质素改性预处理对微粉煤摩擦电选效果的影响

从相关图、表可以看出，木质素用量对木质素改性微粉煤电选效果有较大影响。总体来说，当药剂用量为500 g/t 煤样时，微粉煤摩擦电选的效果最好，此时精煤灰分为16.92%，产率为41.04%。

综上所述，木质素改性预处理后微粉煤摩擦电选效果改善明显，在精煤灰分相差不大时，精煤产率提高了约8%，但脱硫效果有所降低，精煤硫分略有增加。

4.6 小　　结

本章利用实验室摩擦电选系统进行了微粉煤摩擦电选试验，以脱灰率、脱硫率和可燃体回收率为主要评价指标，精煤灰分和产率为辅助指标，研究了电压、风量、给料速度 3 个操作参数对微粉煤摩擦电选效果的影响，以及三者之间交互作用对分选效果的影响，建立了各评价指标与操作参数之间的数学模型。试验结果表明，风量过高时不利于分选，脱灰率和脱硫率随风量的增大呈降低趋势；随着电压的升高，脱灰率和脱硫率增大，可燃体回收率降低；在考察范围内，给料速度对分选效果影响不明显。优化设计试验表明，电压、风量和给料速度 3 个因素之间的交互作用对脱灰率有显著影响。

本章选用乙醇、氨水、煤油、轻柴油和木质素 5 种药剂进行了微粉煤改性摩擦电选试验。结果表明，微粉煤改性预处理能够显著提高摩擦电选效果，其中氨水、煤油和轻柴油改性作用效果最好。在精煤灰分一定时，其使摩擦电选的精煤产率提高了约 10%。微粉煤化学改性摩擦电选试验结果证实了化学改性强化摩擦电选方法的可行性，这与化学改性强化煤和矿物颗粒摩擦异性荷电的基础理论结果一致。

第 5 章　废弃线路板非金属组分摩擦静电分选研究

5.1 引　　言

线路板是电子工业的基础，目前已经成为绝大多数电子产品达到电路互连的不可缺少的主要组成部件。从计算机、电视机到电子玩具等，几乎所有的电子产品都有印制线路板。目前，线路板的生产呈急剧增长之势。世界印制线路板的平均年增长率为 81.7%，我国的年增长率为 14.4%。截至 2004 年 12 月，全球约 40%的线路板都在中国生产，我国已成为全球第二大线路板生产国[301]。废弃线路板虽说只占电子垃圾总量的 3%，但成分复杂，处理困难。线路板的有效处理是电子垃圾处理的关键环节，线路板中含有大量的铜、铝、金、银等贵金属，具有较高的回收价值[302]。目前更多关注的是从废弃线路板中回收金属，静电分选法、磁选法、重力分选法、化学浸出法等手段被大量应用在从废弃线路板中回收金属[303-305]，而占线路板总量约 70%的非金属组分由于其特有的复杂组分导致它再利用率非常低。目前，对非金属富集体的利用研究主要有热解法、物理法、化学法[306-308]。线路板非金属组分中含有大量的卤素阻燃剂，在热解过程中会产生大量的二噁英等有害气体，易造成二次污染。化学浸出法需要时间较长、溶剂使用量大并且技术尚未成熟，不能得到广泛使用，而运用线路板非金属组分作为填料制作复合材料被大量地研究，并且证明这是非金属组分再利用的有效手段。但由于线路板非金属组分含有大量的玻璃纤维、陶瓷材料等无机组分，导致其再利用面临着巨大的困难[309]。无机物的脱除是提高线路板非金属组分利用率的有效手段。摩擦静电分选的方法不改变物料本身的性质，且在二次资源应用领域有着较为广泛的应用。运用摩擦静电分选的方法对废弃线路板非金属组分中的无机物脱除具有重要的意义。

5.2 废弃线路板非金属组分特性

在废弃线路板工业化处理过程中，首先将废弃线路板运用双轴撕碎机进行粗碎，磁选机除铁后运用立式破碎机进行破碎，对破碎后的物料运用涡电流脱除粒度较大的铝，再对物料进行细碎，此时小颗粒金属与基板解离，运用电晕电选机将导电金属与非金属组分分离，流程如图 5-1 所示。最后剩余的非金属组分如图 5-2 所示，主要是环氧树脂、玻璃纤维、塑料以及陶瓷材料。其中，陶瓷材料一部分来源于线路板基板中的增强体材料；另一部分则来源于电子元(器)件。线路板基板主要是由固化环氧树脂、玻璃纤维组成。其中,固化环氧树脂占 60%,玻璃纤维占 40%,但在实际的破碎回收过程中,人们只对线路板上具有回收价值的电子元件进行拆除,所以在得到的非金属富集体中含有大量来自电子元件的塑料。从环保以及经济的角度出发,废弃线路板非金属组分中的玻璃纤维与塑料均具有较高的回收价值,对其分选具有一定的必要性。

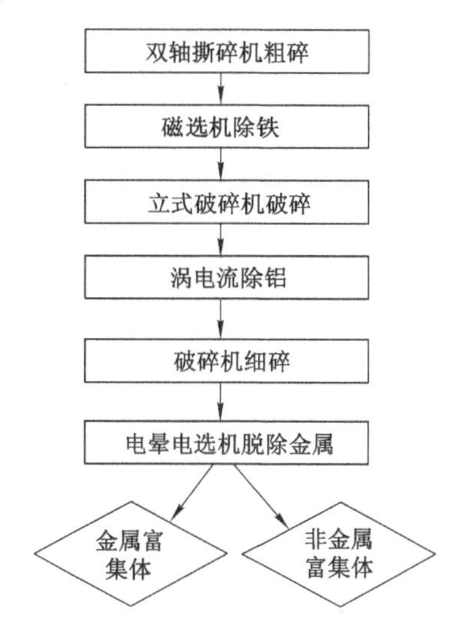

图 5-1　废弃线路板工业处理流程

图 5-2　废弃线路板处理后剩余的非金属组分

废弃线路板无机物元素分布如图 5-3 所示。在原样品中有机物(OM)含量为 60.03%,无机物元素为 Si、Al、Cu、Ca、Fe、Mg、Sn、Zn、Pb、Ti、Sb、Mn、Ba、P,其中 Si、Al、Cu、Ca、Fe、Mg、Sn 为主要的无机物元素,含量均超过 1.00%。硅元素是废弃线路板非金属组分中含量最高的无机物元素,主要来源于玻璃纤维中的硅酸盐以及陶瓷材料中的硅酸盐。铝元素一部分来源于玻璃纤维中的 Al_2O_3;另一部分来源于电子元件的铝制外壳。铜元素主要来源于附着在基板上的铜箔和铜线。其他金属元素则主要来源于未拆解的电子元(器)件,钙、磷等其他非金属元素均来源于基板中的增强体材料。虽然原样品采用静电分离法脱除金属，但由于静电分离法对细粒级物料分选效果较差，所以在样品中仍含有铁、铜、铝等金属元素，这些金属元素含量远高于其他无机物元素，并且含有铅等重金属元素。

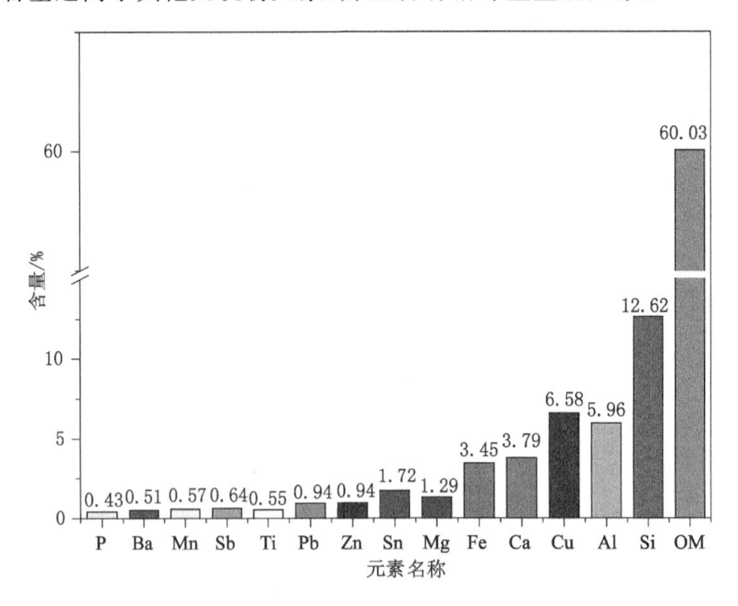

图 5-3　无机物元素在原物料中的分布

为分析废弃线路板非金属组分的粒度分布组成，对样品进行了筛分分析，得到 1.4～0.71 mm、0.71～0.5 mm、0.5～0.355 mm、0.355～0.2 mm、0.2～0.09 mm、0～0.09 mm 6 个粒级产品，如图 5-4 所示。

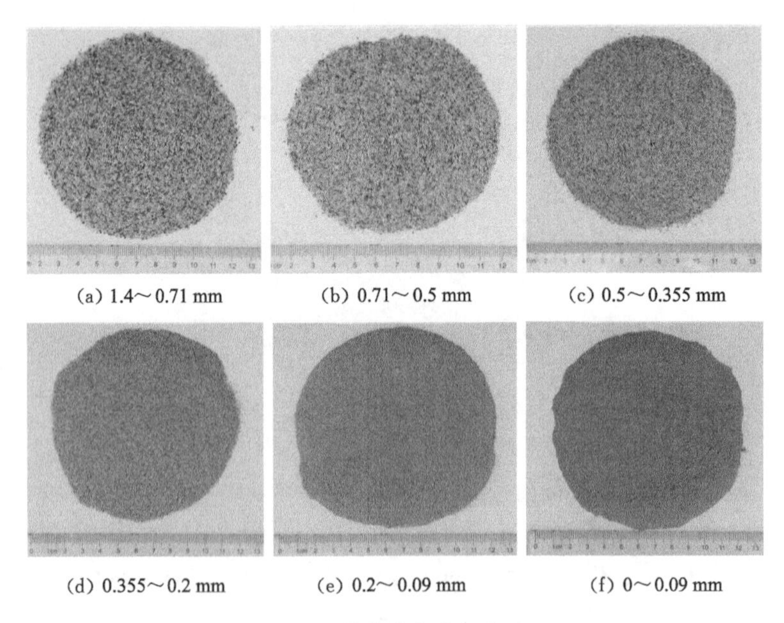

(a) 1.4～0.71 mm　(b) 0.71～0.5 mm　(c) 0.5～0.355 mm

(d) 0.355～0.2 mm　(e) 0.2～0.09 mm　(f) 0～0.09 mm

图 5-4　筛分的各粒级产品

从图 5-4 可以看出，不同粒级产品中物质组成具有一定的差异，由于废弃线路板的组成与天然形成的矿物相比更为复杂且各组分的破碎性质具有明显的差异，这就导致各粒级产品之间在物质组成上出现差别，某一组分会在特定的粒级产品中富集。对各粒级产品含量进行统计分析，所得结果如图 5-5 所示。由图可知，物料粒度均在 1.4 mm 以下，主要集中在 0.71～0.09 mm，其中 0.71～0.5 mm 粒级物料占比最大，为 27.93%，0～0.09 mm 粒级物料占比最小，仅为 4.57%。95.43%的物料粒度符合摩擦静电分选的最佳粒度范围。各粒级物料烧失量如图 5-6 所示。由图可知，随着物料粒级的减小，物料烧失量逐渐降低，在 0～0.09 mm 粒级的物料中，有机组分仅占 25.50%，而在 1.4～0.71 mm 粒级物料中，有机组分占比为 82.50%。在无机杂质含量最少的 1.4～0.71 mm 粒级的物料中，无机杂质含量仍然高达 17.50%，所以对线路板非金属组分进行处理是非常有必要的。

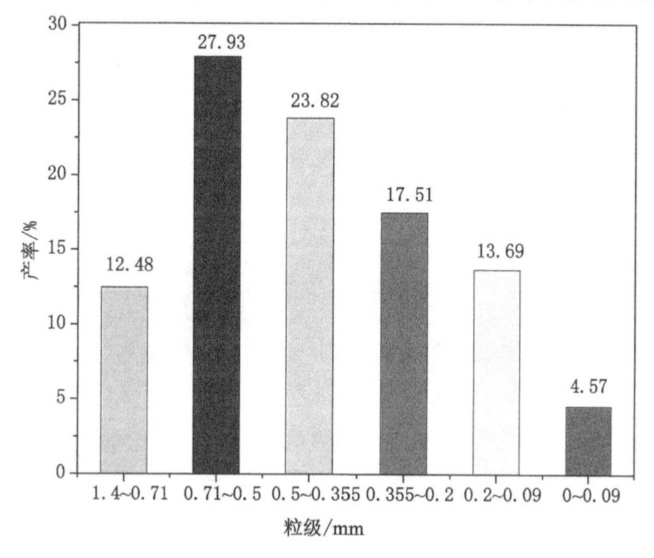

图 5-5　非金属组分不同粒级分布

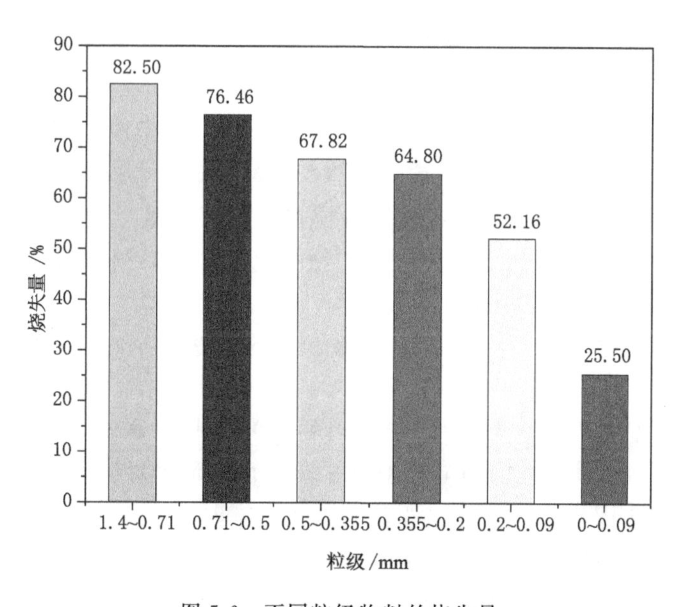

图 5-6　不同粒级物料的烧失量

5.3 废弃线路板非金属组分摩擦荷电特性

两种不同物料颗粒相互接触摩擦时，颗粒表面的电子会根据表面性质差异而进行转移，从而使两种不同颗粒带上极性相反的电荷，这就是摩擦静电分选的重要理论依据。物料颗粒与摩擦材料的摩擦荷电特性决定了物料摩擦静电分选的效率，所以摩擦材料的选择决定了物料颗粒摩擦荷电的强度，也直接影响分选的效果，探索最优摩擦材料是摩擦电选的必要环节。

采用单一物料分别与摩擦材料进行摩擦荷电，然后将不同物料的摩擦荷电性质进行对比是探究最优摩擦材料的有效手段，所以探究最优摩擦材料的关键步骤是获得混合物料中单一的物料样品。对所取的混合试验样品按照颜色的差异进行手工分选，分选结果如图 5-7 所示。将准备好的样品烘干除湿后分别装入试样袋中以备后用。为便于分选以及消除粒度差异过大对物料摩擦荷电的影响，在单一物料准备的过程中我们采用 1.4～0.71 mm 粒级物料进行手工分选。

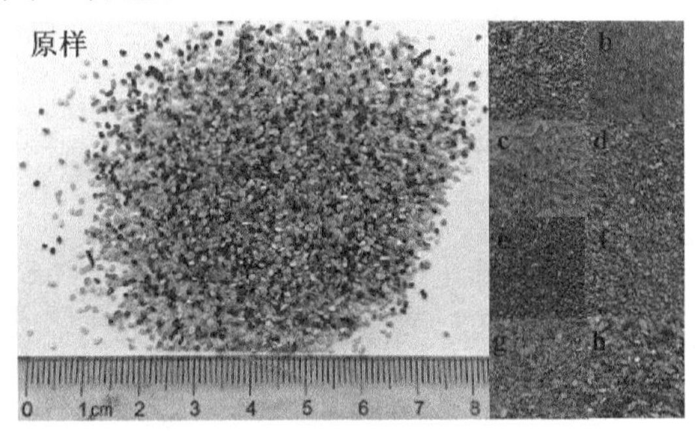

图 5-7　不同颜色物料分选

采用如图 5-8 所示的荷质比测量系统进行各组分荷电性质测量试验。该系统主要由绝缘支架、斜槽、法拉第筒、电荷仪组成。斜槽方便取下，可更换不同材料的斜槽进行试验。本试验采用有机玻璃(PMMA)、聚四氟乙烯(PPFT)、聚氯乙烯(PVC)、聚丙烯(PPR)、不锈钢(SS)等摩擦材料进行探究。在测定之前首先将所测样品放电，方法是先将待测样品放入法拉第筒内然后取出，测试时取 1 g 左右的样品放在斜槽顶部使其缓慢、均匀地滑下，尽量使样品在斜槽上保持单颗粒滑过，摩擦荷电后的物料落入法拉第筒，电荷量 Q 通过电荷仪读出，然后称取测试样品的质量 m 即可通过 Q/m 计算出荷质比。每个样品以相同的方式测定 3 次，取平均值。在测定完 1 个样品后，用脱脂棉球将法拉第筒和斜槽擦拭干净，然后进行下一个样品的测定。

由于空气的湿度以及实验室内的温度会对物料的荷电性质产生一定的影响，所以该试验均是在温度为 25～30 ℃，相对湿度为 45%～50%的环境中进行的。

将手工分选的不同物料样品分别放置于斜槽上部距离底端 80 cm 的位置让其自由滑下，待样品与不同的摩擦材料进行摩擦后对获得的荷质比结果进行统计分析。图 5-9 为手工分选的不同颜色颗粒的荷质比测量结果。由图我们可以看出，不锈钢作为摩擦材料时各单一样品荷质比最小，最大荷质比仅为－2.2 nC/g；当 PPFT 作为摩擦材料时，各样品摩擦

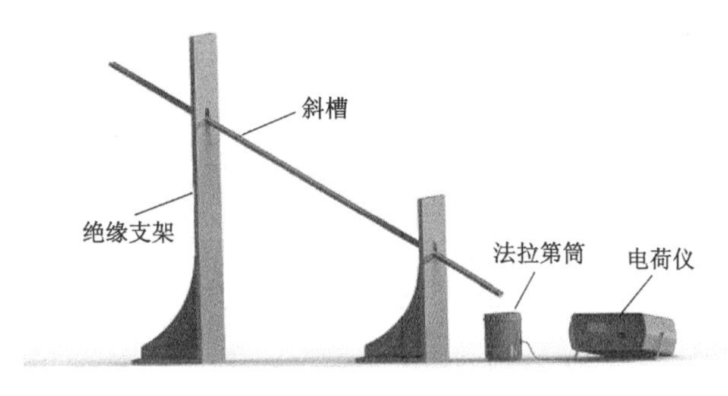

图 5-8　荷质比测量系统

荷质比平均值最大，为 8.72 nC/g。在摩擦静电分选过程中，目标产品与其他产品带极性相反的电荷时最有利于分选。本试验研究的主要目的为脱除线路板非金属组分中的玻璃纤维等无机物，所以最优摩擦材料应使得玻璃纤维与其他有机物荷电极性相反。当有机玻璃(PMMA)作为摩擦材料时，玻璃纤维摩擦荷电极性与其他有机物相反，有机物摩擦荷负电且荷质比均在－3.5 nC/g 以上，玻璃纤维摩擦荷正电，荷质比为 6.21 nC/g；当不锈钢作为摩擦材料时，玻璃纤维摩擦荷电极性与其他有机物相反，但是当不锈钢作为摩擦材料时，各物料荷质比较低，所以在本试验探究中得出有机玻璃为最优摩擦材料的结论。在后续试验过程中摩擦器将采用有机玻璃制作。

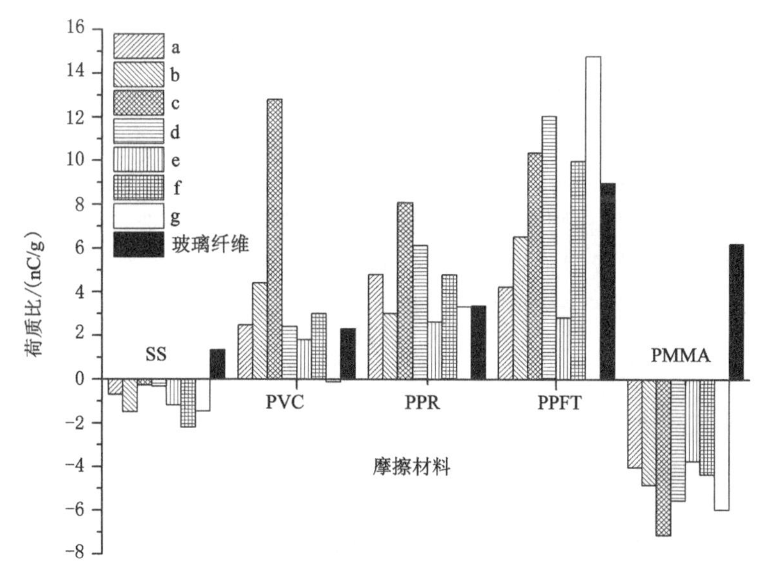

图 5-9　废弃线路板非金属各组分荷质比测量结果
(a～g 为图 5-7 中挑选的各组分塑料)

5.4　实验室摩擦静电分选系统

实验室所用的摩擦静电分选系统如图 5-10 所示，主要由供风系统、给料系统、摩擦荷电系统、静电分选系统 4 部分组成。其中，供风系统主要由风机、储气罐、转子流量计组成，风机由变频器控制，可实现风机风量的调节，储气罐可保证管路风压的稳定，气体流量可通过转子流量计读出；给料系统主要由转速可调的螺旋给料机组成，通过调节转速可实现给料量的控制；摩擦荷电系统由中间插棒的圆管组成，材料是 PMMA；静电分选系统由旋风筒、除尘装置和分选室组成，物料在旋风筒旋转实现了摩擦荷电和气固分离，避免了气流对物料的干扰，使物料在重力作用下落入电场进行分选；分选室由正、负电极板以及集料槽组成。物料由螺旋给料机给入后，由风力携带进入摩擦器，物料颗粒摩擦荷电后进入旋风筒实现气固分离并落入静电分选室进行分选，最后物料根据自身的荷电性质落入不同的集料槽进行收集。

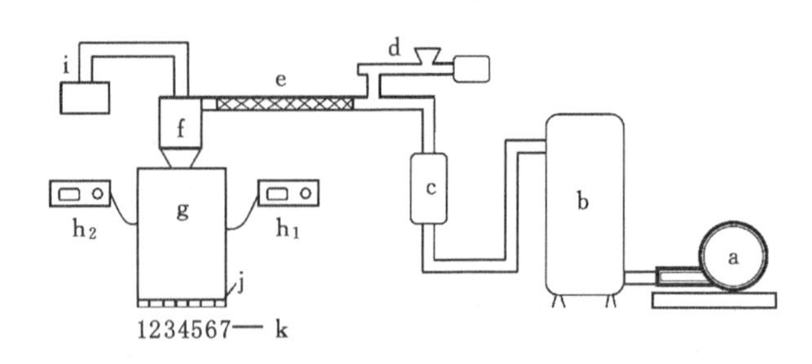

a—罗茨风机；b—储气罐；c—转子流量计；d—螺旋给料机；e—摩擦器；
f—旋风筒；g—分选室；h_1—正电源；h_2—负电源；i—除尘装置；j—集料槽；k—集料槽编号。

图 5-10　实验室摩擦静电分选系统

在分选过程中，气流携带物料进入管状摩擦器，物料通过与管状摩擦器中的有机玻璃棒摩擦实现荷电。当物料进入旋风分离器时，物料与旋风分离器的器壁产生进一步的摩擦而荷电，增大了荷电量。与此同时，物料中的小颗粒物料则通过旋风分离器顶部的出口离开，进入除尘装置，较大颗粒物料则在重力作用下落入静电场进行分选，这样可有效地避免细颗粒物料对分选的干扰。试验目的主要为脱除线路板非金属组分中的无机物，所以本试验采用烧失量和回收率 2 个指标来评价分选效果。烧失量 L_{oi} 用式(5-1)进行表征：

$$L_{oi}=\frac{M_o-M_i}{M_o}\times 100\% \tag{5-1}$$

式中　M_o——样品烧之前的质量，g；

　　　M_i——残余物质量，g。

5.5　废弃线路板非金属组分摩擦电选试验

5.5.1　风量对摩擦电选的影响

在气流输送式摩擦电选系统中，物料颗粒在气流的携带下经过摩擦器，颗粒通过和摩擦器之间碰撞摩擦或颗粒之间的碰撞摩擦实现荷电，然后进入电场分离空间，在电场力作用下分离。一般情况下，摩擦荷电量与摩擦强度成正比，通过提高气流速度可以增加颗粒与摩擦器器壁之间的摩擦碰撞强度，增大颗粒摩擦荷电量，同时使携带的团聚矿物颗粒解聚，以利于分选。虽然为了减小气流对物料在电场中运动轨迹的影响而增加了旋风筒作为气固分离的装置，但仍有部分气流进入分选空间。当气流速度过大时，颗粒在分离室内运动紊乱，不利于分选。因此,研究风量对微粉煤摩擦电选效果的影响十分必要。

在给料速度为 20 Hz、电压为 30 kV 时,风量在 40 m^3/h 到 90 m^3/h 之间变动。风量对产品烧失量的影响如图 5-11 所示,对回收率的影响如图 5-12 所示。由烧失量随风量的变化曲线可知,当风量小于 50 m^3/h 时,2～4 号、6 号和 7 号槽物料烧失量随着风量的增大而增大,而 1 号、5 号槽物料烧失量随着风量的增大而减小;当风量大于 50 m^3/h 小于 60 m^3/h 时,4～7 号槽物料烧失量随着风量的增大而减小,1～3 号槽物料烧失量随着风量的增大而增大。由图 5-12 可知,当风量小于 50 m^3/h 时,1 号槽物料回收率随风量的增大而增大;2～6 号槽物料回收率随风量的升高而减小;7 号槽物料回收率基本保持不变。分析其中原因可知,随风量的增大,物料摩擦荷电强度也增大,在一定范围内荷电强度的增大对物料分选有利,当风量过大时会导致物料在分选室内运动紊乱,影响分选效果。综上所述,在给料速度为 20 Hz、电压为 30 kV 时,最佳分选风量为 50 m^3/h。

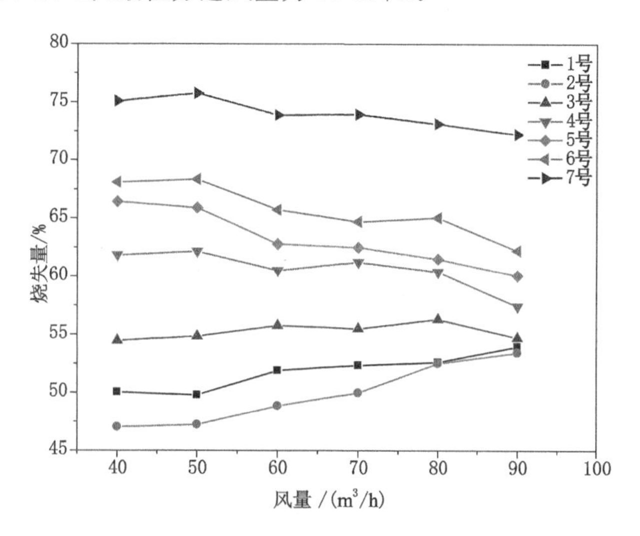

图 5-11　风量对产品烧失量的影响

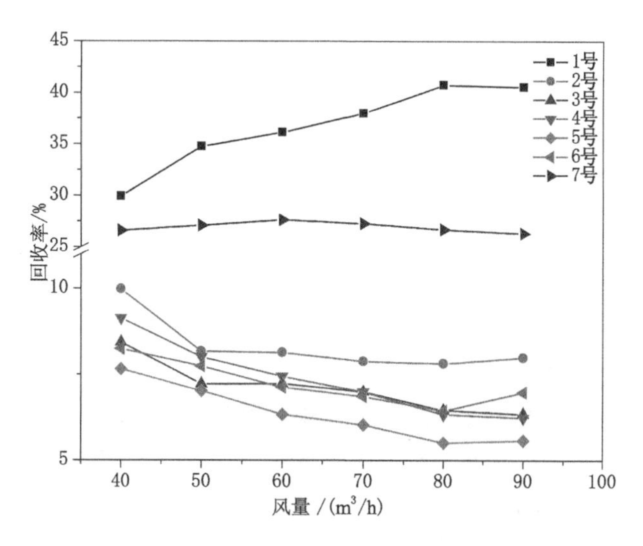

图 5-12　风量对回收率的影响

5.5.2 电压对摩擦电选的影响

在摩擦电选系统中，摩擦荷电颗粒在气流携带下通过摩擦器进行摩擦荷电，摩擦荷电颗粒根据自身荷电极性和荷电量大小的不同在电场力的作用下分别按照不同的轨迹运动，从而实现对异性荷电颗粒的分离。摩擦荷电颗粒所受电场力的大小除了与自身荷电量因素有关之外，还与电场的强度有关。在极板距离固定的电场空间内，调高所施加的直流电压和增大荷电颗粒所受的电场力可以使荷电颗粒更易于达到极板，改善分选效果。

在给料速度为 20 Hz、风量为 50 m^3/h 时，电压在 10～60 kV 进行调节，电压对产品烧失量的影响如图 5-13 所示，对回收率的影响如图 5-14 所示。由图 5-13 可知，当电压小于 20 kV 时，随电压的升高，3～7 号产品烧失量增加，1 号产品烧失量增加但增幅较小；当电压大于 20 kV 小于 30 kV 时，5 号、6 号产品烧失量随电压的升高而降低，但 7 号产品烧失量继续增加；当电压在 30 kV 时，7 号产品烧失量最大，2 号产品烧失量最小，极板两端的物料出现最大烧失量差异。由图 5-14 可知，当电压小于 50 kV 时，随着电压的升高，1 号与 7 号产品回收率逐渐增大但其他产品回收率减小；当电压大于 50 kV 时，各集料槽物料回收率趋于稳定。由此可见，电压过大对物料中无机杂质的脱除不利。分析其中的原因可知，物料在电场中所受的电场力取决于电场强度与摩擦荷电量的大小，在物料摩擦荷电量一定时，物料水平方向上所受的作用力主要取决于电场强度。在一定范围内电压升高可以增大物料在水平方向上所受的电场力，进而提高分选效率。电压过大容易引起物料的团聚现象，使无机物和有机物的分选效率降低。综上所述，在给料速度为 20 Hz、风量为 50 m^3/h 时，最佳电压定为 30 kV。

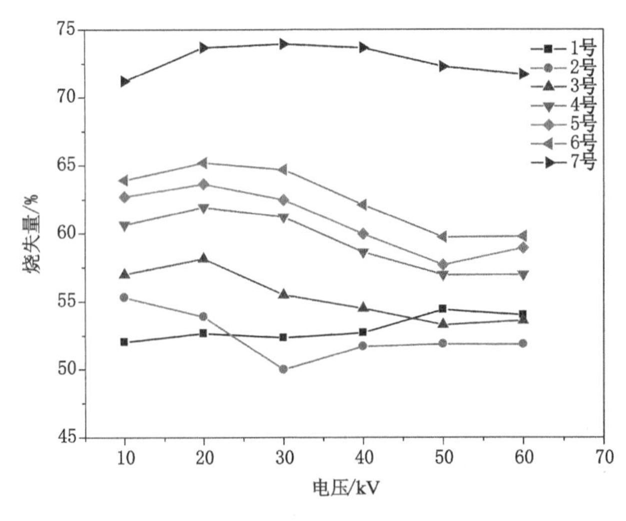

图 5-13　电压对烧失量的影响

5.5.3 给料速度对摩擦电选的影响

在风量不变的条件下，给料速度决定了气流中颗粒相的浓度。一般来说，气固比越大，颗粒相就越稀疏，颗粒之间的相互干扰作用就越弱，在一定范围内颗粒之间相互作用的增强会增大物料的荷电强度，提高分选效率，但是给料速度过大时，气流中颗粒浓度也将过大，这会降低摩擦荷电的效果，并且异性带电的颗粒会因相互吸引而产生团聚，不利于分选。因此，确定合适的给料速度对于摩擦电选是非常必要的。

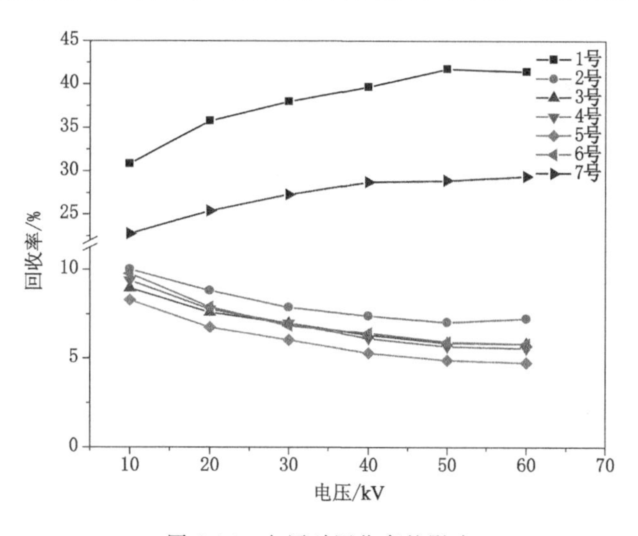

图 5-14　电压对回收率的影响

在电压为 30 kV、风量为 50 m³/h 时，给料速度在 10～100 Hz 进行调节，给料速度对产品烧失量的影响如图 5-15 所示，对回收率的影响如图 5-16 所示。由图 5-15、图 5-16 可知，当给料速度在 80 Hz 以下时，7 号产品烧失量随给料速度的增大而逐渐增加，但 1 号、3 号产品烧失量随给料速度的增大而逐渐减小，说明给料速度在 80 Hz 以下时增大给料速度对于无机物脱除有利，但此时随着给料速度的增加，1 号产品与 7 号产品回收率有所降低，其他产品回收率变化并不明显。当给料速度在 60～80 Hz 时，1 号产品与 7 号产品的烧失量与回收率变化均趋于平缓。当给料速度大于 80 Hz 时，5～7 号产品烧失量减小而 1～3 号产品烧失量增加，并且各产品烧失量曲线发生多次交叉重叠，这说明当给料速度大于 80 Hz 时，物料在电场中运动时相互干扰，对分选不利。在电压为 30 kV，风量为 50 m³/h 时，最佳给料速度为 80 Hz。分析其中的原因可知，给料速度的增大增加了物料之间相互接触碰撞的概率，使物料荷电更加充分，但当给料速度超过最佳值后，给料速度的增大使物料之间相互碰撞的概率过大以至于物料在电场中运动时产生相互干扰，所以最佳给料速度为 80 Hz。

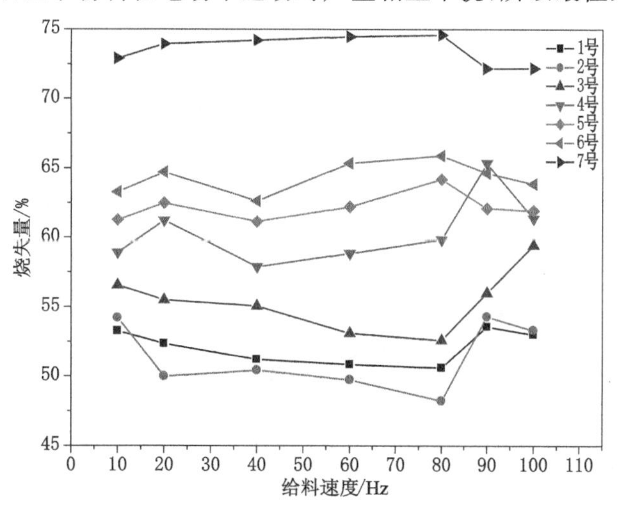

图 5-15　给料速度对烧失量的影响

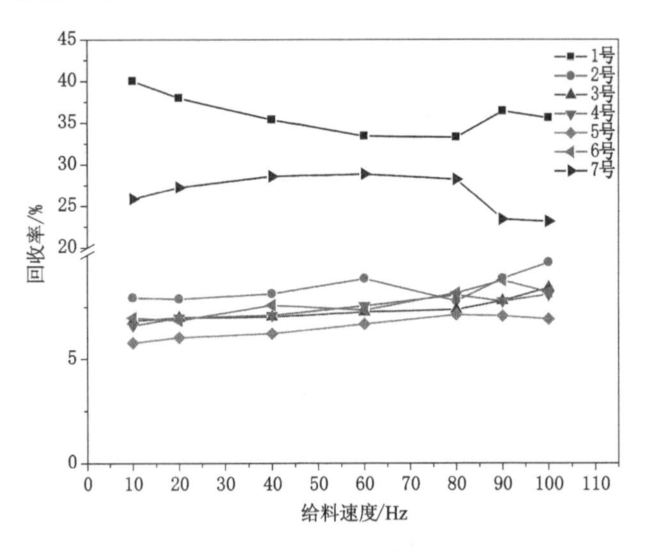

图 5-16　给料速度对回收率的影响

5.5.4　多因素协同作用试验

不同试验条件下产品单因素试验研究分别分析了风量、极板电压和给料速度对线路板非金属组分摩擦静电分选的影响，但仍无法确定最佳分选条件。为探索最佳分选条件，设计了三因素三水平试验进行探索研究。由不同试验条件下产品烧失量的变化曲线(图 5-17)可以看出，随着试验条件的变化，各产品烧失量发生波动，但从负极产品到正极产品烧失量逐渐增加的趋势未发生改变，两端产品烧失量最大差异出现在第 9 组试验，试验条件为电压 40 kV、给料速度 90 Hz、风量 40 m^3/h，此时 7 号产品烧失量为 77.26%，1 号产品烧失量为 49.24%。在第 9 组试验中，2 号、3 号产品与 5 号、6 号产品烧失量差异也出现最大值。由不同试验条件下回收率的变化曲线(图 5-18)可知，1 号产品和 7 号产品回收率明显高于其他产品，并且随试验条件的改变波动较小。综上所述，第 9 组试验的 1～3 号产品与 5 号、6 号产品烧失量差距最大，并且回收率相对较高。因此最佳分选条件为电压40 kV、给料速

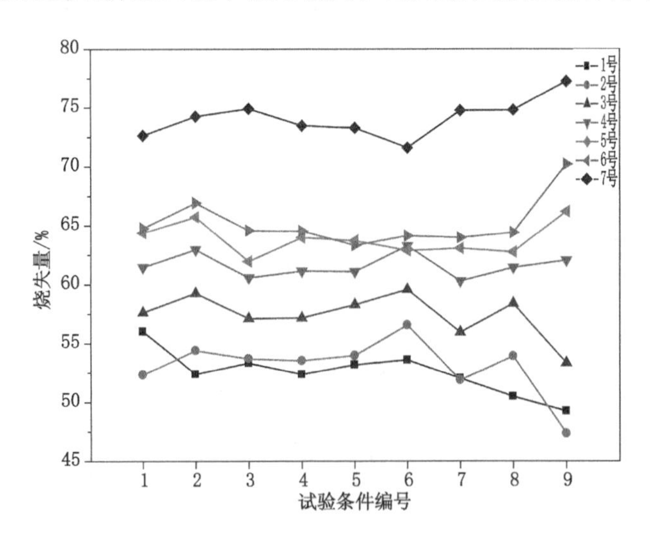

图 5-17　不同试验条件下产品烧失量的变化曲线

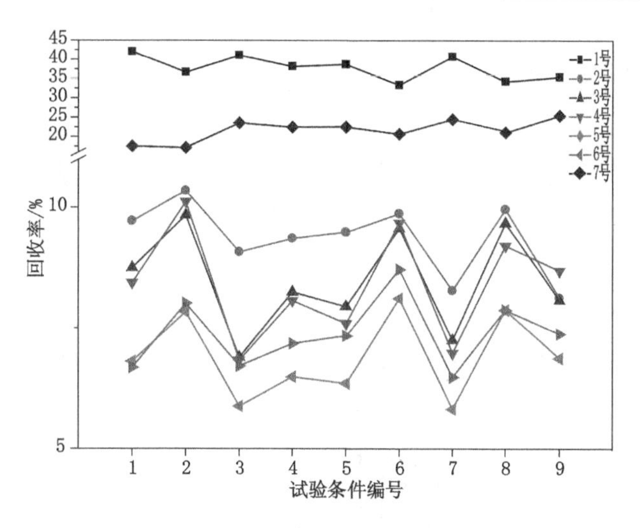

图 5-18　不同试验条件下回收率的变化曲线

度 90 Hz、风量 40 m^3/h。

在最佳分选条件下对物料进行分选，对烧失量与回收率进行统计，结果如图 5-19 所示。由图可知，7 号产品烧失量最大，为 77.26%，回收率为 25.49%；1 号产品烧失量略大于 2 号产品的，为 49.24%，回收率为 35.37%；2～6 号产品烧失量由 47.35%到 70.22%逐渐增大，但回收率变化不大，在 6.87%到 8.69%之间波动。

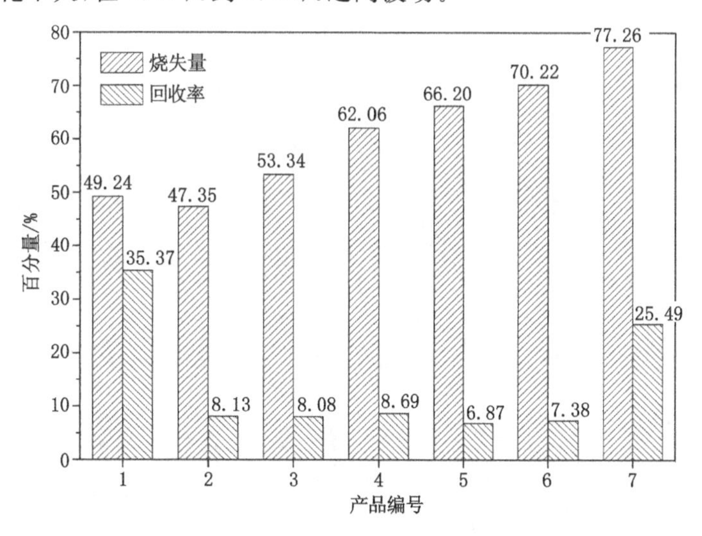

图 5-19　在最优分选条件下不同产品烧失量和回收率的变化趋势

对 1～7 号产品和原样灰分进行 SEM 分析，结果如图 5-20 所示。由分析结果可以看出，各产品灰分的组成有较大的差异，1～4 号产品灰分中含有大量的棒状玻璃纤维以及块状的无机盐组分，5～7 号产品中主要是有机物燃烧后剩下的灰烬。从 SEM 图片中也可以看出无机物含量从 1 号产品到 7 号产品逐渐减少。从灰分中无机质的分布也可以看出，摩擦电选对于废弃线路板非金属组分中的无机质脱除具有明显的效果。

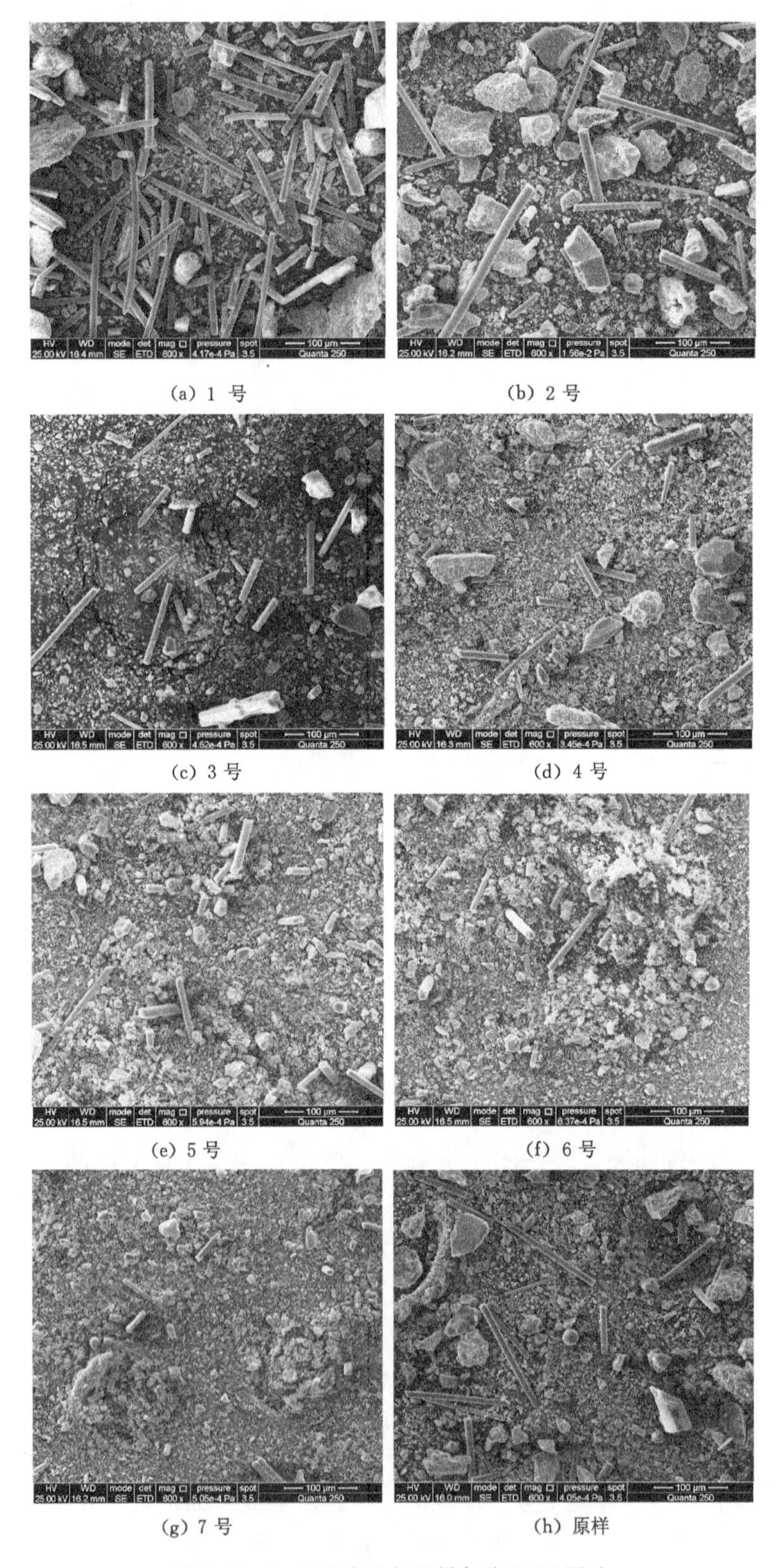

(a) 1 号　(b) 2 号

(c) 3 号　(d) 4 号

(e) 5 号　(f) 6 号

(g) 7 号　(h) 原样

图 5-20　1～7 号产品与原样灰分 SEM 图片

5.5.5　物料粒度对摩擦电选的影响

将筛分好的各粒级物料应用实验室摩擦电选装置进行分选试验，经过前期试验探究，最佳分选条件为给料速度为 90 Hz、电压为 40 kV 及风量为 40 m^3/h。在最佳分选条件下对各个粒级的物料进行分选，回收率变化趋势如图 5-21 所示。由分析可知，各粒级物料均表现出 1 号产品和 7 号产品回收率较高，其他产品回收率较低且相互之间差异较小，1 号产品回收率随粒度的减小而增大，2～6 号产品回收率随粒度的减小而降低，7 号产品回收率未表现出一定的变化趋势。随着粒度的增大，中间物料槽与两端物料槽的回收率差异越来越小，这主要是因为随着粒度的增大，物料烧失量越高，有机杂质越少。

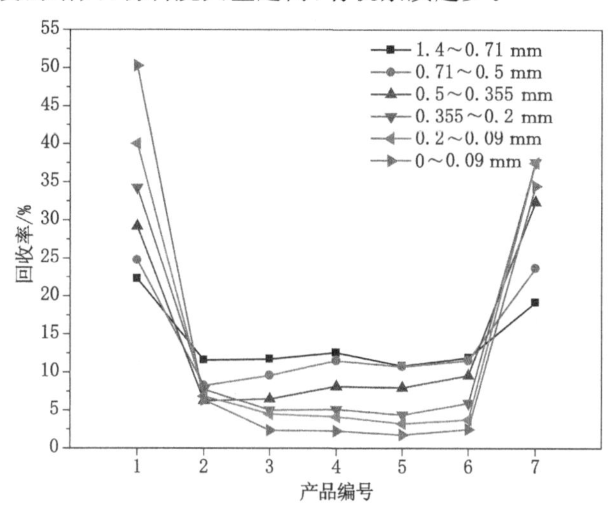

图 5-21　不同粒级物料在最优条件下分选后回收率的变化曲线

不同粒级物料在最优分选条件下分选后烧失量的变化曲线如图 5-22 所示。由图可知，不同粒级的物料分选后各产品的烧失量仍表现出随粒度的增大而增大的趋势，当粒度小于 0.355 mm 时烧失量呈现两端大、中间小的趋势，当粒度大于 0.355 mm 时，烧失量从 1 号产品

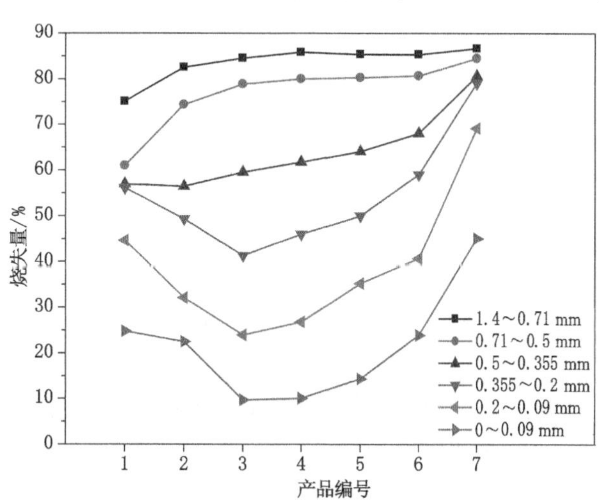

图 5-22　不同粒级物料在最优条件下分选后烧失量的变化曲线

到7号产品呈逐渐增大的趋势，这主要是因为细粒级物料中含有较多的金属，金属在摩擦荷电后能够快速地释放电荷，电荷进入电场后未受到水平方向上电场力的作用，致使金属在中间物料槽被收集，这就导致中间物料槽烧失量较低。在所有粒级产品中，7号产品烧失量均高于1号产品，说明无机杂质摩擦后荷正电在负极一侧富集，而有机物则荷负电在正极一侧富集。

5.6 试验设备的改造及分选试验

对之前所用设备，物料是在旋风筒中实现进一步摩擦荷电以及气固分离的，但物料在旋风筒中旋转，进入分选室的时候仍然具有切向速度，导致物料在分选室内运动紊乱，影响分选效率。

为避免强气流以及物料切向速度对分选效果的影响，进一步提高分选效率，我们采用了一种机械搅拌式摩擦电选机来代替气流输送式电选机，其装置如图5-23所示。整套装置由供风装置、给料装置、摩擦器和分选机构成。其中，供风装置由风机、储气罐、流量计等组成；给料装置为转速可调的螺旋给料机；摩擦器为转速可调的机械搅拌式摩擦器；分选机为极板间距可调的倾斜电极板，在极板底部设置7个集料槽，从负电极到正电极依次编号为1～7。整个电选机由有机玻璃外壳罩住，防止物料飞出造成浪费以及环境污染。

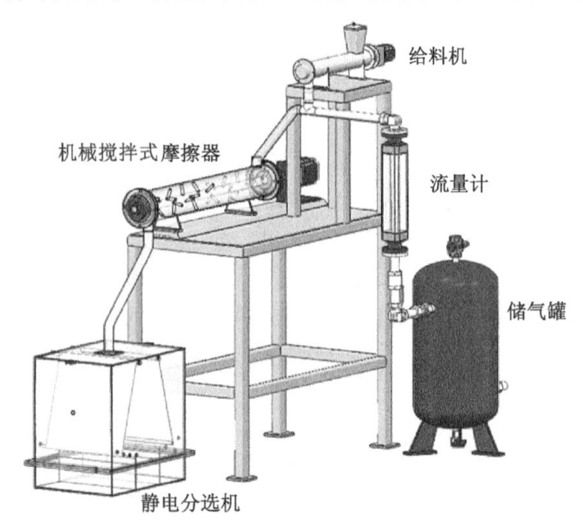

图5-23 改造后的摩擦静电分选装置

该装置在运行时只需要微气流携带物料进入机械搅拌式摩擦器，物料离开机械搅拌式摩擦器后依靠自身重力落入电选室，有效地避免了气流对分选的干扰，并且摩擦强度可以通过机械搅拌式摩擦器的转速来调节，方便控制。微气流的使用可以避免物料在管路中堆积。利用改造后的设备对原物料进行了分选试验，所得结果如图5-24所示。

与设备改造之前相比，使用该设备所得产品烧失量的变化趋势发生改变，呈现两端大、中间小的态势，1号产品烧失量由之前的49.24%提高到56.89%，回收率由35.37%降低到27.22%；7号产品烧失量由之前的77.26%提高到81.42%，回收率由之前的25.49%提高到51.71%。1号产品烧失量的提高表明其分选效果不佳，但7号产品的烧失量和回收率均明显提高，2～6号产品回收率明显降低，所以设备的改造有利于分选效率的提高。1号产品

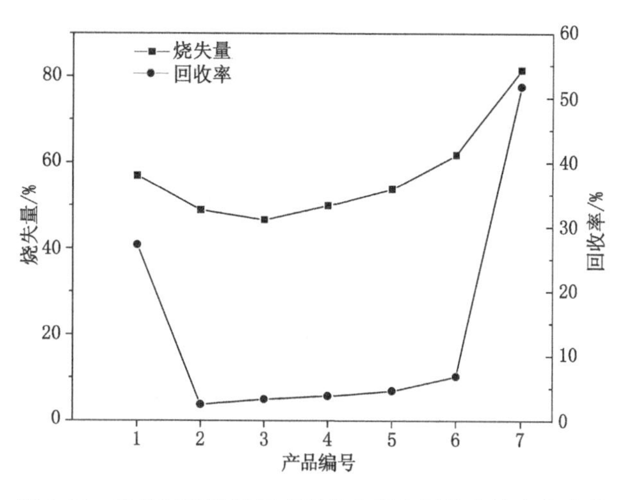

图 5-24　改造试验装置后产品烧失量和回收率的变化曲线

烧失量的提高主要是因为在改造后的摩擦静电分选装置中，颗粒之间相互碰撞荷电的概率大大增加，某一部分有机物在颗粒碰撞荷电的过程中带正电，从而在负极板一侧富集，造成 1 号产品烧失量提高。

5.7　小　　结

(1) 本章针对物料的性质设计了摩擦静电分选机，对电压、风速、给料速度 3 种影响因素进行测定，经过单因素试验以及正交试验得出最佳分选条件为电压 40 kV、给料速度 90 Hz、风量 40 m^3/h。对在最优条件下分选后的产品烧失量与回收率进行统计分析可知，1 号产品与 7 号产品回收率明显高于其他产品，2 号产品烧失量最低，为 47.35%，7 号产品烧失量最高，为 77.26%，1 号产品烧失量略高于 2 号产品，烧失量从 2 号产品到 7 号产品逐渐增大。

(2) 通过 SEM 以及 XRF 对分选后的产品进行了分析。结果发现，Pb、Sn、Fe、Cu 等金属元素主要集中在中间物料槽；SEM 图像显示，1～7 号产品玻璃纤维等无机物含量减少，而有机物灰分逐渐增多。试验结果表明，摩擦电选对脱除线路板非金属组分中的无机物具有明显的效果，并且无机物组分摩擦后荷正电在负极板一侧富集，有机物则在正极板一侧富集。

(3) 进行了电选机的改造。改造后的摩擦静电分选装置可有效避免风量对分选效果的干扰。试验结果表明，负极产品烧失量由之前的 77.26% 提高到 81.42%，回收率由之前的 25.49% 提高到 51.71%，这说明电选机改造对分选效率的提高较为明显。

第6章 钛铁矿摩擦静电分选研究

6.1 引言

钛是一种稀有的战略资源，广泛应用于国防、航天、航空和国民经济的许多领域[310-311]。工业和日常生活中采用钛材质设备的主要原因有：一是具有金属结构材料的优良性能；二是在许多工艺介质中具有优异的耐腐蚀性能；三是钛的应用可以获得明显的技术进步和经济效益。钛铁矿作为一种主要的含钛矿物，在澳大利亚、南非、加拿大、中国和印度等国家都有分布，在国内主要分布在四川、海南、河北、云南等地。由于我国钛铁矿品位普遍较低，不适合直接应用于工业生产，使用前需要对钛铁矿原矿进行分选提纯。目前，选矿上常用的几种选矿工艺如重选、磁选、浮选和电选等在钛铁矿选矿处理中均有应用[312-314]。其中，重选主要用于分选砂矿和对岩矿进行抛尾；磁选主要用于处理钛磁铁矿或与磁性矿物共生的钛矿；浮选分选效率高、产品指标好，但其药剂成本和产品脱水成本较高，约占生产成本的1/4～1/3；高压电选目前只在精矿再选环节有部分使用。

摩擦静电分选作为一种干法分选技术已在粉煤灰脱碳、废旧塑料回收、矿物提纯、农业生产等方面有了广泛的应用。该方法能耗低、流程简单，选后产品无需脱水处理，对环境污染小，分选过程不会改变物料性质，对于特殊矿物和一些水资源缺乏的地区来说具有无可比拟的优势和广阔的前景。随着水资源的紧张、湿法选矿所带来的环境污染和高能耗无法得到有效解决，矿产资源因赋存地缺水导致无法有效开发，以及矿产资源因品位下降而导致的矿物分选粒度越来越小等问题越来越受到人们的重视，摩擦静电分选技术在这些方面都显示出了优越性。

6.2 钛铁矿矿物学性质

钛铁矿原矿矿样(图6-1)采集自辽宁鞍山地区。将矿石取样并破碎至－0.045 mm粒级后，送至中国矿业大学现代分析与计算中心进行XRD和XRF检测，检测结果如图6-2和图6-3所示。从矿样的X射线衍射图谱及分析结果可以看出，该矿石中主要矿物为钛镁钠闪石、钠长石、锰铁矿、石英类矿物、羟钛角闪石和钛铁矿等，目标矿物钛铁矿在图谱上强度不明显，含量较少。结合矿石的元素分析结果可知，该矿石中钛铁矿的品位为15.47%(以TiO_2计)，其他矿物为金属和非金属脉石矿物。

图 6-1　钛铁矿原矿

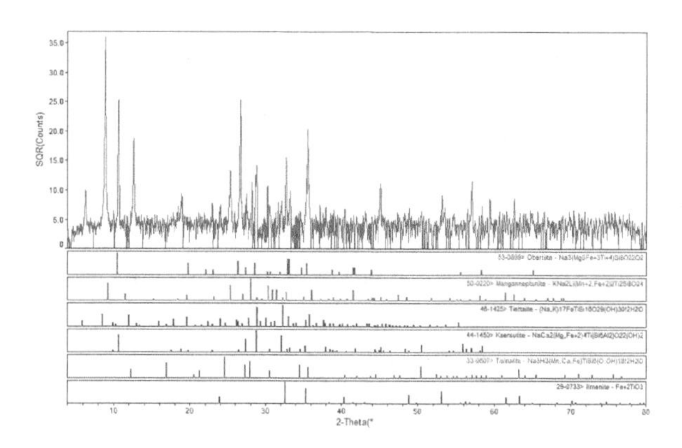

图 6-2　钛铁矿原矿 X 射线衍射图谱

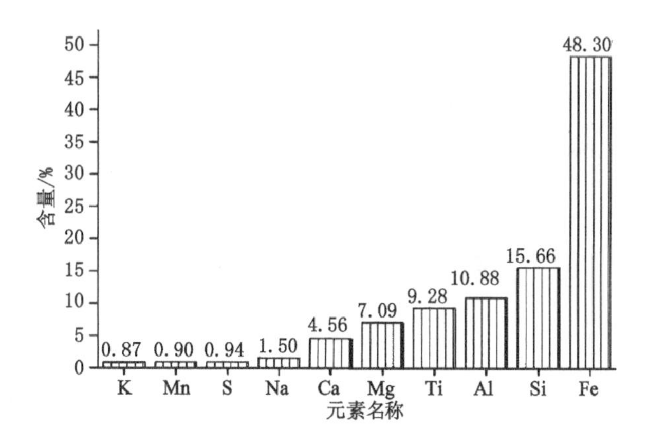

图 6-3　钛铁矿原矿中各元素含量

6.3　各组分摩擦荷电特性

研究不同试验物料的摩擦荷电特性对于研究摩擦荷电和摩擦静电分选有至关重要的意义。通过研究不同物料的摩擦荷电特性可以得到所研究物料和摩擦材料的摩擦荷电序列，进而寻找到比较理想的摩擦介质，为电选机摩擦部分材质的选取提供依据。将钛铁矿、长石、石英和云母矿物样品破碎后筛分为－4 mm＋2 mm、－2 mm＋1 mm、－1 mm＋0.5 mm、－0.5 mm＋0.25 mm、－0.25 mm＋0.125 mm、－0.125 mm＋0.074 mm、－0.074 mm 7 个粒级样品，如图 6-4 所示。通过实验室荷质比测试系统研究了摩擦材料、粒度和摩擦滑槽长度对钛铁矿和脉石矿物摩擦荷电特性的影响规律。

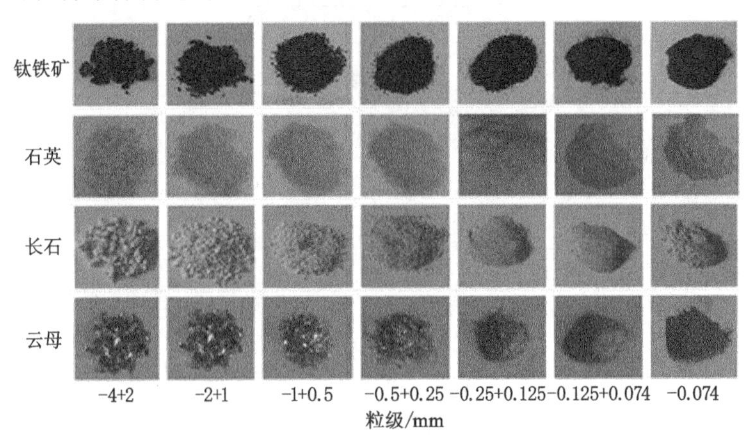

图 6-4　各粒级试验物料

本书中物料颗粒与摩擦材料摩擦后的荷电量以荷质比来表征。荷质比即单位质量物料所荷电量，单位为 nC/g。实验室所用的荷质比测量系统如图 6-5 所示。它由绝缘支架、滑槽、法拉第筒和静电计组成。其中，滑槽为不同材质的可拆卸半圆槽体，其材质分别为PVC(a)、PPR(b)、红铜(c)、聚甲基丙烯酸甲酯(d)、不锈钢(e)、聚四氟乙烯(f)、石英玻璃(g)。

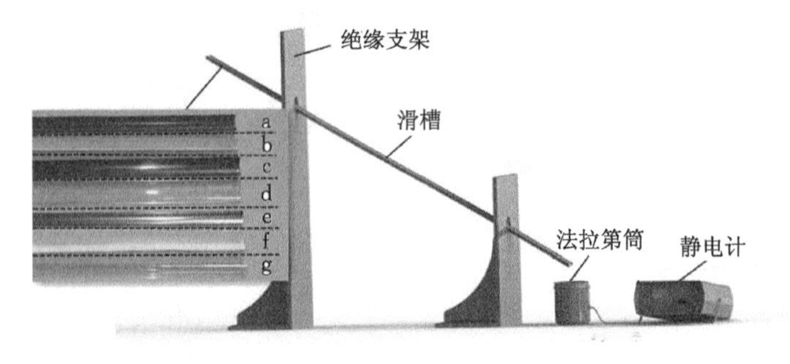

图 6-5　实验室荷质比测量系统

荷质比测量时将 1 g 物料颗粒给入滑槽顶部，对滑槽施加振动，使物料颗粒呈薄层状滑落，在物料颗粒滑落过程中与滑槽摩擦荷电，颗粒滑至槽体底部落入法拉第筒，颗粒所荷电量由连接法拉第筒的静电计检测得出，然后对法拉第筒内物料进行称重，计算出物料颗粒摩擦荷电的荷质比。每组试验重复 3 次，每次测量后用脱脂棉球对滑槽内侧进行清理并放电。各试验单元内物料荷质比的测量集中进行，保持相对稳定的试验条件和外部环境。试验过程中温度为 15～25 ℃，相对湿度为 35%～50%。不同材质具有不同的表面逸出功，相同物料与之摩擦后电性、电量都有所不同。研究各物料与不同材质摩擦荷电的差异是寻找电选机理想摩擦材料的前提和必经途径。试验采用－0.125 mm＋0.074 mm 粒级物料对钛铁矿、脉石矿物与不同材质滑槽摩擦荷电的特性进行了研究。

如图 6-6 所示，4 种矿物颗粒与聚甲基丙烯酸甲酯(PMMA)和聚四氟乙烯摩擦后荷质比均比较大(6～10 nC/g)，但目标矿物钛铁矿与 3 种脉石矿物荷电极性相同，若选用两者作为电选机摩擦材料，将无法对目标矿物和脉石矿物进行有效分选。当 4 种物料与 PVC、红铜和不锈钢摩擦时，目标矿物与脉石矿物荷电极性相反，试验物料与三者中任意一种材质摩擦并进入电场后可实现钛铁矿与脉石矿物的分离，然而以红铜和不锈钢为摩擦介质时钛铁矿荷电量较低，与 PVC 作为摩擦材料相比，在相同电场强度下目标矿物与脉石需要更大的分选空间才能实现完全分离。综上所述，4 种矿物与 PVC 摩擦时，目标矿物与脉石矿物荷电极性相反且荷电量较大，是设计分选钛铁矿电选机所使用的较理想摩擦荷电材质。同时从图 6-6还可以得出，试验设计的各种材质摩擦荷电序列为：(+)PMMA、石英玻璃、钛铁矿、红铜、不锈钢、PVC、长石、石英、云母、PPR、聚四氟乙烯(－)。带电序列是指从摩擦后不同物质所带的正负电荷考虑，把物质按照由带正电到带负电的顺序整理成的排列次序。

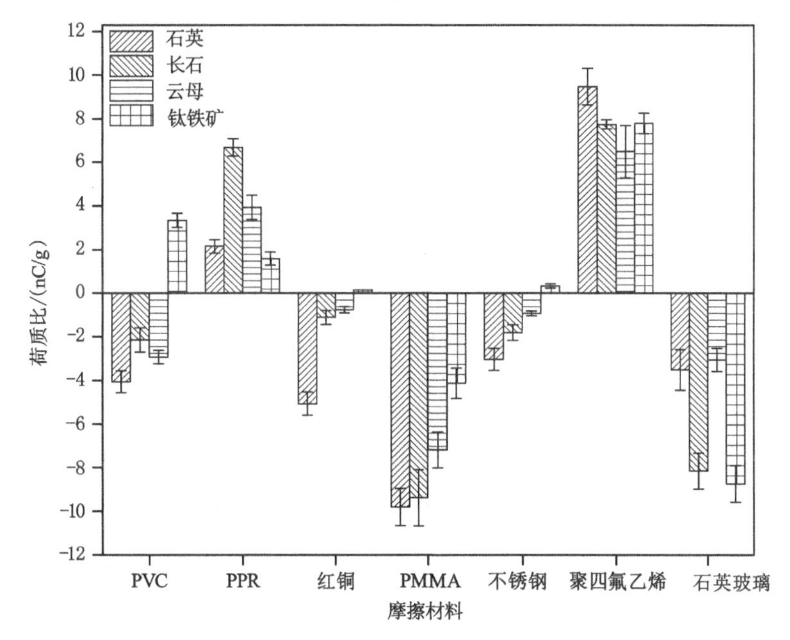

图 6-6　摩擦长度为 1 m 时 4 种矿物与不同摩擦材料的荷质比

粒度是影响颗粒摩擦荷电的一个主要因素。在相同摩擦条件下，粒度过大会导致荷电不充分(荷质比较小)，且会为颗粒在电场中的分选带来不利影响；粒度过小的颗粒，由于其比表面积较大，粒群容易发生团聚，也会影响不同物料在电场中的分离。研究粒度对钛铁矿和脉石矿物摩擦荷电特性的影响规律，确定适宜的粒度范围，对实现钛铁矿摩擦电选具有重要作用。图 6-7 为各粒级下的 4 种矿物在 1 m 长 PVC 滑槽内摩擦后的荷质比测试结果。

从图 6-7 可以很明显地看出，以 PVC 为摩擦介质、摩擦长度为 1 m 的颗粒荷质比随物料粒度的减小呈现先增大后减小的趋势。以钛铁矿为例，当钛铁矿粒度为－4 mm＋2 mm 时，颗粒荷质比仅为 0.06 nC/g；当粒度减小为－0.125 mm＋0.074 mm 时，荷质比达 5.57 nC/g；当粒度减小至－0.074 mm 时，荷质比又减小至 3.52 nC/g。当物料粒度从－4 mm＋2 mm 减小时，颗粒的比表面积逐渐减小，单位质量的颗粒荷电效果逐渐增强，直至物料粒度减小到小于 0.074 mm 为止，此时颗粒由于粒度过小，在下滑荷电过程中极易发

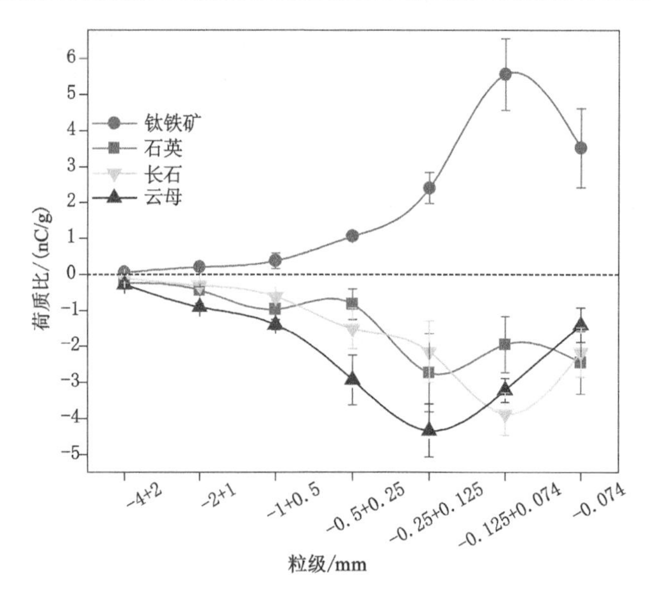

图 6-7　不同粒级物料的荷质比

生团聚，导致粒群无法与滑槽充分接触摩擦，使得部分颗粒无法有效荷电，因而其荷质比相比粒度为－0.125 mm＋0.074 mm 时有所减小。

以 PVC 作为摩擦介质时，钛铁矿和长石的最佳荷电粒度为－0.125 mm＋0.074 mm，石英和云母的最佳荷电粒度则在－0.25 mm＋0.125 mm。因此，在后续钛铁矿原矿分选过程中，若矿物解离情况允许，可将分选粒度定在－0.125 mm＋0.074 mm，此时矿石中目标矿物与大多数脉石矿物可以比较充分地荷电，有利于静电分选的实施。

荷质比会随物料与摩擦器摩擦长度的增大而增大。首先，电中性物料颗粒的电荷变化主要依靠摩擦荷电。随着摩擦长度的增加，颗粒的荷电量随之增加，其放电作用随之增强，同时由于颗粒荷电能力有限及已有电荷的干扰排斥作用，荷电作用会相对减弱，当荷电量与电荷损失量达到动态平衡时颗粒荷电量不再增加。当颗粒完全荷电或荷电的增加量可以忽略不计时，增加摩擦器的长度已毫无意义，同时会造成物料和空间的浪费。研究摩擦长度对物料摩擦荷电特性的影响可以确定摩擦器的有效长度，为电选机摩擦器设计提供数据支持。

图 6-8 为粒度为－0.125 mm＋0.074 mm 的物料与 PVC 摩擦后荷质比随摩擦长度的变化曲线。从试验结果上看，除钛铁矿之外其他物料荷质比数值随摩擦长度的增加逐渐减小，两者之间呈现比较明显的对数关系。基于此，笔者利用 origin 软件拟合功能对荷质比与摩擦长度之间的函数关系进行了对数拟合，拟合曲线如图 6-8 虚线所示。拟合得到的函数如下所示：

$$q = k \times q_{\mathrm{f}} \times \exp(-l/b) + q_0 \tag{6-1}$$

式中　k——与试验条件有关的系数；

l——摩擦长度；

q_{f}——物料颗粒与摩擦介质之间逸出功的差值；

b——颗粒的特征长度；

q_0——颗粒本身电荷量[95]。

4 种单一矿物荷质比与摩擦长度拟合函数中各参数的变化情况如表 6-1 所示。由于试

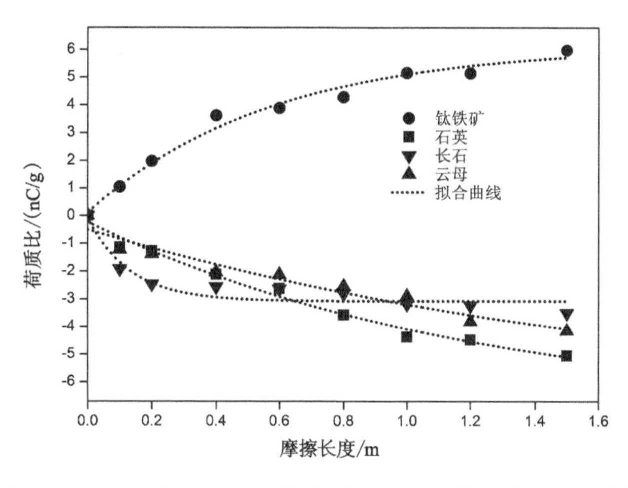

图 6-8　粒度为－0.125 mm＋0.074 mm 的物料与 PVC 摩擦后荷质比随摩擦长度的变化

验误差和操作条件等因素的影响，长石的拟合优度只有 0.86，钛铁矿和石英的拟合准确性较高。通过该拟合公式可以描述和预测物料颗粒在某一摩擦长度的荷质比数值，同时也为研究物料逸出功等自身电学性质提供一个切入点。

表 6-1　荷质比与摩擦长度拟合函数中各参数的变化

矿物名称	$k\times q_{\mathrm{f}}$	b	q_0	拟合优度
钛铁矿	－6.02	0.57	6.13	0.98
石英	6.82	1.20	－7.05	0.98
长石	2.99	0.13	－3.08	0.86
云母	6.49	0.57	6.00	0.93

为了更加直观地展示颗粒荷质比随摩擦长度的变化关系，将图 6-8 各拟合函数曲线对摩擦长度进行了求导，并将求导后各函数曲线在图 6-9 中进行了展示。

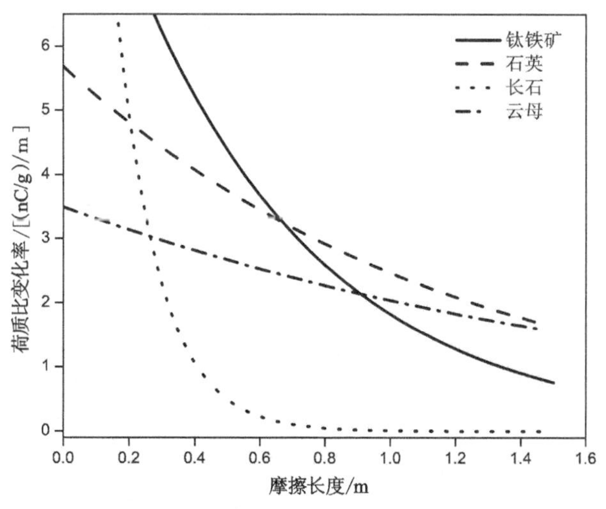

图 6-9　荷质比变化率与摩擦长度之间的关系

从图 6-9 可以看出，颗粒荷质比的变化率随摩擦长度的增大而减小，由于各矿物本身电学性质的差异，各矿物颗粒荷质比变化率的变化趋势有所不同。4 种单一矿物中长石的荷质比变化率随摩擦长度的变化而改变得最快，变化率的值在摩擦长度为 0.8 m 时已接近 0，这就意味着相对其他 3 种矿物而言，长石充分荷电所需要的摩擦长度最小；云母的荷质比变化率减小趋势最不明显，在 4 种矿物中云母充分荷电需要经过的摩擦长度最大。根据本阶段的试验结果，在设计钛铁矿用摩擦电选机时，摩擦荷电部分的有效长度应大于 1.4 m，在这一摩擦长度范围内长石已充分荷电，其他 3 种矿物的荷质比变化率也相对稳定，在适当电场强度下目标矿物和 3 种脉石矿物可以得到有效的分离。

6.4　实验室摩擦电选系统

实验室摩擦静电分选系统如图 6-10 所示，由供风系统、给料装置、分选系统和物料收集装置组成。该系统的风源来自罗茨风机，供风能力为 0～120 m^3/h 且连续可调。风机产生的气流经管路到达螺旋给料机后携带物料颗粒进入分选系统。分选系统为该摩擦静电分选系统的核心环节，采用荷电与分选同时进行的模式。锯齿形的摩擦壁是颗粒摩擦荷电的位置，同时该摩擦壁与电极板所围成的腔体也是荷电物料的分选空间。分选腔内因荷电性质不同而在电场力作用下被分离的不同组分物料在气流作用下进入收料系统。收料装置采用的是旋风分离器，其底部装有集料槽。分选后的物料在气流作用下进入旋风分离器，气体从分离器顶部出口排出，固体物料则沿分离器内壁螺旋向下运动并最终落入集料槽。分选室两侧的极板分别加有正负高压电，电极板之间的电场强度由两极板所加电压的差值决定。

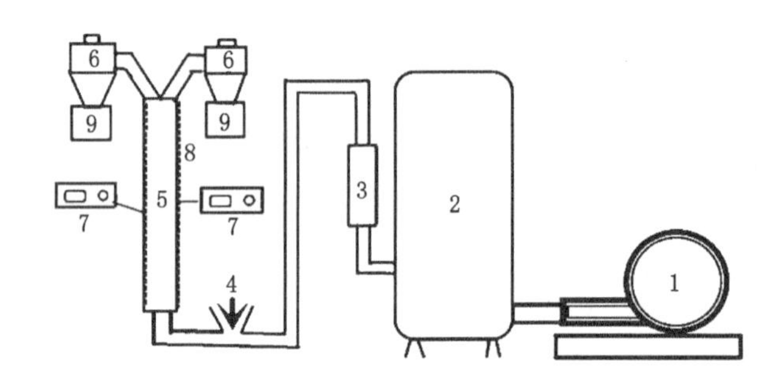

1—罗茨风机；2—储气罐；3—转子流量计；4—螺旋给料机；
5—分选室；6—旋风分离器；7—高压电源；8—电极板；9—集料槽。

图 6-10　实验室摩擦静电分选系统

6.5　模拟物料分选试验

模拟物料分选试验选用的物料为人工配比物料，选用的各配比矿物粒度为－0.125 mm ＋0.074 mm，钛铁矿精矿、长石、石英和云母的品位分别为 87.25％、96.21％、95.44％和 92.18％，配制质量比分别为 50％、30％、10％和 10％，测得 4 种矿物的密度分别为 4.40 g/cm^3、2.82 g/cm^3、2.66 g/cm^3和 2.55 g/cm^3。基于这 4 种矿物样品密度的差异，在检测各组试验产品指标时采用的是重力法的小浮沉试验，即在重液中进行不同密度物料的离心重力分选。产品中各成分检测流程如图 6-11 所示。

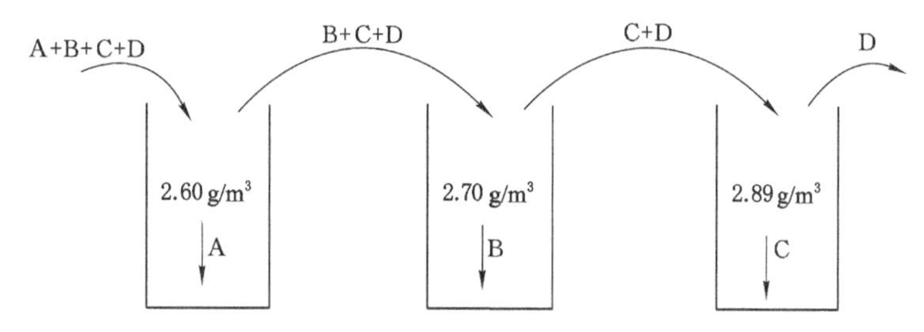

A—长石；B—石英；C—云母；D—钛铁矿精矿。

图 6-11　离心重选流程示意图

影响摩擦静电分选的因素很多，结合各因素的影响程度和实验室系统的可操作性，本阶段就分选电压、给料速度和气流量 3 个因素对摩擦静电分选过程的影响规律进行了研究。试验在温度为 15～25 ℃、相对湿度为 35%～50% 的环境中进行，在试验操作中除所研究的因素外其他因素保持不变，每组试验重复 3 次，并对重复试验的结果取平均值以减小试验误差。试验效果的评价指标选用精矿中钛铁矿的品位和钛铁矿回收率。精矿中钛铁矿的品位即精矿中钛铁矿的质量分数，钛铁矿回收率即精矿中钛铁矿的质量占入料中钛铁矿质量的百分比。

6.5.1　分选电压对摩擦电选的影响

颗粒在气流作用下进入电选机腔体，经与摩擦壁和不同组分颗粒间碰撞摩擦荷电，电性不同的颗粒在电场力作用下发生轨迹的分离。分选电压的大小直接决定着荷电颗粒在电场中受力的大小。分选电压越大，极板间电场强度越大，不同组分颗粒分离所需要的空间越小，颗粒分离越完全，然而过大的分选电压容易使颗粒发生错配，使原本不应进入产品的颗粒混入产品中，甚至会使电选机周围的空气被电离或击穿，对试验人员的人身安全构成威胁。本试验的目的是研究分选电压对钛铁矿模拟物料静电分选效率的影响规律，同时为钛铁矿分选探寻最佳分选电压。

图 6-12 为气流量为 85 m^3/h、给料速度为 6 g/s 时，不同分选电压下正极和负极产品中各矿物组分的品位变化和钛铁矿回收率随分选电压的变化。正极和负极产品的定义为，从靠近与正电源相连极板排料口排除的产品为正极产品，相反地，从靠近与负电源相连极板排料口排除的产品为负极产品。从图 6-12 可以看出，品位较高的钛铁矿为负极产品，对于该试验来说负极产品为精矿，这与各试验物料与 PVC 摩擦后钛铁矿精矿荷正电而 3 种脉石矿物荷负电这一结论是一致的。此外，在该模拟矿物的摩擦静电分选中，钛铁矿和云母在产品中的品位随电压的变化改变较大。在精矿产品中，钛铁矿品位随分选电压的增大呈现逐渐增大的趋势，但增长率逐渐减小。当分选电压大于 10 kV 时，钛铁矿在精矿中的品位基本不再变化；精矿中云母的品位随分选电压的增大呈现先减小后增大最后又减小的趋势，即当分选电压为 10 kV 时，其品位为 6.19%，达到最低值，之后随分选电压的增大又呈现先增大后减小的趋势。长石和石英的品位随分选电压的变化改变较小，基本保持在与入料品位相差不大的范围内，这主要是因为在摩擦序列中云母位于长石和石英之后，长石和石英颗粒与云母颗粒碰撞后本身所带的负电荷部分转移至云母颗粒，二者荷电量减小而云母荷电量增

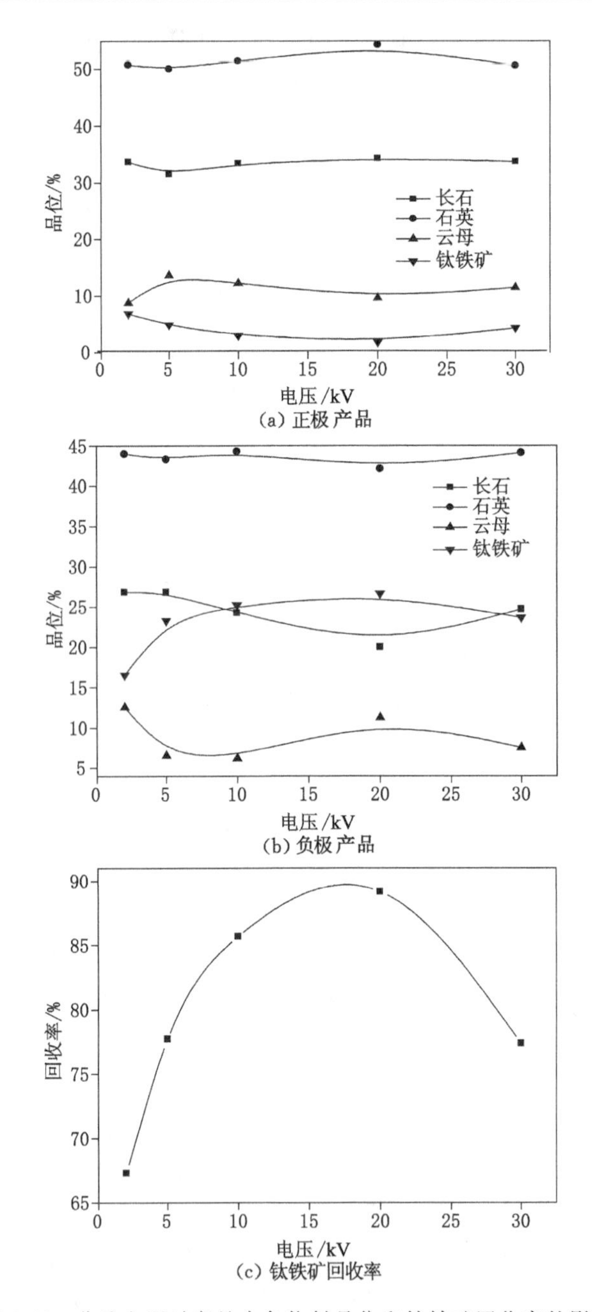

(a) 正极产品

(b) 负极产品

(c) 钛铁矿回收率

图 6-12　分选电压对产品中各物料品位和钛铁矿回收率的影响

大，减弱了长石和石英颗粒的分选效果。从图 6-12(c)可以明显地看出，精矿中钛铁矿回收率随电压的增大呈现先增大后减小的趋势，当分选电压增大到 17 kV 时，钛铁矿回收率达最大值，约为 90%；当分选电压过小时，荷电颗粒所受电场力较小，在该分选机有限的分选空间内目标矿物与脉石矿物无法实现有效分离；随着分选电压的增大，颗粒在电选机腔体内所受电场力增大，不同组分物料分选愈加完全；当分选电压为 17 kV 时，颗粒分选最完全；当分选电压超过 17 kV 时，颗粒在电选机内所受电场力持续加大，此时颗粒在电选机内运动混乱程度加剧，颗粒错配概率增大，精矿产品中钛铁矿的回收率反而减小。

6.5.2　给料速度对摩擦电选的影响

在气流量不变的前提下，给料速度决定着电选机腔体内的气固比。当给料速度较小时，腔体内气固比较大，颗粒间的相互碰撞和干扰较少，待分选物料颗粒的摩擦荷电主要发生在颗粒与摩擦壁之间的碰撞和摩擦时，颗粒荷电效果较理想，但气流对颗粒轨迹的影响作用比较凸显，同时会导致电选机处理能力较低。随着给料速度的增加，腔体内气固比不断减小，给料速度在一定范围内增加时，颗粒间的相互干扰可以忽略不计，腔体摩擦壁的利用率得到提高，气流对颗粒轨迹的影响程度减小，物料分选效果得到提高。当给料速度过大时，由于腔体内固体颗粒过多，部分颗粒未经与摩擦壁发生有效碰撞摩擦荷电而在气流携带下成为产品，此时电选机分选效率较低，产品质量随之变差。电压对分选结果影响的研究试验表明，当分选电压为 17 kV 时，产品分选效果最好。

图 6-13 给出了给料速度为 2～8 g/s 条件下正负极产品中各矿物组分品位和钛铁矿回收率随给料速度的变化情况。从图可以看出，在正极产品中各矿物的品位随给料速度的变化较小，各给料速度下石英的品位都在 55%左右。当给料速度为 4.7 g/s 时，钛铁矿在正极产品中的品位达到最小值 1.96%。钛铁矿在负极(精矿)产品中的品位呈现先增大后减小的趋势，当给料速度为 4.7 g/s 时其品位达到最大值 24.5%，此时石英在精矿中的品位为 38%。与正负极产品中各矿物品位变化相比，精矿中钛铁矿回收率呈现明显的先增大后减

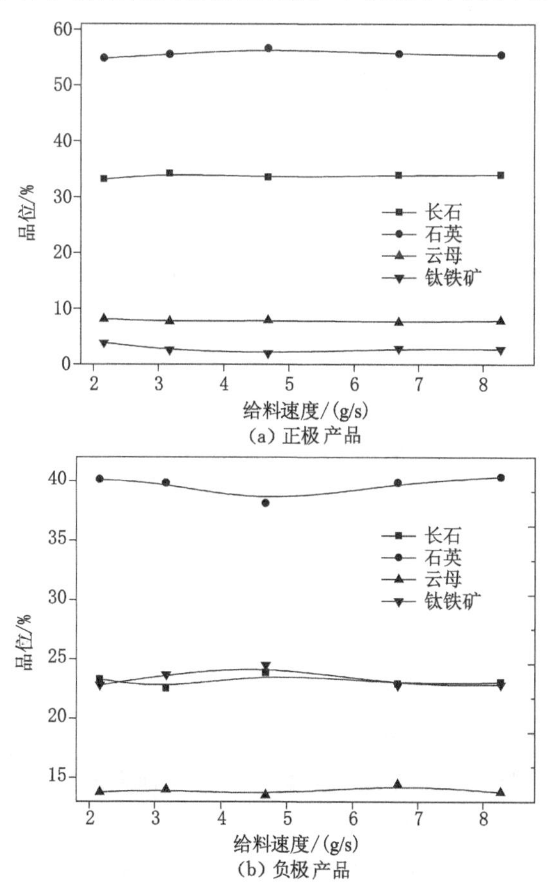

图 6-13　给料速度对产品中各物料品位和钛铁矿回收率的影响

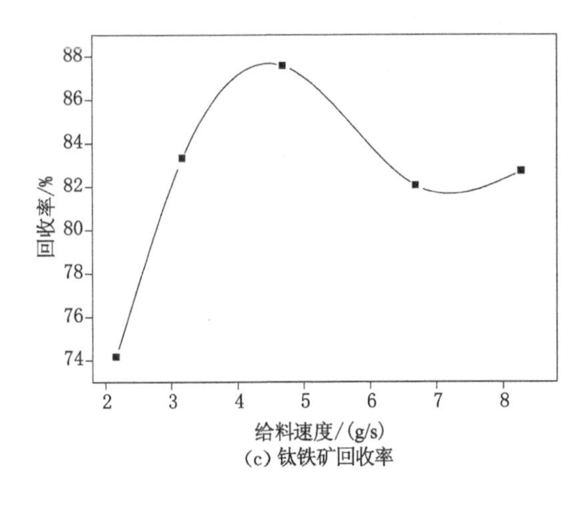

(c) 钛铁矿回收率

图 6-13(续)

小的趋势，当给料速度由 2.1 g/s 增大到 4.7 g/s 时，钛铁矿回收率从 74%增大到约为 88%，当给料速度继续增大时，回收率又呈现减小的趋势。回收率之所以呈现此变化，是因为在给料速度较小时，虽然颗粒荷电较充分但受气流干扰作用较强，电场力的分选作用相对被削弱；随着给料速度的增加，摩擦壁的摩擦面积被充分利用，颗粒仍能充分荷电，但此时由于颗粒较多，单个颗粒所受气流作用减弱，电场力的分选作用增强，目标矿物与脉石矿物能够较充分分离；当给料速度继续增加时，由于摩擦壁表面积有限，部分颗粒未能与其摩擦荷电，同时由于颗粒过多，颗粒间干扰作用凸显，使得目标矿物错配进入尾矿收集槽，造成了目标矿物的损失。

从精矿中钛铁矿品位和钛铁矿回收率的试验结果可以看出，在本系列试验所设定的分选电压和气流量条件下，钛铁矿模拟矿物静电分选最佳的给料速度为 4.7 g/s。

6.5.3 气流量对摩擦电选的影响

在本书所设计的实验室摩擦静电分选机中，气流是物料颗粒进入摩擦静电分选机和分选后产品排出的载体，也是颗粒与摩擦壁发生碰撞摩擦的动力来源。气流量的大小直接决定了颗粒与摩擦壁碰撞的强度大小和在分选腔内停留的时间长短，对物料的分选起到了至关重要的作用。

本试验采用的风源来自罗茨风机，气流量的测量部件为转子流量计。图 6-14 为气流量分别为 20 m^3/h、40 m^3/h、60 m^3/h、80 m^3/h、100 m^3/h 时产品中各矿物品位和精矿回收率与气流量之间的关系。在该部分试验过程中分选电压和给料速度分别为 20 kV 和 4.7 g/s。

本书电选机入料采用的是底部入料方式。采用该入料方式可以有效抵消颗粒所受的重力作用，通过控制气流速度可以控制颗粒运动速度，进而改变颗粒与摩擦壁碰撞强度和颗粒在电场中的停留时间，影响颗粒摩擦荷电的结果和荷电后物料的分选。从试验结果可以看出，在精矿中目标矿物钛铁矿的品位随气流量的增加呈现先增大后减小的趋势，当气流量增加至 80 m^3/h 时，品位增加到接近 25%，之后随气流量的增加精矿中钛铁矿的品位又出现下降的趋势。与研究分选电压时的结果相似，云母的变化趋势与其他两种脉石矿物有明显的差异。由图 6-14(c)可知，随气流量的增加，精矿中钛铁矿的回收率呈现明显的先增大后减小的趋势。当气流量为 20 m^3/h 时，钛铁矿回收率为 80%；当气流量增大至 80 m^3/h 时，

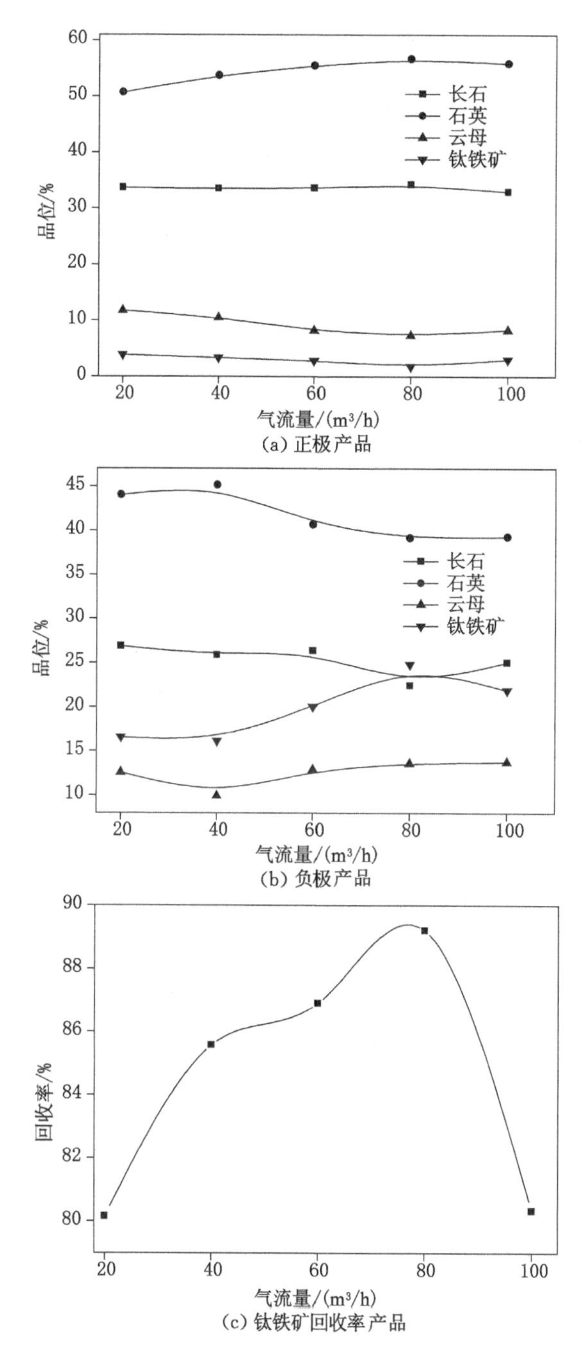

(a) 正极产品

(b) 负极产品

(c) 钛铁矿回收率产品

图 6-14　气流量对产品中各物料品位和钛铁矿回收率的影响

回收率接近 90%。

钛铁矿在产品中的品位和回收率的变化主要可以归结为荷电效果和分选程度两个方面的原因。当气流量过小时，颗粒向上运动的速度较慢，甚至有些颗粒因为自身重力较大而停滞在入料口端无法实现运动，此时由于颗粒运动速度小，动能小，进入腔体的颗粒与摩擦壁间的碰撞作用较弱，无法实现颗粒的有效荷电，进而无法在电场中实现有效分离；随着气流量增加，颗粒运动速度随之增加，颗粒与摩擦壁碰撞强烈，荷电效果明显增强，分选效率亦随之提高；当气流量继续增加时，虽然颗粒碰撞强度更大，但此时另一种影响因素——分选时间急剧缩短，虽然颗粒荷电效率得到提高，但荷电颗粒在电场内停留时间缩短，颗粒在电场内未完全分离便在气流携带下到达出料端成为产品。本部分试验的目的便是在荷电和分选之间寻找理想的平衡点，使得颗粒既能较充分荷电又能较完全分离。从试验结果上可以得出，当气流量为 80 m^3/h 时，精矿中钛铁矿具有最高品位同时回收率也较高。

6.5.4 多因素协同试验

通过单因素试验已大致确定了分选电压、给料速度和气流量的最佳取值范围，但仍无法准确地确定对该模拟物料分选的最佳操作条件和三因素对分选结果的共同作用，因此本部分以单因素试验结果为依据设计了一组三因素三水平的正交试验，对操作条件的确定进行了进一步的研究。正交试验的参数设计表如表 6-2 所示，所选取的分选电压值为 15 kV、20 kV 和 25 kV，给料速度为 3.9 g/s、4.7 g/s 和 5.6 g/s，气流量分别为 70 m^3/h、80 m^3/h 和 90 m^3/h，分选效果的评价指标仍采用精矿中钛铁矿品位和钛铁矿回收率。正交试验结果如表 6-3 所示。

表 6-2 正交试验参数设计表

试验参数	试验编号								
	1	2	3	4	5	6	7	8	9
电压/kV	15	20	25	15	20	25	15	20	25
给料速度/(g/s)	3.9	4.7	5.6	4.7	5.6	3.9	5.6	3.9	4.7
气流量/(m^3/h)	70	80	90	90	70	80	80	90	70

表 6-3 正交试验结果

编号	长石品位/%		石英品位/%		云母品位/%		钛铁矿品位/%		钛铁矿回收率/%
	正极产品	负极产品	正极产品	负极产品	正极产品	负极产品	正极产品	负极产品	
1	35.02	23.07	52.00	45.05	10.09	9.09	2.91	22.80	81.27
2	34.54	20.10	53.68	42.71	8.46	15.08	3.32	24.61	89.96
3	33.24	23.43	55.21	39.42	8.50	12.53	3.06	23.62	81.37
4	32.65	27.70	56.51	41.82	7.42	10.37	3.42	20.11	79.69
5	31.91	25.24	55.88	41.50	9.07	12.57	3.14	20.69	81.51
6	33.57	24.44	53.48	43.07	9.95	10.73	3.00	21.76	82.17
7	34.24	23.08	56.79	42.16	6.11	13.17	2.85	21.60	84.33
8	36.67	19.72	52.87	43.92	7.31	15.01	3.15	21.36	80.34
9	35.22	20.23	57.80	36.28	4.91	19.72	2.07	23.77	88.49

为了更加直观地展示所研究各因素尤其是因素交互作用对该模拟矿物摩擦静电分选的影响，笔者利用 Design-expert 数据处理软件对该正交试验进行了分析处理并给出了两两因素交互对试验评价指标的影响。图 6-15 为当所研究的 3 个参数中固定其中 1 个时另外2 个操作参数与评价指标之间的关系，分别给出了当气流量为 80 m^3/h、给料速度为 4.7 g/s 和分选电压为 20 kV 时其他 2 个操作参数与评价指标的等高线。从图可以看出，3 个操作参数中两两因素对精矿品位和回收率的影响具有相同的趋势，即当其中 2 个操作参数固定不变时精矿中目标矿物的品位和回收率均随第 3 个参数的增大呈现先增大后减小的趋势。此外，还利用 Design-expert 软件的预测优化功能对解在设计空间的位置进行了预测，预测结果见图 6-16 所示。从该图可以直观地看出理论操作参数下的精矿品位和精矿回收率。

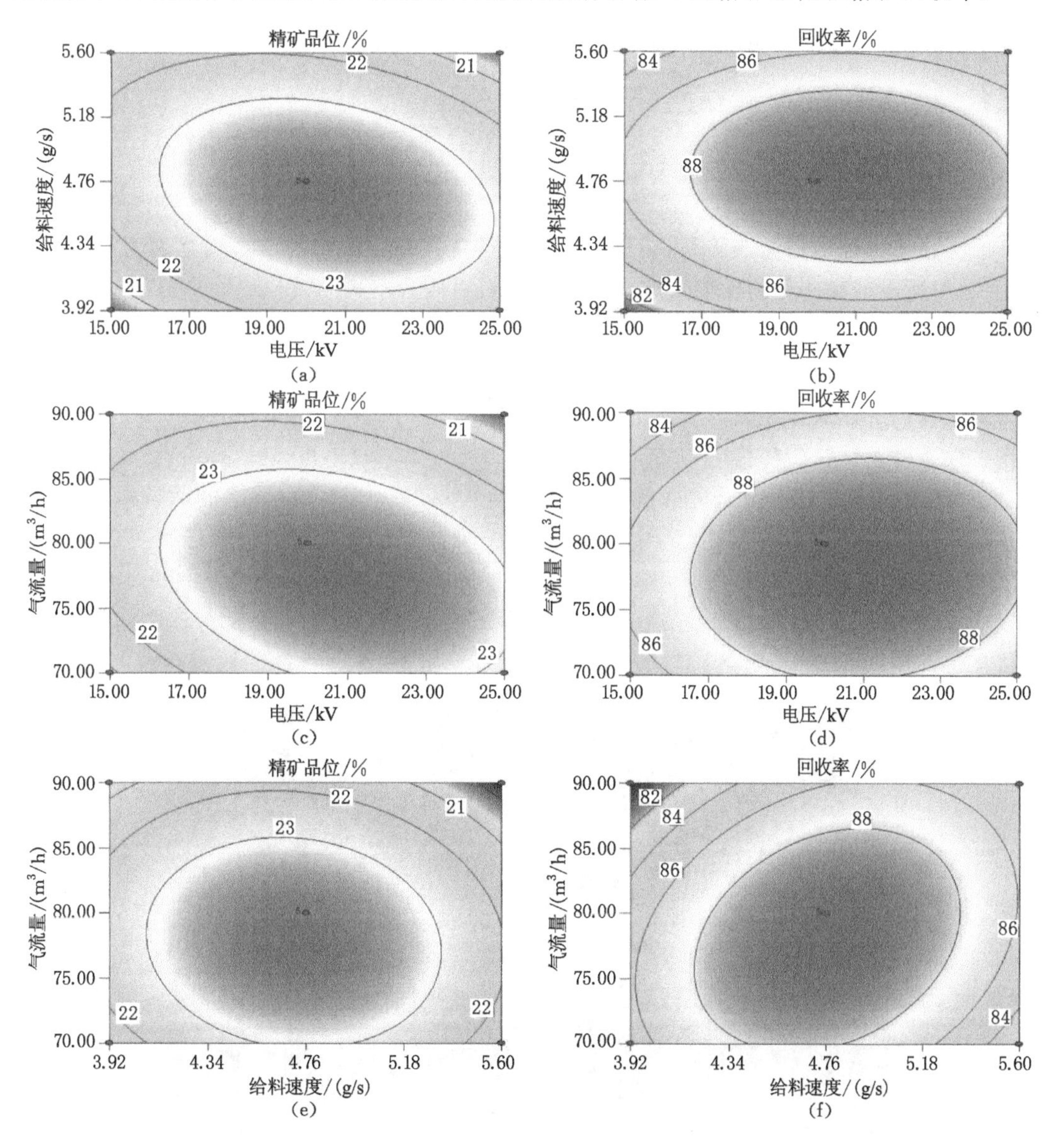

图 6-15　试验因素对评价指标的影响

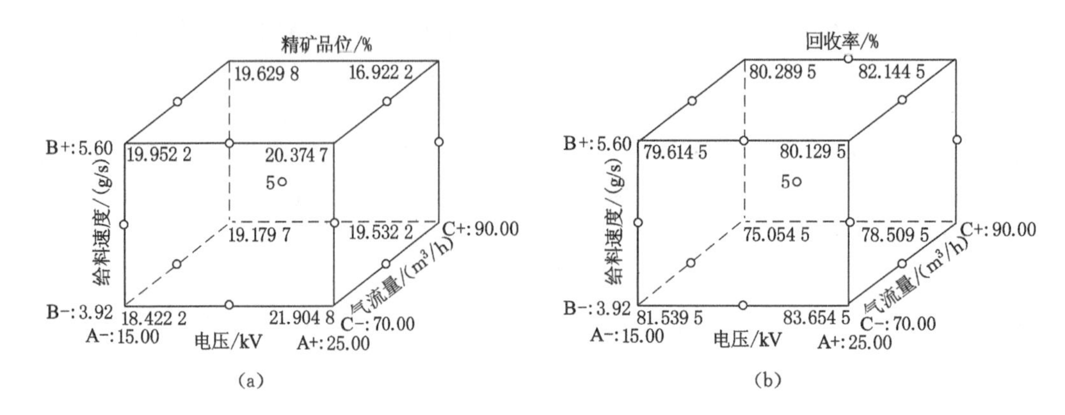

图 6-16　对解在设计空间位置的预测

6.6　钛铁矿原矿分选试验

前文已对目标矿物钛铁矿和长石、石英和云母 3 种脉石矿物的摩擦荷电特性进行了研究，并利用所设计和制作的实验室摩擦静电分选机对四者组成的模拟矿物进行了分选试验，对分选电压、给料速度和气流量对该模拟矿物分选的影响规律进行了研究。从试验结果得知，4 种单一矿物最佳摩擦荷电的粒度为－0.125 mm＋0.074 mm。对于该模拟物料来说，其分选试验的最佳操作参数为分选电压 20 kV、给料速度 4.7 g/s 和气流量 80 m^3/h。在该操作参数条件下钛铁矿在精矿中的质量分数为 24.61％，回收率可以达 89.96％。

在对钛铁矿原矿进行分选之前首先对粒度为－0.25 mm＋0.074 mm 的原矿样品进行了偏光显微分析，对钛铁矿粒度进行了检测。图 6-17 为其中比较典型的物料显微图片，图中黑色部分主要为目标矿物钛铁矿，褐色和近似透明部分为脉石矿物。从图可以看出，在－0.25 mm＋0.074 mm 粒度下大部分钛铁矿和脉石矿物已解离完全，少部分钛铁矿与脉石矿物结合在一起。从未完全解离矿粒的显微图片可以看出，大部分钛铁矿的赋存粒度为 0.1～

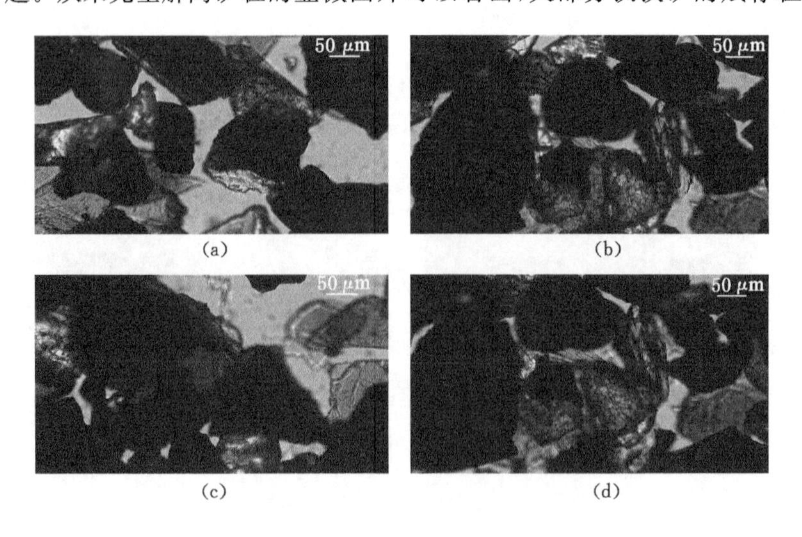

图 6-17　－0.25 mm＋0.074 mm 粒度原矿样品的偏光显微照片

0.3 mm，因此在对原矿进行分离试验时可将分选粒度定为－0.25 mm＋0.074 mm，在该粒度条件下钛铁矿能够大部分完全解离且矿石颗粒摩擦荷电效果较好，同时可将模拟矿物分选试验中所探寻的最佳操作参数应用到原矿的分选试验中。

钛铁矿原矿分选试验所选取的操作参数为分选电压 20 kV，给料速度 4.7 g/s，气流量 80 m^3/h，实验室温度 18 ℃，空气相对湿度 42%。采用 X 射线荧光光谱仪对产品中元素进行检测以表征该产品品位。钛铁矿原矿经过一次分选后的试验结果如表 6-4 所示。

表 6-4　钛铁矿原矿经过一次分选后的试验结果

产品	产率/%	TiO_2含量/%	钛铁矿回收率/%
尾矿	49.40	11.98	38.27
精矿	50.60	18.87	61.72

原矿由于组成复杂及解离不充分等问题，分选效果远远比不上模拟矿物，如要通过静电分选的方法获得品位足够高的精矿产品，必须对原矿进行精选作业。参考金属矿的浮选工艺，在一次分选之后，对其分选产品进行两次精选和扫选，获得了 TiO_2 含量为 28.40%、产率为 14.03%的精矿产品和 TiO_2 含量为 6.77%、产率为 22.08% 的尾矿产品和大部分循环分选物料。如要获得品位更高的精矿产品，可采取对样品进一步破碎解离、优化分选工艺流程及与其他分选工艺相结合等措施。在此基础上，笔者提出了图 6-18 所示的钛铁矿静电分选工艺流程，其可用于钛铁矿精矿产品的获得或选前抛尾。

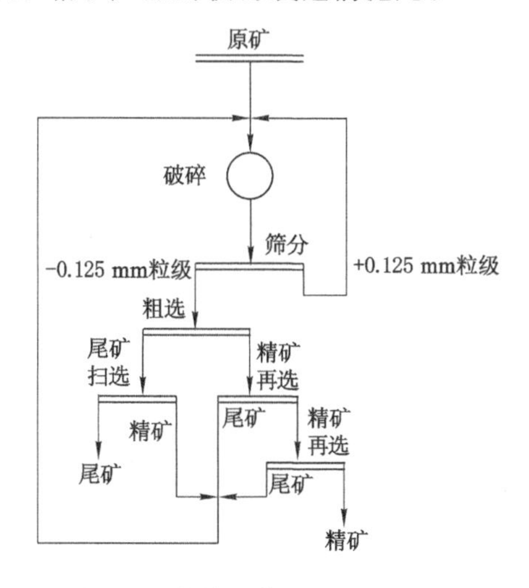

图 6 18　钛铁矿静电分选工艺流程

6.7　小　　结

(1) 钛铁矿模拟物料的摩擦电选试验结果表明，分选电压、给料速度和气流量对分选效率都具有较大的影响。分选效率随着三者的增大均呈现先增大后减小的趋势。当分选电压为 20 kV、给料速度为 4.7 g/s 和气流量为 80 m^3/h 时，模拟矿物分选后钛铁矿在精矿中的质量分数为 24.61%，回收率可达 89.96%。

(2) 在模拟矿物分选过程中，由于不同物料颗粒间的碰撞摩擦荷电和相互影响，静电分选对目标矿物钛铁矿和云母的分选效果较好，对长石和石英的分选效果较差。

(3) 钛铁矿原矿样品的显微分析显示，钛铁矿在矿石的嵌布粒度大多数在 0.1～0.3 mm，结合物料粒度对摩擦荷电特性的影响和模拟物料分选参数，将钛铁矿原矿的分选粒度定为－0.125 mm＋0.074 mm。由于原矿的组成复杂和解离不充分等问题，原矿分选效果比模拟物料差，未得到符合行业要求的精矿产品，在此基础上设计了针对该分选方法的实验室工艺流程，从而获得了 TiO_2 含量为 28.40％、产率为 14.03％的精矿产品。

第 7 章　废旧塑料摩擦静电分选研究

7.1 引　言

塑料制品因其生产成本低、质量小、功能多的优点被广泛应用于包装材料、建材及电器设备的制造等行业[315]。但随着塑料生产量与使用量的逐年增长，大量的废旧塑料得不到合理的处理而被肆意堆放掩埋，释放出有毒气体，这不仅致使土壤变质，同时造成了严重的环境污染与资源浪费。然而在废旧的塑料中，热塑性塑料（热塑性塑料具有加热软化、冷却硬化的特性，且这一过程是可逆的，可以反复进行）占到近 90%的比例，主要是聚乙烯（PE）、聚丙烯（PP）、聚氯乙烯（PVC）和聚苯乙烯（PS），其次是聚酰胺（PA）、聚碳酸酯（PC）、丙烯氰（ABS）和聚甲醛（POM）等[316-317]。因此，应高度重视塑料的回收利用，尤其是热塑性塑料的回收利用，尽量减少环境负荷，最大限度地利用石油资源。

目前对塑料回收的专业术语定义相对模糊，总体上可以分为两大类：化学回收和机械回收。化学回收较适用于热固性塑料，而对于热塑性塑料，采用机械回收的方法更为合适。但无论哪种塑料的回收利用，机械回收法相对化学回收法都具有工艺简单、污染少、成本低的优势。此外，机械回收法是维持塑料原有价值的最佳方式。机械回收法面临的最大困难是如何将多种不同的废旧塑料得到严格有效的分选，因为不同的塑料有着不同的熔点、密度和表面性质，这使得混合的塑料不能完全表现出原生塑料的特性，从而使分选更加困难。目前较为常见的机械回收方法有浮选、光选、重力分选以及摩擦电选[318]。浮选属于湿法分选，分选过程离不开药剂的使用，得到的产品仍需干燥，这无疑增加了分选成本和工艺复杂性。光选对颜色相近或者颜色较深的物料识别度低，分选效果差。重力分选对于有密度重叠区间的塑料（PP 与 PE）难以达到高效分选。摩擦电选属于干法分选，具有分选精度高、连续性好和自动化程度高的优点，近年来在各领域也愈发得到重视[319]。本章对日常使用的 PET、PP、PVC 塑料制品以及相应的原生塑料采用流化摩擦荷电的方式对其荷电特性及分选效果进行了研究，确定了电选过程中的最佳工艺参数，并借助 X 射线光电子能谱（XPS）、傅里叶变换红外光谱仪（FT-IR）等分析方法对塑料聚合物的接触荷电机理进行了解释，为废旧塑料充分摩擦荷电及有效实现单一组分的分选回收奠定了基础。

7.2 试验物料分析

为了研究塑料聚合物的荷电特性及静电分选效果，首先采用来自深圳市楷固塑胶原料有限公司生产的聚乙烯(PE)、聚丙烯(PP)、聚对苯二甲酸乙二醇脂(PET)以及聚氯乙烯(PVC)4 种原生塑料作为模拟物料进行试验。4 种原生塑料如图 7-1 所示，粒径范围均为 −4 mm+2 mm。而实际物料 PP、PET、PVC 来自某废旧塑料回收公司，经过剪切破碎后粒径范围为 −10+1 mm，如图 7-2 所示。

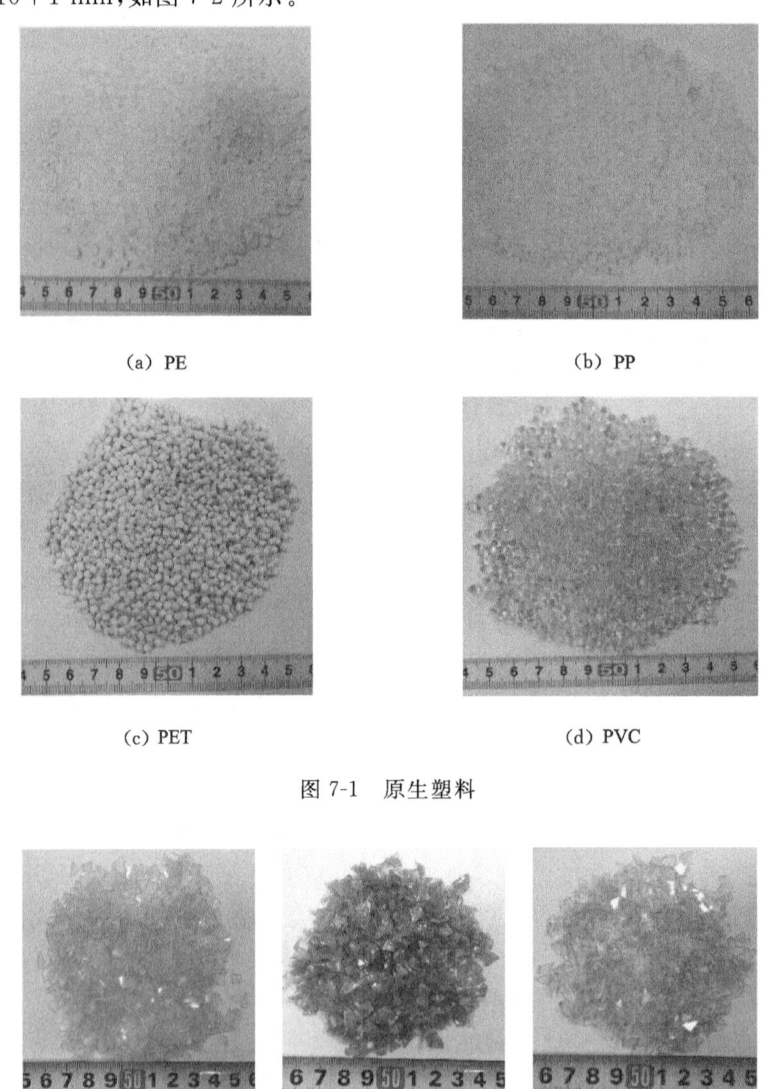

(a) PE　(b) PP　(c) PET　(d) PVC

图 7-1　原生塑料

(a) PP　(b) PET　(c) PVC

图 7-2　实际物料

摩擦荷电是由于物质表面性质差异产生电荷且电荷只在表面 30 nm 处存在。因此，为了更好地研究这些绝缘体聚合物塑料的荷电机理及荷电特性，首先对其化学组成、结构及表面性质进行分析。由有机化学基础知识可知，4 种塑料所对应的单体分别为乙烯、丙烯、对苯二甲酸乙二醇以及氯乙烯原料，而在这些塑料颗粒及其成品的生产加工中难免会掺入其他有机或无机物质，如色素添加剂及稳定剂等。因此，为了更精确地对这些原生物料及其所对应的实际物料的化学组成、结构进行定性分析，分别对这些塑料冷冻研磨至粉末状后进行FT-IR分析，结果如图 7-3 所示。

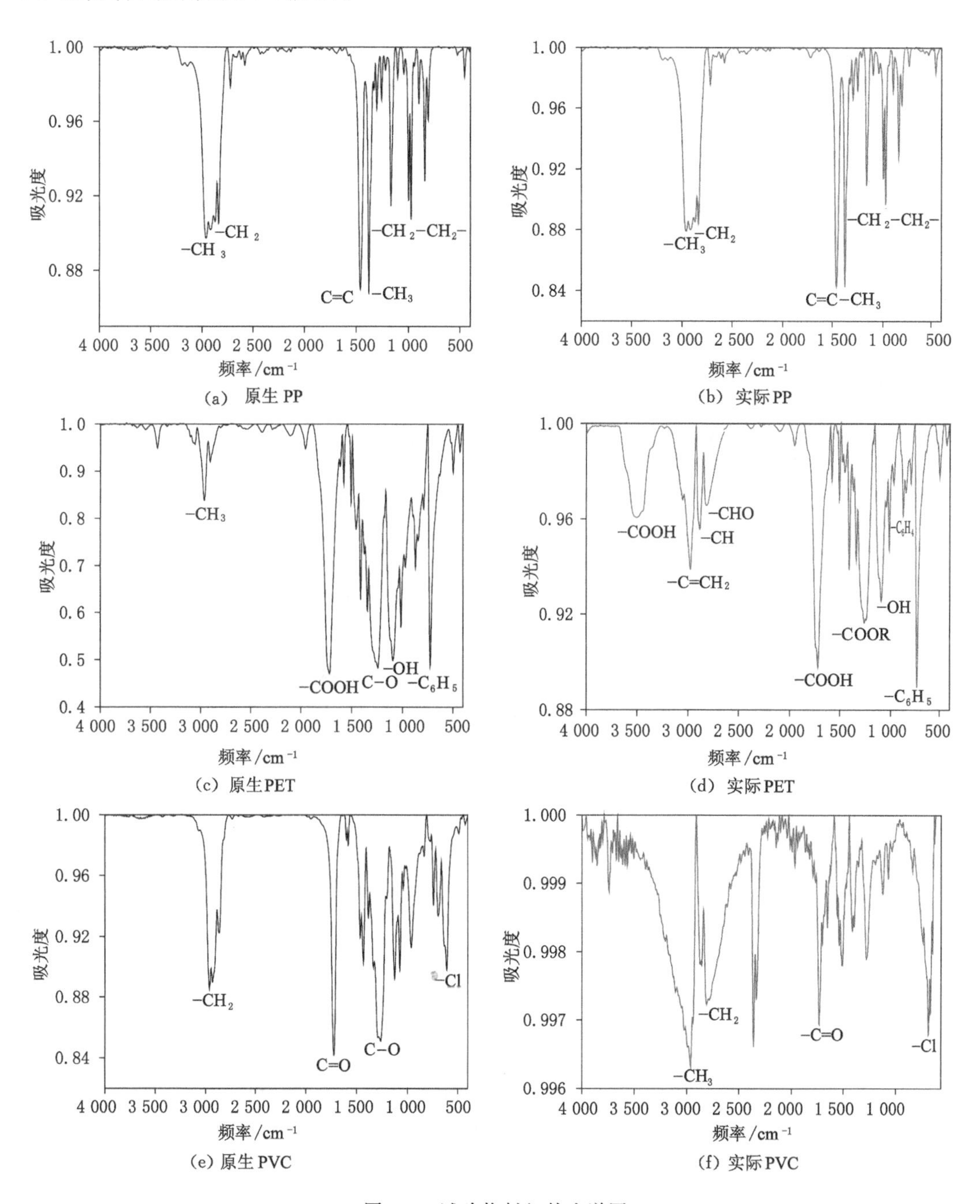

图 7-3 试验物料红外光谱图

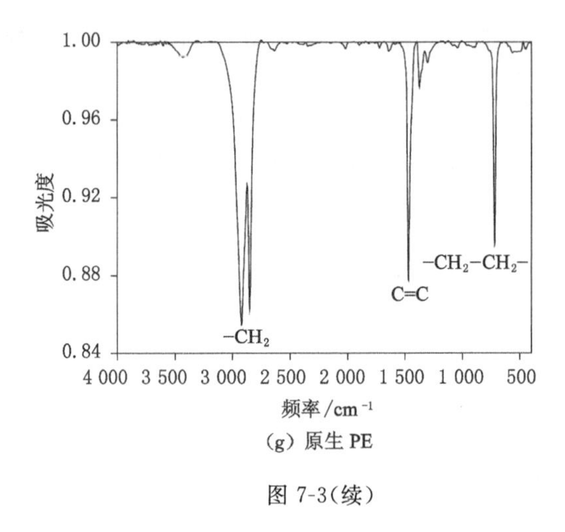

(g) 原生 PE

图 7-3(续)

通过对 3 种原生物料以及所对应的实际物料的红外光谱分析可以看出,原生物料化学结构与实际物料的化学结构存在一定差异,但相差不大;原生物料具有代表性,可作为模拟实际物料进行试验条件优化研究。

7.3 各组分摩擦荷电特性

表面带有不同电荷的物料采用如图 7-4 所示的流化摩擦荷电装置,通过在自制的圆柱形流化床内流化摩擦荷电后倒入平行电场中,在电场力及重力的作用下运动轨迹发生偏转并分别进入对应的法拉第筒内。此时,静电计通过对法拉第筒内的电荷监测后将数据传输到电脑上完成一组试验。其中,电场力的大小通过调节高压电源正负极电压大小控制,本荷电试验中正负极电压设定为±15 kV。对两组分塑料的荷电探究在如图 7-4 所示的装置中完成。而在三组分物料荷电的特性探究过程中,将电场等距划分为 5 个区域并将法拉第筒一一放入来测量该区域对应的荷电量。在获取荷电量的同时,称取法拉第筒内物料的质量并记录。试验最终以荷质比的结果对荷电效果进行表征。

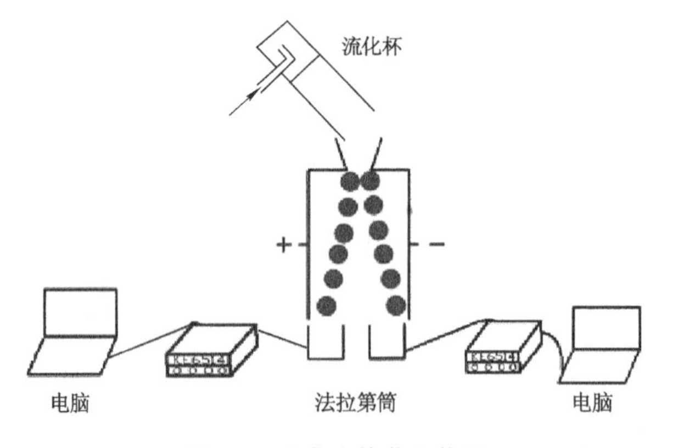

图 7-4　流化摩擦荷电装置

物料流化摩擦荷电是实现静电分选的前提。当任意两组分塑料混合流化摩擦后,不同的塑料颗粒将会带有不同电性的电荷。此时，如果将这两种带有不同电荷的塑料颗粒引入平行电场中，在电场力与重力的作用下二者将会发生向相反方向的横向位移，从而使得带有不同电荷的塑料颗粒得以分选。此外，在针对 PP、PET、PVC 三组分物料的混合摩擦电荷分布试验中，通过理论与实际荷电的分析表明，3 种塑料会出现在不同的区域，且 PP 塑料出现的区域不与 PET、PVC 重叠。因此，在对三组分塑料分选时，可以考虑先将 PP 塑料分离出，然后对混合的 PET、PVC 塑料颗粒进行二次流化荷电并分选。

7.3.1　流化特性研究

探究不同塑料之间碰撞荷电特性的试验是在图 7-4 的流化杯中进行的。因不同物料具有不同的密度，在不同组分塑料相互混合后对应着各自的初始流化气速，因此为了保证物料在流化荷电过程中能够持续稳定地处于流化状态，并为后续流化气速的选择提供依据，必须对不同组分塑料混合物的流化特性进行研究。试验结果如图 7-5 所示。

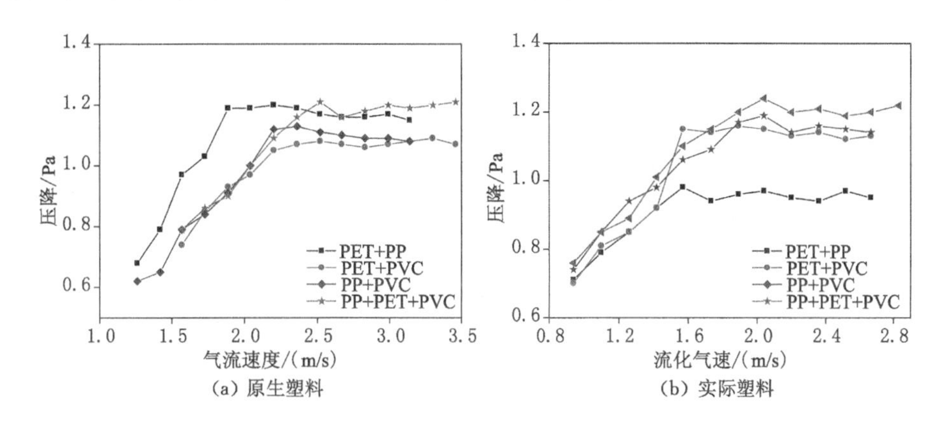

图 7-5　流化特性曲线

通过对原生塑料和实际塑料流化特性的研究可以分别确定各种组合下所对应的初始流化气速 U_{mf}，如表 7-1 所示。其中，原生塑料 PE 颗粒无论密度或形状都与 PP 颗粒极为相近，因此在针对 PE＋PET 和 PE＋PVC 的研究中都以 PP＋PET、PP＋PVC 的流化气速为基准。

表 7-1　不同塑料组合的初始流化气速

组合种类	原生塑料(PP＋PET)	原生塑料(PP＋PVC)	原生塑料(PET＋PVC)	原生塑料(PP＋PET＋PVC)	实际塑料(PP＋PET)	实际塑料(PP＋PVC)	实际塑料(PET＋PVC)	实际塑料(PP＋PET＋PVC)
初始流化气速/(m/s)	1.80	2.21	2.5	2.47	1.58	1.62	1.87	1.95

7.3.2　原生塑料流化荷电特性

首先进行原生塑料荷电序列以及饱和荷质比的研究，试验分别采用 CE(PE＋PVC)、TE(PE＋PET)、CP(PP＋PVC)、TP(PP＋PET)、CT(PET＋PVC)5 种组合进行。原生物料表面荷质比与流化时间之间的关系如图 7-6 所示。图中所有数据点均为该试验条件下两组平行试验的平均值，CE、TE、CP、TP、CT 为 5 种塑料组合的简写，且荷质比的数值代表该组合下后者的结果。例如,CE 只对 PVC 塑料的研究结果进行表征分析。

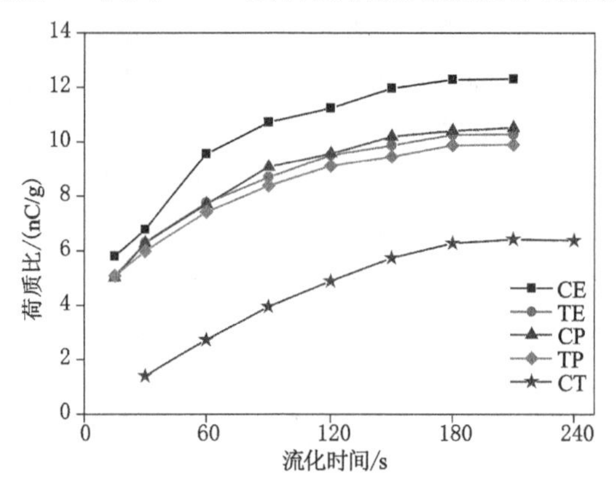

图 7-6 原生塑料荷质比与流化时间的关系

图 7-6 反映了 5 种塑料组合流化摩擦荷电过程中表面带有正电荷(便于分析)的物料荷质比随流化摩擦荷电时间增加的变化趋势。该图可以清晰地反映不同塑料流化摩擦之后的饱和荷质比。为了更进一步地分析 4 种塑料的荷电序列,试验摘取 5 种组合下的饱和荷质比数值并以柱状图形式表现,如图 7-7 所示。从图 7-7 可以得到 5 种组合下的饱和荷质比大小依次为 CE、CP、TE、TP、CT。

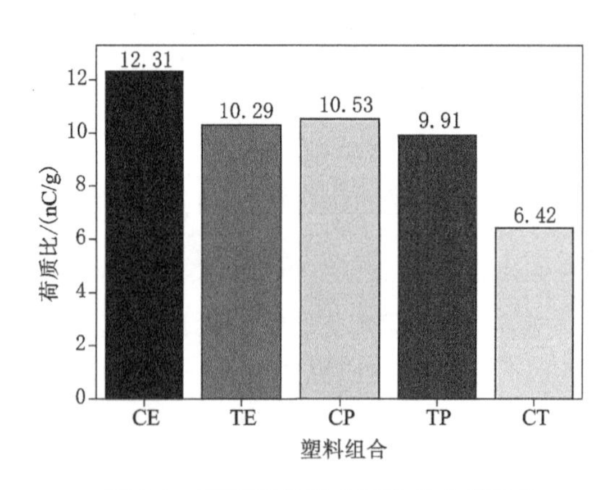

图 7-7 不同塑料组合下的饱和荷质比

同时,依据饱和荷质比数值的大小,对比分析 CE 与 CP 的饱和荷质比数值结果可以得到 PE、PP 两种塑料荷正电的倾向顺序为 PE、PP。以此方法类推,对比分析 CP 与 CT 的饱和荷质比数值以及结合 TP 的 PP 塑料表面摩擦后荷正电的荷电结果可知,PP 相较于 PET 更容易荷正电。而 CT 的荷电结果表明,PET 相对于 PVC 更具有荷正电的倾向。因此,结合三者的分析结果可知,4 种原生塑料在流化摩擦荷电方式下的荷正电序列为 PE、PP、PET、PVC。

图 7-8 反映了不同塑料组合下摩擦荷电过程中流化荷电速率与流化时间之间的变化趋势。分析图中的 5 条曲线可知,在流化时间小于 120 s 时,不同塑料之间流化荷电速率有较大差异,且随着时间的增加此差异变小;而当流化时间大于 120 s 之后,5 种组合下的流化荷

电速率近似相等,并逐渐趋于 0。在流化时间到达 120 s 之前,不同塑料之间迅速发生碰撞摩擦而荷电并在塑料表面积累大量电荷,此阶段塑料的荷电量处于稳定上升期,而随着流化时间的增加,当塑料表面大量电荷逐渐积聚之后,塑料的荷电量增长幅度逐渐减小,并在达到饱和状态时停止增加,因此流化荷电速率也呈现逐渐趋于 0 的状态。

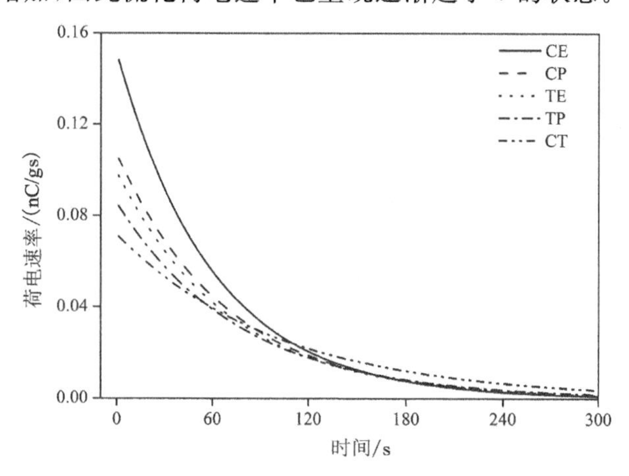

图 7-8　原生塑料流化荷电速率与流化时间的关系

为了突出不同塑料之间流化荷电速率的差别,对流化时间达到 120 s 之前原生塑料流化荷电稳定上升期的荷质比 Q 与流化时间 t 的关系做了进一步的分析,并采用合适的函数对其拟合,结果如表 7-2、图 7-9 所示。

表 7-2　原生塑料流化荷电稳定上升期荷质比和流化时间的拟合函数

塑料组合	线性拟合函数	一阶导数
PVC+PE	$Q=0.068t+4.882$	0.068
PET+PE	$Q=0.047t+4.661$	0.047
PVC+PP	$Q=0.052t+4.465$	0.052
PET+PP	$Q=0.043t+4.586$	0.043
PVC+PET	$Q=0.039t+0.315$	0.039

5 种组合下流化荷电稳定上升阶段的荷质比与流化时间之间的拟合曲线均是通过 Origin 软件完成的,其中各组合拟合结果所对应的 R^2 值均大于 0.95。从表 7-2 所列出的流化荷电稳定上升期荷质比与流化时间的一元一次函数关系可以对应求得该阶段流化荷电速率,即函数的一阶导数。5 种塑料组合下的流化荷电速率依次为 0.068 nC/gs、0.047 nC/gs、0.052 nC/gs、0.043 nC/gs、0.039 nC/gs。对比 5 种组合下流化荷电速率数值的大小不难发现,5 种塑料组合中 PVC+PE 具有最大的荷电速率,且该组合下的饱和荷质比也是最大的。与此同时,PVC+PET 的流化荷电速率最小,相应的饱和荷质比也最小。

7.3.3　实际塑料流化荷电特性

试验将实际塑料 PP+PET、PP+PVC、PET+PVC 3 种组合按照组分质量比 1∶1 混合后,分别放入流化杯中流化摩擦荷电,以研究 PP、PET 表面荷质比与流化时间之间的变化规律。试验结果如图 7-10 所示。

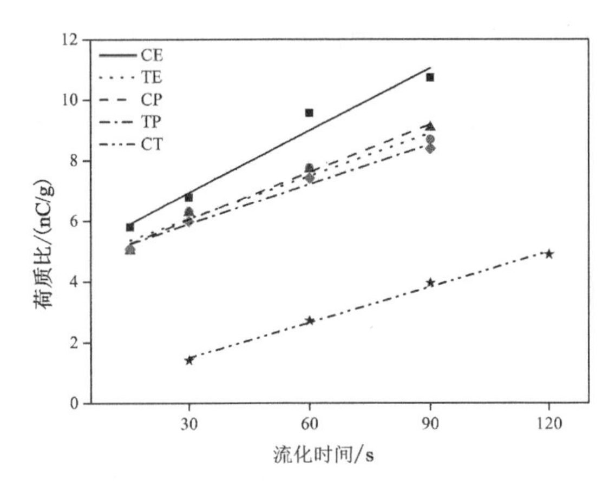

图 7-9　原生塑料流化荷电稳定上升期荷质比与流化时间的拟合曲线

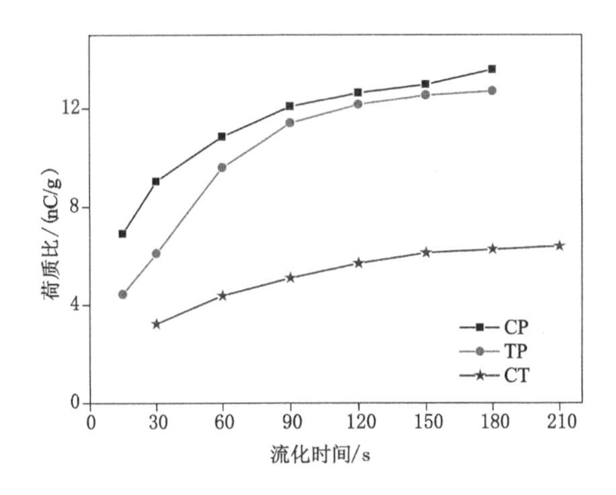

图 7-10　实际塑料荷质比与流化时间的关系

图 7-10 反映了 3 种组合下荷正电的 PP 及 PET 随流化摩擦荷电时间的增加表面荷质比的变化情况。由图 7-10 可读取 TP、CP 和 CT 的饱和荷质比依次为 12.72 nC/g、13.59 nC/g、6.39 nC/g，而对应原生塑料组合下的荷质比依次为 9.91 nC/g、10.53 nC/g、6.38 nC/g。对比前两组数据可以发现，实际塑料组合下的荷质比较原生塑料有了明显的提高，而 PET＋PVC 的实际塑料与原生塑料的饱和荷质比基本保持一致。

此外，在完成对实际塑料荷质比与流化时间探究的基础上，采用了与上述实际塑料一样的处理方式，对流化时间达到 120 s 之前实际塑料流化荷电稳定上升阶段的数据点进行函数拟合。函数拟合结果如表 7-3 所示，拟合曲线如图 7-11 所示。

表 7-3　实际塑料流化荷电拟合函数

塑料组合	拟合函数	一阶导数
PP＋PET	$Q=0.095t+3.272$	0.095
PP＋PVC	$Q=0.065t+6.530$	0.065
PET＋PVC	$Q=0.027t+2.585$	0.027

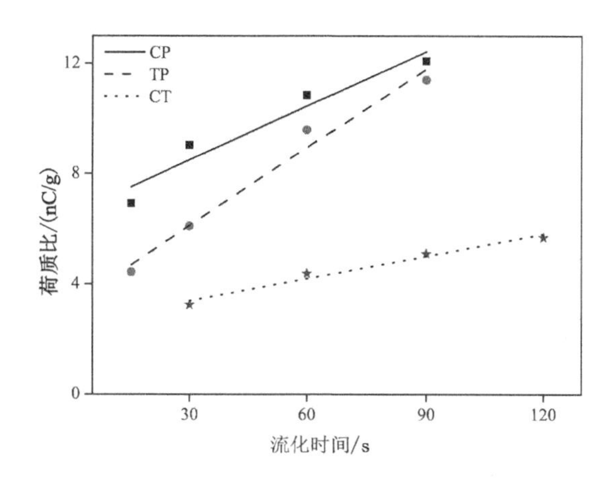

图 7-11　实际塑料流化荷电稳定上升期荷质比与流化时间的拟合曲线

由表 7-3 可知，3 种组合下实际塑料与原生塑料的稳定上升期流化荷电速率也出现了相似的规律。PP＋PET 的实际物料与原生物料在流化荷电稳定上升期流化荷电速率分别为 0.095 nC/gs、0.043 nC/gs；PP＋PVC 的流化荷电速率分别为 0.065 nC/gs、0.052 nC/gs；PET＋PVC 的流化荷电速率分别为 0.027 nC/gs、0.037 nC/gs。前两种组合下流化荷电速率增大，而 PET＋PVC 的流化荷电速率降低。

以上两种现象的出现首先是由实际物料与原生物料形状、粒度差异所导致的。原生物料颗粒形状为大小均一的圆球状，而实际物料通过剪切破碎后粒径范围在－10 mm＋1 mm，且为薄片状。因此，两者在比表面积上具有很大差异，而往往比表面积对荷电结果有很重要的影响。其次，通过化学分析可知，原生塑料与实际物料在化学结构上存在差异。原生塑料化学结构中表面基团相对简单，而实际塑料在加工利用过程中因表面被“污染”导致基团不再与单体材料保持一致。想要探索各基团对荷电的作用实属不易，而针对原生塑料表面基团对荷电的具体作用却可以实现初步探索。除此之外，通过对实际物料的荷电特性探索还可以发现，尽管实际物料的荷电速率及饱和荷质比相对原生塑料有明显变化，但 3 种实际物料的荷电序列依然与原生物料的保持一致。在二组分塑料分选中，PP 与 PVC、PET 摩擦之后的饱和荷质比相对 PET＋PVC 的差距较大。因此，可以预测在三组分塑料分选中实际物料 PP 的表面电荷将相对于 PET、PVC 较大，这有利于 PP 物料率先被分选回收。

7.4　摩擦静电分选装置

摩擦静电分选装置采用较为简单搭建的平行极板电场(图 7-12)，电场底部为可以随时更换的产品收集槽。分选二组分混合物料时采用图 7-12 中的两产品收料槽，当混合物料为三组分时，产品槽要换成 5 等分的物料槽。根据产品在各槽的分布情况，完成对三组分塑料的分选回收。

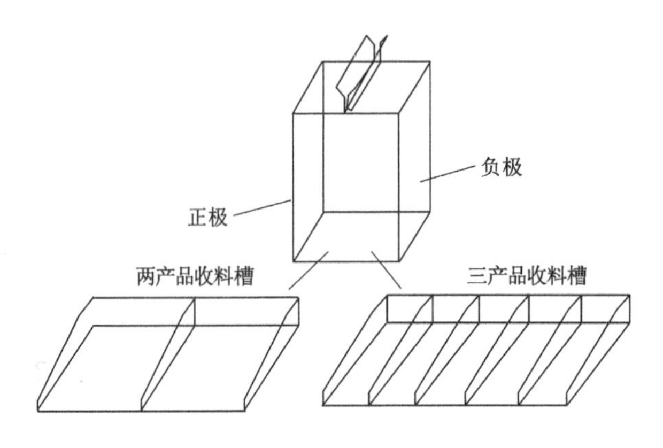

图 7-12　摩擦静电分选装置

7.5　摩擦静电分选试验

7.5.1　原生塑料两组分静电分选单因素探究

(1) 分选电压的探究

在探究分选电压对两组分混合塑料的分选中，固定流化气速为各组合下的 $1.2U_{mf}$（U_{mf} 为初始流化气速），组分配比为 1∶1，分别探究在 30 kV、40 kV、50 kV、60 kV、70 kV 的电压作用下 3 种塑料不同组合下的分选效果。此外，鉴于对实验室高压电源设备的安全保护，允许施加的最大电压为 70 kV。

① PP 和 PET 组合

在对 PP 和 PET 组合下的分选产品分析时，需要分别考虑正、负极产品 PET、PP 的品位以及回收率。试验结果如图 7-13 所示。

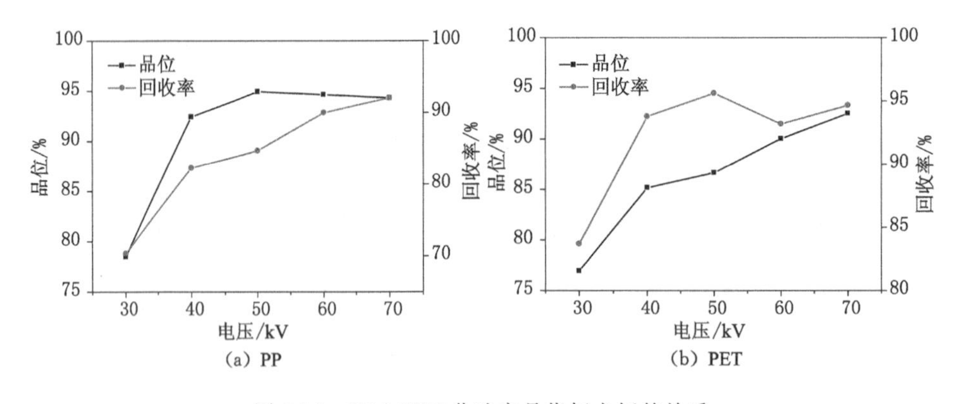

图 7-13　PP＋PET 分选产品指标之间的关系

从图 7-13 可以看出，负极产品 PP 品位在电压为 50 kV 时达到最大值 94.94%，之后随着电压的增大趋于平稳状态，而回收率在电压到达最大值 70 kV 时仍有上升趋势。同时，在正极一端的 PET 产品也有相似的变化规律。PET 的品位随着电压的增大而增大，回收率在电压为 50 kV 时升至最大值。分析上述现象可知，通过流化荷电之后 PP、PET 表面各自带有一定的正、负电荷，电压的增大使各荷电颗粒所受到的电场力也随之增大，因此两种产品在下落过程中的横向位移增大，分离得更加彻底。

② PP 和 PVC 组合

对 PP、PVC 两组分混合颗粒的分选研究与上述试验分析方法一致。通过一组分选，需要同时对负极产物 PP 以及正极产物 PVC 的产品指标进行研究分析，结果如图 7-14 所示。

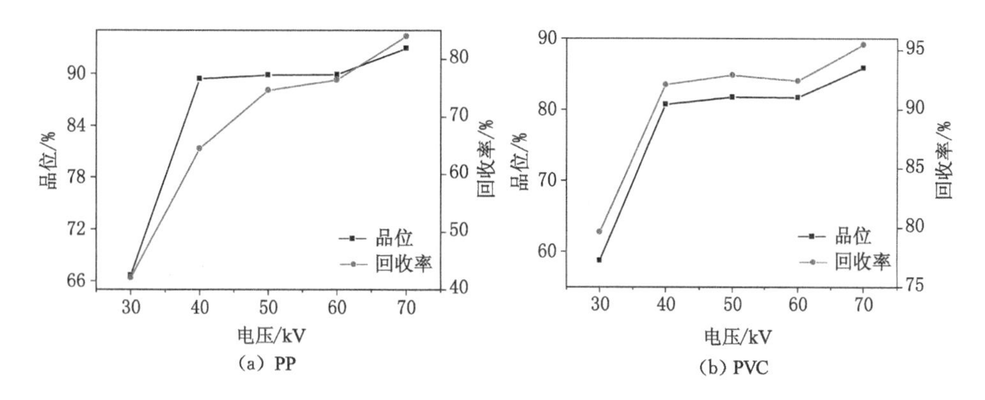

图 7-14　PP＋PVC 分选产品指标之间的关系

从图 7-14 的曲线走势不难发现，PP 和 PVC 的品位及回收率均随着电压的增大而增大，最终在电压为 70 kV 时分别获得最佳的分选效果。此时对应的 PP、PVC 品位分别为 92.91％、85.86％，回收率分别为 83.96％、95.48％。最佳分选参数下的 PP 品位高、回收率低，而 PVC 品位低、回收率高。该结果表明，在分选过程中 PP 颗粒错配到 PVC 中的错配率要大于 PVC 颗粒错配到 PP 中的错配率。

③ PET 和 PVC 组合

该组合中 PET 经过摩擦之后表面带有正电荷，理论上将进入负极一端，而 PVC 表面带有负电荷，进入正极一端。实际分选后所获得的分选结果如图 7-15 所示。

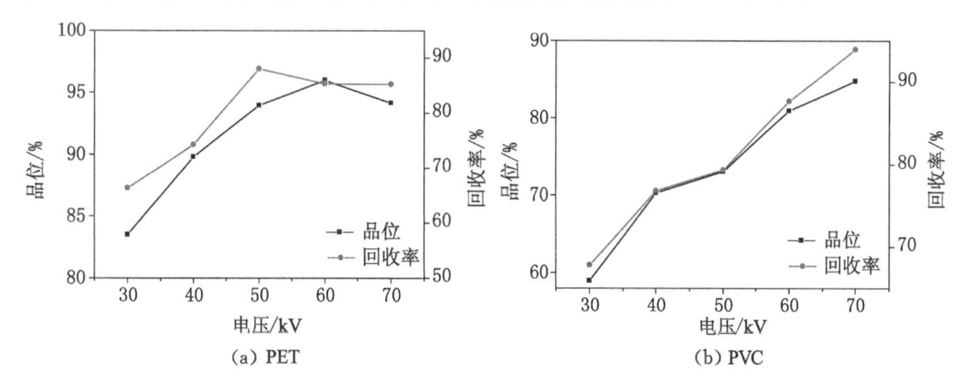

图 7-15　PET＋PVC 分选产品指标之间的关系

由图 7-15 可知，PET 在电压为 50 kV 时获得最大回收率 96.97％，而品位升至最大值 95.97％时所对应的电压为 60 kV。正极产品 PVC 无论是品位还是回收率均随着电压的增大而增大，最终在电压为 70 kV 时达到最大值。

通过以上 3 种组合试验对不同分选电压对正、负极产品的品位以及回收率的影响进行研究后不难发现，在同一组合中正、负极产品所对应的最佳试验条件可能会不同，而在同一组分选试验中必须同时顾及正、负极产物的产品指标，以求在同一分选参数下达到最佳分选效果。因此，试验引入分选效率的概念对一组试验下的正、负极产品进行综合分析。分选效率计算公式如式(7-1)所示[92]。3 种组合在不同电压下的分选效率如图 7-16 所示。

$$E = (P_1 \times R_1) \times (P_1 \times R_1) \times 100\% \tag{7-1}$$

式中 E——分选效率，%；

P_1——正极产品的品位，%；

R_1——正极产品的回收率，%。

P_2——负极产品的品位，%；

R_2——负极产品的回收率，%。

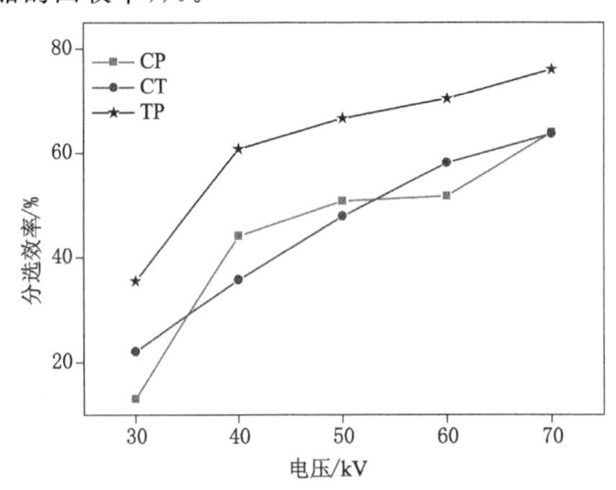

图 7-16　3 种组合在不同电压下的分选效率

从图 7-16 可以清晰地看出 3 种组合下的分选效率均随着电压的增大而增大，PP＋PET 混合物料的分选效果较好，最大分选效率为 76.05%。PP＋PVC 以及 PET＋PVC 的分选效率变化趋势较为相似。此外，分选效率在电压达到 70 kV 时仍有增长的趋势，因此在试验条件允许的情况下仍需继续增大分选电压进行探讨分析。

(2) 流化气速的探究

在探究流化气速对最终分选产品指标的影响时，固定电压为 70 kV，流化时间为 240 s，组分质量配比为 1∶1。选择各种组合下的 U_{mf}、$1.2U_{mf}$、$1.4U_{mf}$、$1.6U_{mf}$、$1.8U_{mf}$ 5 个流化气速对 3 种组合分别进行研究。试验结果如图 7-17～图 7-19 所示。

通过图 7-17～图 7-19 的曲线我们可以分别获得各种组合下正、负极产品品位以及回收率所对应的最佳流化气速。然而存在与上述同样的问题，即同一组合下正、负极产品达到最佳分选效果时所对应的流化气速不同。因此，为了同时考虑正、负极产品的品位和回收率，仍需采用分选效率进行综合评定，最终结果如图 7-20 所示。从图可以看出 3 种组合在获得最大分选效率时各自所对应的流化气速。PP＋PET 在流化气速为 $1.2U_{mf}$时获得最大分选效率76.05%，而 PP＋PVC 以及 PET＋PVC 均是在流化气速为 $1.4U_{mf}$ 时分别获得 67.96%、65.83%的最大分选效率。3 组试验的分选效率均随着流化气速的增大呈现先增加后减少的变化趋势，且均在流化气速为 $1.8U_{mf}$ 时最低。分析结果可知，在流化气速为初始流化气速 U_{mf}时，塑料颗粒处于刚刚流化状态，不同颗粒之间的碰撞摩擦相对较弱，颗粒表面所带有的摩擦荷电量较小；而当流化气速逐渐增至 $1.2U_{mf}$、$1.4U_{mf}$时，床内物料运动加

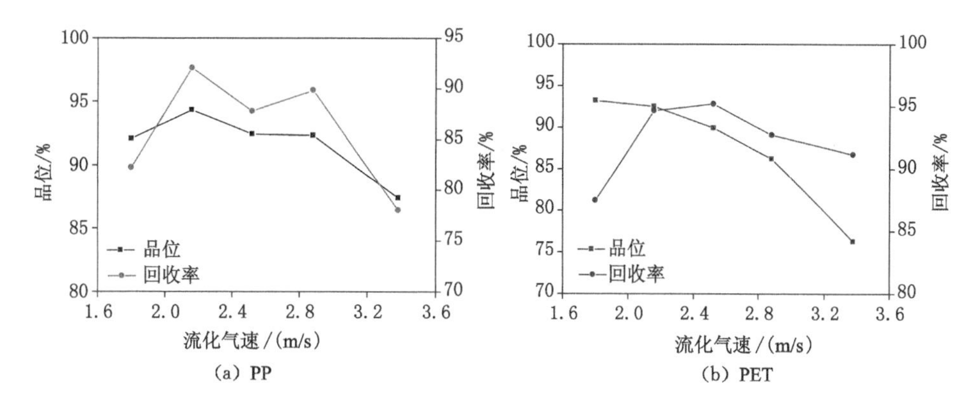

(a) PP　(b) PET

图 7-17　PP＋PET 分选产品指标之间的关系

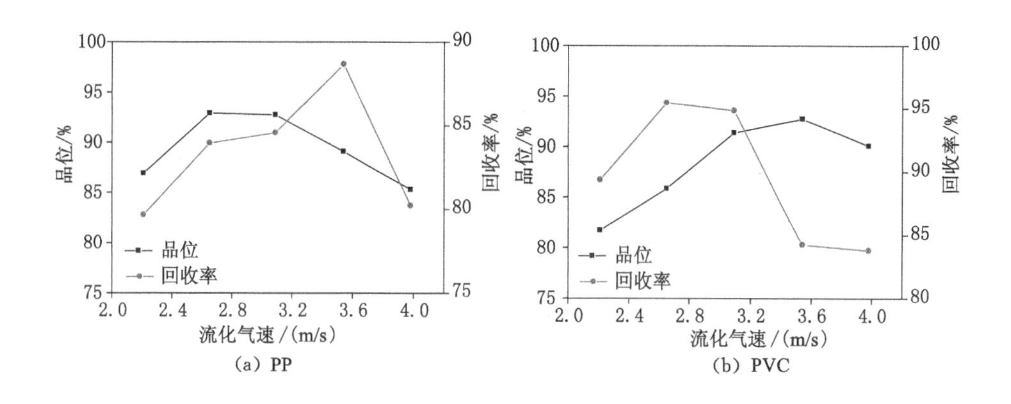

(a) PP　(b) PVC

图 7-18　PP＋PVC 分选产品指标之间的关系

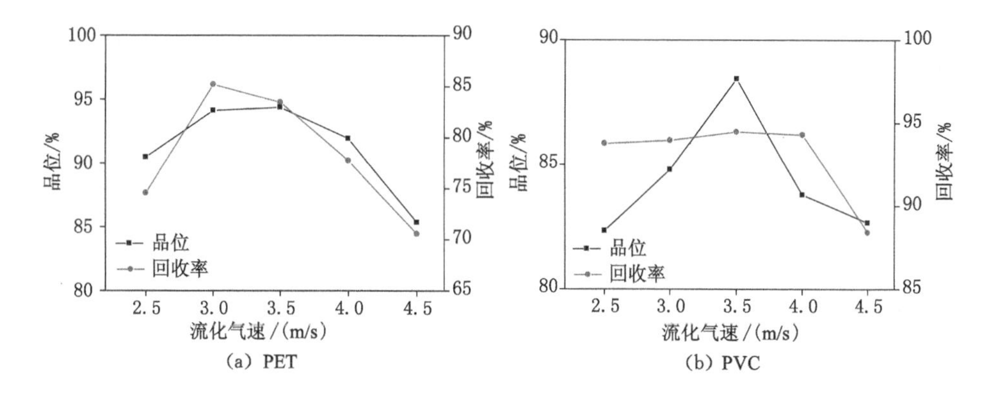

(a) PET　(b) PVC

图 7-19　PET＋PVC 分选产品指标之间的关系

剧，物料反混现象较为严重，不同颗粒之间的碰撞强度以及碰撞概率增加，物料表面荷电量增加，分选效果较好；但随着流化气速的持续增大，部分颗粒已处于悬浮状态，不同颗粒之间的碰撞概率变小，反而更多情况下是空气与颗粒之间的摩擦，因此颗粒表面的荷电状态变差，分选效率急剧下降。

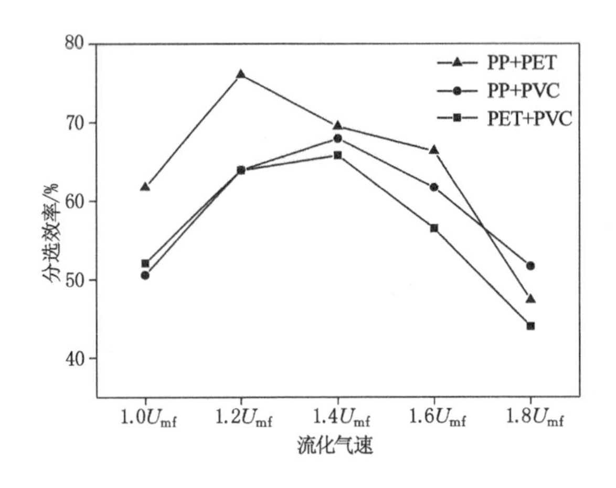

图 7-20　分选效率与流化气速之间的关系

(3) 物料组分配比的探究

在现实废旧塑料中,不同混合塑料中各种组分占比大有不同,因此对物料组分占比的研究不可或缺。在本试验中,选择分选电压为 70 kV、流化气速为 1.2U_{mf},分别从 3 种组合组分质量比为 5∶5、6∶4、7∶3、8∶2、9∶1 5 个水平上对不同组合下的最终分选效率进行探索,结果如图 7-21 所示。

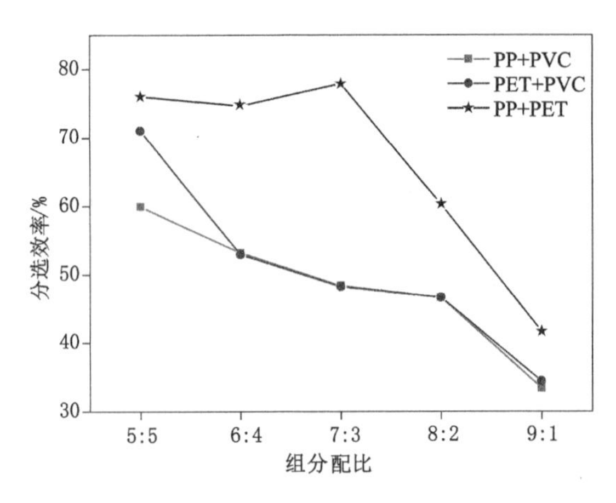

图 7-21　3 种组合不同组分配比下的分选效率

由图可知,3 种组合不同质量配比下的分选效率变化略有不同,其中 PET 与 PP 组合下的分选效率在组分质量比为 5∶5、6∶4、7∶3 时基本保持不变,随后急剧下降;而 PVC 与 PP 或 PET 混合分选时随着组分占比差距的增大,分选效率持续降低。这是因为当组分占比差距增大后,占比较大的物料在流化摩擦荷电过程中与另一种塑料的接触碰撞概率减小,自身之间的碰撞概率增大,荷电效果变差,致使其在分选过程中的错配概率增大,最终分选效率随着组分占比差距的增大迅速降低。

最后,试验得到了不同组合下最大分选效率所对应的正、负极产品的品位以及回收率,如表 7-4 所示。

表 7-4　正、负极产品的品位和回收率

	PP+PET		PP+PVC		PET+PVC	
	负极产品	正极产品	负极产品	正极产品	负极产品	正极产品
品位/%	86.66	98.77	94.50	83.06	91.76	91.85
回收率/%	97.27	93.59	79.97	95.48	92.07	91.53

7.5.2　原生塑料三组分静电分选单因素探究

在两组分的研究基础上开展了对 PP、PET、PVC 三组分混合状态下的分选探究。在三组分分选过程中，最理想的荷电状态是在某一时间点 PET 表面所带静电荷为 0 nC(正、负电荷抵消)，而 PP 与 PVC 表面分别带有足够实现分选的正、负电荷。因此，在对三组分塑料流化荷电静电分选研究时，流化时间是必须考虑的因素之一。除此之外，分选电压以及流化气速仍作为影响因素继续探索，而三组分配比固定为 1∶1∶1。分选试验将通过两次流化荷电完成，即首先将绝大多数的 PP 颗粒从三组分中选出，然后将 PET 与 PVC 进入 2 次分选工艺中继续分选。具体流程如图 7-22 所示。

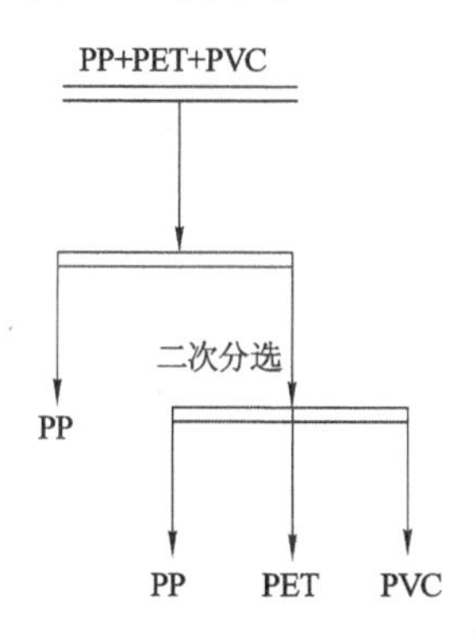

图 7-22　三组分分选工艺

(1) 分选电压对三组分分选效率影响的探究

探究分选电压对最终 3 种产品分选效果的影响时，评定指标仍以分选效率为依据。固定流化气速为 $1.2U_{mf}$，流化时间为 240 s，分别探究 30 kV、40 kV、50 kV、60 kV、70kV 5 个电压下的分选效率。试验结果如图 7-23 所示。

从图 7-23 可以清晰地看出分选效率随电压增大过程中的变化。当分选电压达到 50 kV 之前时，分选效率变化不明显，近乎相同；而当电压持续增大至 70 kV 时，分选效率也随之增大。结果表明，在三组分分选中施加高电压仍有利于分选过程。

(2) 流化气速对三组分分选效率影响的探究

依据电压因素的探索结果，在研究流化气速对三组分分选效率的影响时，固定分选电压为 70 kV、流化时间为 240 s。分别探索三组分原生塑料所对应的 U_{mf}、$1.2U_{mf}$、$1.4U_{mf}$、$1.6U_{mf}$、$1.8U_{mf}$ 5 个流化气速下的分选效率。这里的初始流化气速 $U_{mf}=2.47$ m/s。试验结果如图 7-24 所示。

从图 7-24 可以看出，在流化气速为 $1.2U_{mf}$时分选效率最大，在流化气速为 $1.8U_{mf}$时分选效率最小。分析原因可知，在流化气速为 U_{mf}时，混合均匀的 3 组分塑料处于初始流化状

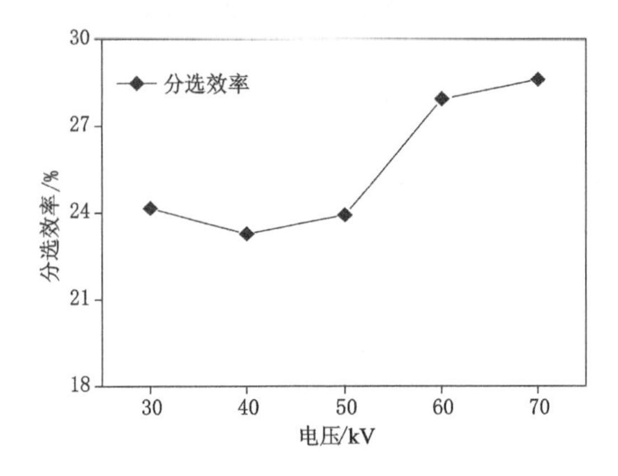

图 7-23　三组分原生塑料分选效率随分选电压变化图

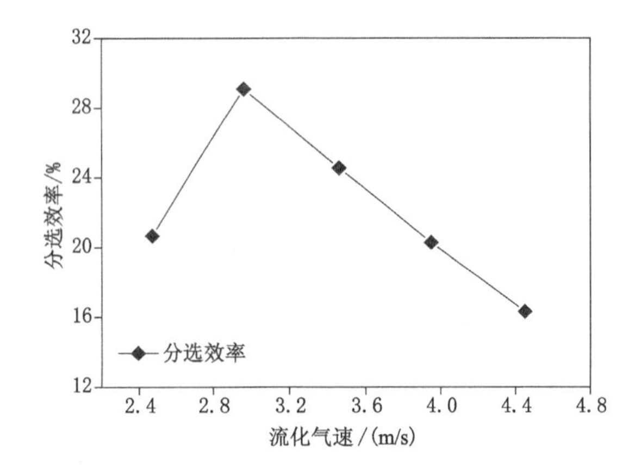

图 7-24　三组分原生塑料分选效率随流化气速变化图

态，颗粒之间的相对运动较弱，不同颗粒之间的碰撞概率以及碰撞强度相对较小，导致表面荷电及分选效果较差。而当流化气速不断增大时，床层内颗粒运动剧烈，但当流化气速增至 $1.6U_{mf}$ 乃至 $1.8U_{mf}$ 时，床层松散度增加，颗粒处于半悬浮状态，不同颗粒之间的有效荷电碰撞效果变差，因此分选效率持续降低。

(3) 流化时间对三组分分选效率影响的探究

在对前 2 个因素的探索基础上，试验针对流化时间对三组分塑料分选效率的影响展开探究。固定分选电压为 70 kV、流化气速为 $1.2U_{mf}$，分别从 120 s、180 s、240 s、300 s、360 s 5 个流化时间进行研究。试验结果如图 7-25 所示。

图中曲线代表了不同流化时间下三组分塑料分选效率的变化趋势。在三组分分选过程中决定分选效果好坏的关键在于一次分选时绝大部分的 PP 塑料能否被脱出，使其对二次分选中的主要成分 PET 与 PVC 影响最小。由图可知，分选效率在流化时间由 120 s 增至 180 s 过程中呈增大趋势，随后随着流化时间的增加逐渐降低。分析原因可知，在流化时间为 120 s 和 180 s 时，三组分物料表面电荷随流化时间的增加而增加，PP 表面带有正电荷进入负极，PVC 表面带有负电荷进入正极，而 PET 表面电荷为两者之和且带有少量负电荷偏向于进入正极，因此该阶段一次分选过程中错配概率较小，PP 塑料具有较好的分选效果；而

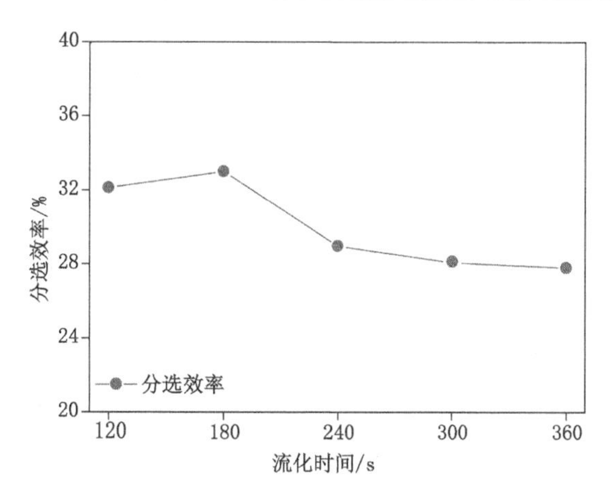

图 7-25　三组分原生塑料分选效率随流化时间变化图

当流化时间持续增加时，3 种物料表面电荷逐渐趋于饱和，在流化床中的物料颗粒与床体材料(PMMA)的摩擦作用渐渐被放大，影响着第一阶段的分选，造成错配概率的增加，使得分选效率缓慢降低。

至此，通过对三组分原生塑料单因素分选试验的探索，确定了不同因素下的最佳分选效率，并由单因素试验得到了最佳的分选指标(分选电压为 70 kV、流化气速为 $1.2U_{mf}$、流化时间为 180 s)。最佳指标条件下所对应的各组分品位、回收率和分选效率如表 7-5 所示。

表 7-5　原生塑料三组分分选结果

塑料名称	PP	PET	PVC
品位/%	88.63	79.80	80.47
回收率/%	93.72	82.24	75.25
分选效率/%	33.01		

7.6　实际废旧塑料摩擦静电分选研究

7.6.1　实际废旧塑料两组分分选研究

在原生塑料两组分的探索基础上，对实际的废旧塑料进行了分选试验。试验参数以原生塑料得到最佳分选效率时所对应的参数为依据。3 种废旧塑料组合 PP＋PET、PP＋PVC、PET＋PVC 的分选结果如表 7-6 所示。

表 7-6　实际两组分塑料分选结果

	PP＋PET		PP＋PVC		PET＋PVC	
	负极产品	正极产品	负极产品	正极产品	负极产品	正极产品
品位/%	90.17	88.24	86.80	95.79	81.45	88.86
回收率/%	88.41	90.02	95.71	87.02	88.55	81.83
分选效率/%	63.33		69.25		52.44	

该表中的数据为实际废旧塑料不同组合下的分选指标。其中,PP+PVC 的分选效果最好,PET+PVC 的分选效率最低。这也与第 4 章对实际塑料荷电探索的结果相一致,即 PET+PVC 的荷电效果最差,PP+PVC 的荷电效果最好。但无论哪种组合,实际塑料的分选效率相对于原生塑料来说均有所降低,这主要由其自身形状及尺寸大小所导致。

7.6.2 实际废旧塑料三组分分选研究

上一节完成了三组分原生塑料的单因素分选试验。为了验证上述静电分选工艺针对实际三组分物料具有可实施性,同时考虑分选电压、流化气速以及流化时间 3 种因素对分选的显著性以及交互作用的影响,试验根据原生塑料三组分的研究结果,借助 Design-Expert 软件设计了 17 组响应面试验来完成对实际物料的分选探索。试验效果仍采用分选效率进行评定,具体的试验影响因素及水平如表 7-7 所示,试验结果见表 7-8。

表 7-7 实际三组分塑料分选试验影响因素及水平设计

影响因素	因素代码	水平		
		−1	0	1
流化时间/s	A	120	180	240
流化气速/(m/s)	B	1.95	2.34	2.73
分选电压/kV	C	50	60	70

表 7-8 实际三组分塑料正交试验分选结果

序号	流化时间/s	流化气速/(m/s)	分选电压/kV	分选效率/%
1	240	2.73	60	34.70
2	180	1.95	70	26.51
3	180	2.34	60	29.64
4	180	2.34	60	30.58
5	180	2.73	70	32.24
6	240	2.34	70	31.07
7	120	1.95	60	30.78
8	240	2.34	50	23.94
9	180	2.34	60	29.13
10	120	2.34	50	24.51
11	120	2.34	70	31.87
12	120	2.73	60	31.55
13	180	2.34	60	28.95
14	180	2.34	60	26.40
15	180	1.95	50	29.58
16	240	1.95	60	29.67
17	180	2.73	50	27.05

根据表 7-8 可知,当分选电压为 60 kV、流化气速为 2.73 m/s、流化时间为 240 s 时,分选效率达到最大值,为 34.70%。三组分产物 PP、PET、PVC 在达到最大分选效率时所对应的品位分别为 80.28%、79.18%、80.17%,回收率分别为 89.86%、88.24%、85.88%。此

外，借助软件绘制了流化时间、分选电压以及流化气速对分选效率影响的等高线图(图 7-26)。通过图 7-26(a)、(b)、(c)3 组曲线可以详细地分析各因素之间的相互作用，为后续的工业分选奠定基础。

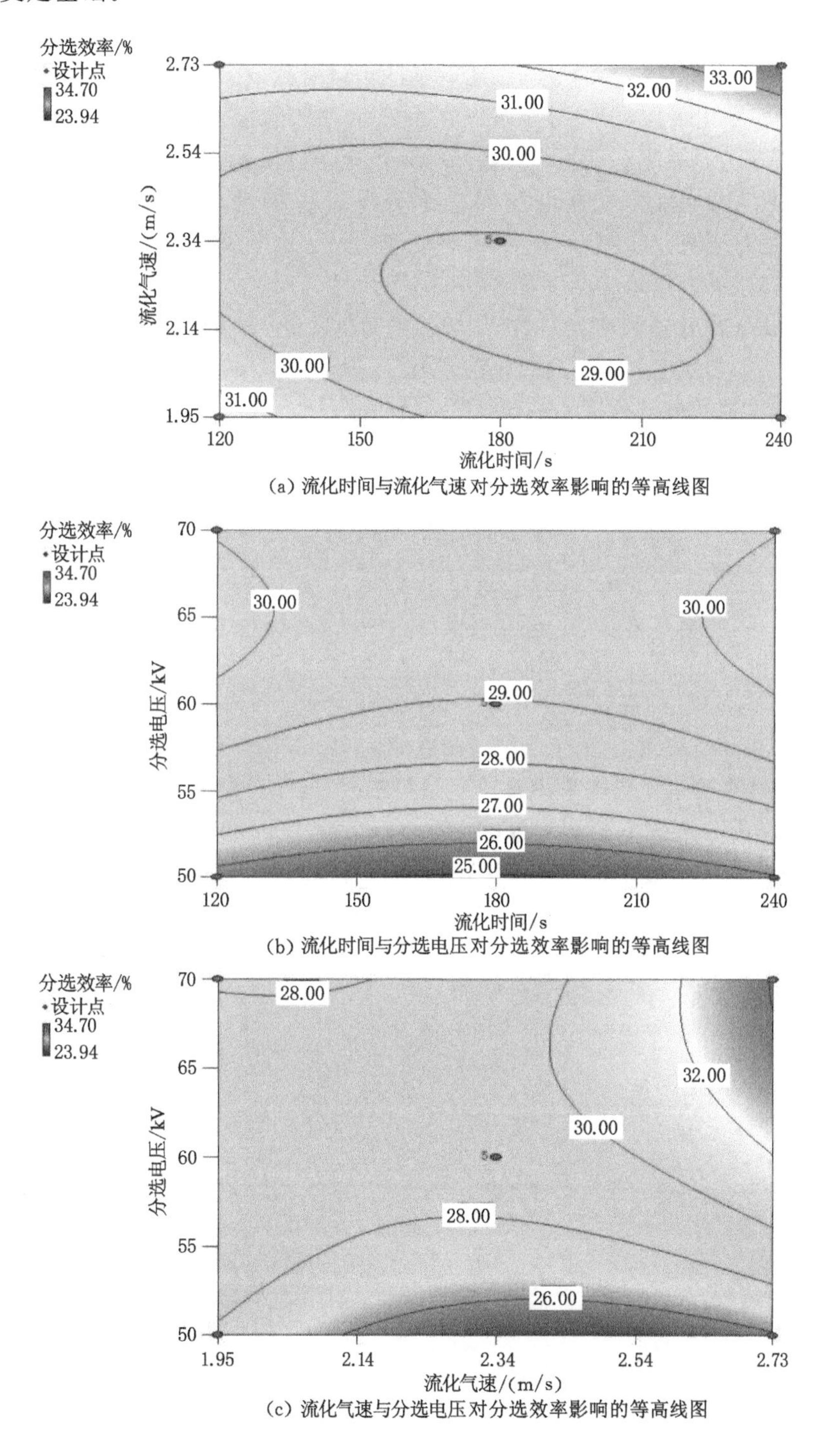

(a) 流化时间与流化气速对分选效率影响的等高线图

(b) 流化时间与分选电压对分选效率影响的等高线图

(c) 流化气速与分选电压对分选效率影响的等高线图

图 7-26　流化时间、分选电压以及流化气速对分选效率影响的等高线图

图 7-26(a)显示的是当分选电压为 60 kV 时，流化时间与流化气速对分选效率影响的等高线图。从等高线的变化趋势可以看出，在分选电压为 60 kV 以后，流化时间与流化气速在一定范围内对分选效率影响不大。而为了提高分选效率，只能在增加流化时间至 240 s 的同时增加流化气速至 2.73 m/s。图 7-26(b)显示的是当流化气速为 2.34 m/s 时，流化时间与分选电压对分选效率影响的等高线图。从图可以看到，在电压由 50 kV 增至 60 kV 的过程中，分选效率变化较为明显，且当电压在小于 60 kV 的某一固定值时，无论如何增加流化时间都无法提高分选效率。而当电压由 60 kV 增至 70 kV 的过程中，流化时间对分选效率的影响已不再明显。因此，分选电压在整个分选过程中对分选效率的影响最为显著。图 7-26(c)显示的是当流化时间为 180 s 时，流化气速与分选电压对分选效率影响的等高线图。从图 7-26(c)等高线的变化趋势可以看出，在流化时间为 180 s 以后，低电压(小于 60 kV)且流化气速在 2.34 m/s 时分选效率相对较大，增加或降低流化气速都不利于分选。而电压处于 60 kV 以上时，较高的流化气速下分选效率较大。因此，为了保证分选效率大于 30%以上，必须控制分选电压与流化气速分别大于 60 kV、2.34 m/s。

7.7 小　　结

(1) 在原生塑料两组分分选试验中，PP＋PET、PP＋PVC、PET＋PVC 的最佳分选参数所对应的分选效率依次为 77.92%、59.93%、71.03%。其中，PP＋PET 的正、负极产物的品位分别为 98.77%、86.66%，回收率分别为 93.59%、97.27%。三组分最终分选效率为 33.01%。对应产品 PP 的品位为 88.63%，回收率为 93.72%；PET 的品位为 79.80%，回收率为 82.24%；PVC 的品位为 80.47%，回收率为 75.25%。

(2)实际物料的整体分选效果相对原生塑料稍差，两组分物料中 PP＋PET、PP＋PVC、PET＋PVC 对应的分选效率分别为 63.33%、69.25%、52.44%。其中，PP＋PVC 的正、负极产物 PVC 与 PP 的品位分别为 95.79%、86.80%，回收率分别为 87.02%、95.71%。三组分实际物料通过正交试验得到的最大分选效率为 34.70%，产物 PP、PET、PVC 在达到最大分选效率时所对应的品位分别为 80.28%、79.18%、80.17%，回收率分别为 89.86%、88.24%、85.88%。

参考文献

[1] BAILEY A G. The charging of insulator surfaces[J]. Journal of electrostatics，2001，51/52：82-90.
[2] 刘伟军，陈拴柱，张书华. 粉体荷电研究进展与煤粉荷电研究初探[J]. 节能，2007，26(8)：10-13.
[3] 黄久生，刘尚合. 经典静电学史与现代静电技术[J]. 物理，1997，26(1)：55-60.
[4] PEARSE M J，江洪. 摩擦电选的可能性和局限性[J]. 国外金属矿选矿，1978，15(6)：24-34.
[5] BLAKE L I，MORSCHER L N. Process of electrical separation of conductors from non-conductors：US0668791[P]，1901-02-26.
[6] DOLBEAR C E. Electrostatic separator：US0724679[P]，1903-04-07.
[7] SCHNELLE F O. Electrical separator：US1071354[P]，1913-08-26.
[8] HUFF C H. Apparatus for electrostatic separation of substances of diverse electric susceptibility：US0801380[P]，1905-10-10.
[9] INCULET I I. Electrostatic mineral separation[G]. New York：Wiley，1986.
[10] 杨卫华. 喷射式悬浮电选机理研究与应用[D]. 昆明：昆明理工大学，2008.
[11] SCHNIEWIND F W C. Purification of coal：US1153182[P]，1915-09-07.
[12] KRAUS J. Electrostatic separator for inflammable minerals：US1222305[P]，1917-04-10.
[13] 罗宏昌. 静电实用技术手册[M]. 上海：上海科学普及出版社，1990.
[14] 谢广元. 选矿学[M]. 徐州：中国矿业大学出版社，2001.
[15] 舒勒特，雷国元. 30 μm 以下细粒物料的静电分选[J]. 国外金属矿选矿，1995，32(3)：35-39.
[16] 普拉克辛，奥洛芬斯基，胡力行. 论选别矿物细粒级时电晕除尘机和分级机的采用[J]. 有色金属(冶炼部分)，1960(5)：19-25.
[17] 菅义夫. 静电手册[M]. 北京：科学出版社，1981.
[18] 杜勃拉克，李中宇. 美国用物理和微生物选矿法从煤中脱硫[J]. 河南煤炭，1986(4)：56.
[19] SUN S C，MORGAN J D，WESNER R F. Behavior of mineral particles in electrostatic separation[J]. Transactions aime-mining engineering，1950，187：369-373.
[20] FOSTER F. Reagent conditioning for electrostatic separation of minerals：US2593431

[P],1952-04-22.

[21] SNOW R E. Process for the beneficiation of sylvinite ore: US3052349[P],1962-09-04.

[22] AUTENRIETH H,PEUSCHEL G. Electrostatic separation: US3073447[P],1963-01-15.

[23] AUTENRIETH H. Electrostatic separation of minerals:US3217876[P],1965-11-16.

[24] AUTENRIETH H,PEUSCHEI G K,WEICHART G. Process for the electrostatic separation of carnallite-containing crude salts:US3225924[P],1965-12-28.

[25] SINGEWALD A,FRICKE G,JUNG D. Process for the electrostatic separation of clay containing crude potassium salts:US3835996[P],1974-09-17.

[26] SINGEWALD A, GEISLER I, FRICKE G, et al. Process and apparatus for the electrostatic dressing of carnallite-containing crude potassium salts: US4297207[P],1981-10-27.

[27] SINGEWALD A,FRICKE G. Process for electrostatic separation of pyrite from crude coal:US3941685[P],1976-03-02.

[28] NEWMAN H R. The mineral industry of Germany[Z]. [s. l. :s. n.],2006.

[29] PFOH O, RADICK C, THENERT H. Process and device for controlling the electrostatic separation of crude potash salts in electrostatic free fall separators: US4743362[P],1988-05-10.

[30] ALFANO G,CARBINI P,CARTA M,et al. Applications of static electricity in coal and ore beneficiation:the contribution of the university of cagliari to the development of new separators and to the improvement of the processing technology[J]. Journal of electrostatics,1985,16(2/3):315-328.

[31] CARTA M, CARBINI P, CICCU R, et al. Beneficiation methods for coal desulphurization[C]. Halifax, NS, Can: Canadian Society for Chemical Engineering, Ottawa,Ont,Can,1981.

[32] CARTA M, ALFANO G, CARBINI P, et al. Triboelectric phenomena in mineral processing. theoretic fundamentals and applications [J]. Journal of electrostatics, 1981,10:177-182.

[33] CARTA M,丘继存. 矿物表面能的结构对电选和浮选的影响[J]. 国外金属矿选矿,1975,12(增刊 2):13-25.

[34] CARTA M,FERRARA G,徐建民. 用电离或摩擦使矿粒带电在气体介质中处于悬浮状态的细磨矿石的电选[J]. 国外金属矿选矿,1973,10(7):1-11.

[35] CARTA M,刘振中. 用改变表面层能级改善电选和浮选[J]. 国外金属矿选矿,1974,11(增刊 1):1-13.

[36] CICCU R,PERETTI R,SERCI A,et al. Experimental study on triboelectric charging of mineral particles[J]. Journal of electrostatics,1989,23:157-168.

[37] ALFANO G,刘永之,杨英杰. 矿物摩擦电选的进展[J]. 国外金属矿选矿,1989,26(2):1-6.

[38] 杨俊利.浅谈电选技术用于生产洁净煤[J].选煤技术,1995(4):40-43.
[39] 茨库,魏明安,肖力子.一种用于细粒分选的新型静电分选机[J].国外金属矿选矿,2001,38(1):40-43.
[40] 高鹏义.用摩擦电选法分离难选的黄绿石产品[J].国外金属矿选矿,1976,13(7):45-47.
[41] ANDERSON J M, PAROBEK L, BERGOUGNOU M A, et al. Electrostatic separation of coal macerals[J]. IEEE transactions on industry applications,1979,IA-15(3):291-293.
[42] INCULET I I,BERGOUGNOU M A,徐建民.细粒矿物在沸腾层中的静电分选[J].国外金属矿选矿,1974,11(4):34-39.
[43] INCULET I I,BERGOUGNOU M A,BAUER S. Electrostatic beneficiation apparatus for fluidized iron and other ores[J]. IEEE transactions on industry applications,1972,IA-8(6):744-748.
[44] INCULET I I, BERGOUGNOU M A, BROWN J D. Electrostatic separation of particles below 40 μm in a dilute phase continuous loop[J]. IEEE transactions on industry applications,1977,IA-13(4):370-373.
[45] INCULET I I, QUIGLEY R M, BERGOUGNOU M A, et al. Electrostatic beneficiation of hat creek coal in the fluidized state[J]. CIM bulletin,1980,73(822):51-61.
[46] KIEWIET C W,BERGOUGNOU M A,BROWN J D,et al. Electrostatic separation of fine particles in vibrated fluidized beds[J]. IEEE transactions on industry applications,1978,IA-14(6):526-530.
[47] BEECKMANS J M,INCULET I I,DUMAS G. Enhancement in segregation of a mixed powder in a fluidized bed in the presence of an electrostatic field[J]. Powder technology,1979,24(2):267-269.
[48] ANDERSON J M. Electrostatic separation of pyrites and coal macerals[D]. London:The University of Western Ontario,1976.
[49] INCULET I I,QUIGLEY R M,FILLITER K B. Coal-clay triboelectrification[J]. IEEE transactions on industry applications,1985,IA-21(2):514-517.
[50] INCULET I I,QUIGLEY R M,BEISSER E M J. Electrostatic Charges on Clays[J]. IEEE transactions on industry applications,1985,IA-21(1):23-25.
[51] ZHOU G G. Continuous electrostatic beneficiation and surface conditioning of coal[D]. London:The University of Western Ontario,1986.
[52] INCULET I I,STRATHDEE G G. Electrostatic beneficiation of potash ores[C]. Pittsburgh,PA,USA:IEEE,1988.
[53] INCULET I I, CASTLE G S P, BROWN J D. Tribo-electrification system for electrostatic separation of plastics[C]. Denver,CO,USA:IEEE,1994.
[54] BROWN J D,WYNEN P F,DOYLE T E. Tribocharging and electrostatic separation of mixed electrically insulating particles:US6927354[P],2005-08-09.

[55] SCHÖNERT K, EÌCHAS K, NIERMFÖER F. Charge distribution and state of agglomeration after tribocharging fine particulate materials[J]. Powder technology, 1996,86(1):41-47.

[56] GEISLER I, KNAUER H, STAHL I. Electrostatic separator for classifying triboelectrically charged substance mixtures:US6011229[P],2000-01-04.

[57] 伊林·盖斯勒,汉斯-尤尔根·克瑙尔,英戈·施塔尔. 用于分选摩擦充电混合物质的静电分离装置:97120210.9[P],1998-06-03.

[58] 高孟华. 微粉煤摩擦荷电机理的研究[D]. 徐州:中国矿业大学,2005.

[59] KISER D L,LEONARD J W,雷湘沁,等. 煤的物理/化学脱硫技术经济评价[J]. 煤炭转化,1985,8(4):48-59.

[60] TONDU E,THOMPSON W G,WHITLOCK D R,et al. Commercial separation of unburned carbon from fly ash[J]. Mining engineering,1996,48(6):47-50.

[61] 张金明. 选矿技术在粉煤灰综合利用中的应用[J]. 国外金属矿选矿,1998,35(7):44-48.

[62] 黄开飞. 分离粉煤灰中未燃烧的碳质[J]. 国外选矿快报,1997,13(19):6-8.

[63] BITTNER J D, GASIOROWSKI S A. Triboelectrostatic fly ash beneficiaton: an update on separation technologies' international operations[Z]. [s. l. :s. n.],2005.

[64] SOONG Y,LINK T A,SCHOFFSTALL M R,et al. Dry beneficiation of slovakian coal[J]. Fuel processing technology,2001,72(3):185-198.

[65] GUSTAFSON R M,DIMARE S,S SABATINI J. The chemical enhancement of the triboelectric separation of coal from pyrite and ash:A novel approach for electrostatic separation of minerac from coal[R]. [s. l. :s. n.],1992.

[66] YOON R H, LUTTRELL G H, YAN E S, et al. POC-scale testing of a dry triboelectrostatic separator for fine coal cleaning[R]. Pittsburgh: U. S. Department of Energy,2001.

[67] SOONG Y,SCHOFFSTALL M R,GRAY M L,et al. Dry beneficiation of high loss-on-ignition fly ash[J]. Separation and purification technology,2002,26(2/3):177-184.

[68] LINK T A,SCHOFFSTALL M R,SOONG Y. Device and method for separating minerals,carbon and cement additives from fly ash:US09/878196[P],2004-01-27.

[69] SOONG Y,IRDI G A,MCLENDON T R,et al. Triboelectrostatic separation of fly ash with different charging materials[J]. Chemical engineering & technology,2007,30(2):214-219.

[70] MAZUMDER M K,LINDQUIST D,TENNAL K B. Electrostatic beneficiation of coal T2,T6-11[R]. Little Rock:University of Arkansas at Little Rock,1996.

[71] TENNAL K B,MAZUMDER M K,LINDQUIST D,et al. Triboelectric separation of granular materials[C]. New Orleans,LA,USA:IEEE,1997.

[72] TENNAL K B,LINDQUIST D,MAZUMDER M K,et al. Efficiency of electrostatic separation of minerals from coal as a function of size and charge distributions of coal particles[C]. Phoenix,AZ,USA:IEEE,1999.

[73] BAN H, SCHAEFER J L, STENCEL J M. Electrostatic separation of powdered materials: beneficiation of coal and fly ash[J]. Energeia, 1995, 6(4): 1-3.
[74] STENCEL J M, SCHAEFER J L, BAN H, et al. Triboelectrostatic cleaning of coal in-line between pulverizers and burners at utilities[J]. Coal preparation, 1998, 19(1/2): 115-129.
[75] STENCEL J M. Pulverization induced charge-in-line dry coal cleaning[R]. Lexington: Center for Applied Energy Research, University of Kentucky, 1999.
[76] STENCEL J M, SCHAEFER J L, BAN H, et al. Apparatus and method for triboelectrostatic separation: US5938041[P], 1999-08-17.
[77] BAN H, LI T X, HOWER J C, et al. Dry triboelectrostatic beneficiation of fly ash[J]. Fuel, 1997, 76(8): 801-805.
[78] HOWER J C, BAN H, SCHAEFER J L, et al. Maceral/microlithotype partitioning through triboelectrostatic dry coal cleaning[J]. International journal of coal geology, 1997, 34(3/4): 277-286.
[79] BAN H, STENCEL J M. Preferential recycling-rejection in CFBC/FBC systems using triboelectrostatic separation[R]. Lexington: Center for Applied Energy Research, University of Kentucky, 2004.
[80] LI T X, BAN H, HOWER J C, et al. Dry triboelectrostatic separation of mineral particles: a potential application in space exploration[J]. Journal of electrostatics, 1999, 47(3): 133-142.
[81] BROWN D K. Electrostatic pyrite ash and toxic mineral separator: US5637122[P], 1997-06-10.
[82] STENCEL J M, SCHAEFER J L, BAN H, et al. Method and apparatus for triboelectric-centrifugal separation: US5755333[P], 1998-05-26.
[83] STENCEL J M, SCHAEFER J L, NEATHERY J K, et al. Electrostatic particle separation system, apparatus, and related method: US09/470916[P], 2002-12-24.
[84] STENCEL J M, GURUPIRA T Z. Particle separation/purification system, diffuser and related methods: US11/415555[P], 2006-10-05.
[85] JIANG X K. Development and fundamental evaluation of a novel triboelectrostatic separator[D]. Lexington: University of Kentucky, 2003.
[86] JIANG X K, TAO D, STENCEL J M. Enhancement of dry triboelectric separation of fly ash using seed particles[J]. Coal preparation, 2003, 23(1/2): 67-76.
[87] TAO D, FAN M M, JIANG X K. Dry coal fly ash cleaning using rotary triboelectrostatic separator[J]. Mining science and technology, 2009, 5(19): 642-647.
[88] 陶东平.静电颗粒带电分选装置:200420079562.1[P],2005-12-14.
[89] AHMADI G, HE C H, HANG B, et al. Air flow and particle transport in a triboelectric coal/ash cleaning system-counter flowing straight duct design[J]. Particulate science & technology, 2000, 18(3): 213-225.
[90] SCHMOUTZIGUER W S, MCGOVERN J J. Process and apparatus for separating

particles by use of triboelectrification:US6034342[P],2000-03-07.

[91] 埃里克·扬,托马斯·格雷,蒂莫·尼蒂.使用箱形电极的静电分离装置和方法:01811602.7[P],2003-08-20.

[92] YAN E S,GREY T J,NIITTI T U. Electrostatic separation apparatus and method using box-shaped electrodes:US6329623[P],2001-12-11.

[93] BALTRUS J P,DIEHL J R,SOONG Y,et al. Triboelectrostatic separation of fly ash and charge reversal[J]. Fuel,2002,81(6):757-762.

[94] TRIGWELL S,TENNAL K B,MAZUMDER M K,et al. Precombustion cleaning of coal by triboelectric separation of minerals[J]. Particulate science and technology,2003,21(4):353-364.

[95] 艾伦三世,里斯.介质调节静电分离:03817313.1[P],2006-04-19.

[96] XIAO C F, ALLEN L III. Electrostatic separation enhanced by media addition:US6452126[P],2002-09-17.

[97] ALLEN L E III,RIISE B L. Mediating electrostatic separation:US7063213[P],2006-06-20.

[98] TURCANIOVA L,SOONG Y,LOVAS M,et al. The effect of microwave radiation on the triboelectrostatic separation of coal[J]. Fuel,2004,83(14/15):2075-2079.

[99] DWARI R K,RAO K H. Tribo-electrostatic behaviour of high ash non-coking Indian thermal coal[J]. International journal of mineral processing,2006,81(2):93-104.

[100] DWARI R K. Thermal non-coking coal preparation by triboelectic dry process[D]. Lulea:Lulea University of Technology,2006.

[101] DWARI R K. High ash non-coking coal preparation by tribo-electrostatic dry process[D]. Lulea:Lulea University of Technology,2008.

[102] SHARMA R, TRIGWELL S, MAZUMDER M K. Interfacial processes and tribocharging:effect of plasma surface modification and physisorption[J]. Particulate science and technology,2008,26(6):587-594.

[103] YANAR D K,KWETKUS B A. Electrostatic separation of polymer powders[J]. Journal of electrostatics,1995,35(2/3):257-266.

[104] LEE J K. Separation system and method of unburned carbon in fly ash from a coal-fired power plant:US08/888587[P],1999-03-23.

[105] LEE J K, SHIN J H. Triboelectmstatic separation of pvc materials from mixed plastics waste plastic recycling[J]. Korean journal of chemical engineering,2002,19(2):267-272.

[106] KIM J K,CHO H C,KIM S C. Removal of unburned carbon from coal fly ash using a pneumatic triboelectrostatic separator[J]. Journal of environmental science and health,Part A,2001,36(9):1709-1724.

[107] KIM J K,KIM S C. Tribo-electrostatic beneficiation of fly ash for ash utilization[J]. Korean journal of chemical engineering,2001,18(4):531-538.

[108] PARK C H, JEON H S, PARK J K. PVC removal from mixed plastics by

triboelectrostatic separation[J]. Journal of hazardous materials,2007,144(1/2):470-476.

[109] PARK C H,JEON H S,CHO B G,et al. Triboelectrostatic separation of covering plastics in chopped waste electric wire[J]. Polymer engineering & science,2007,47(12):1975-1982.

[110] PARK C H,JEON H S,YU H S,et al. Application of electrostatic separation to the recycling of plastic wastes: Separation of PVC, PET and ABS[J]. Environmental science & technology,2008,42(1):249-255.

[111] MASUDA S,TORAGUCHI M,TAKAHASHI T,et al. Electrostatic beneficiation of coal using a cyclone-tribocharger[J]. IEEE transactions on industry applications,1983,IA-19(5):789-793.

[112] KITAZAWA K,OZAKI T. Process for removing ash from coal: US06/459691[P],1984-11-13.

[113] MATSUSHITA Y,MORI N,SOMETANI T. Electrostatic separation of plastics by friction mixer with rotary blades[J]. Electrical engineering in Japan,1999,127(3):33-40.

[114] DODBIBA G,SADAKI J,OKAYA K,et al. The use of air tabling and triboelectric separation for separating a mixture of three plastics[J]. Minerals engineering,2005,18(15):1350-1360.

[115] OWADA S. "Dry flotation": A novel electrostatic separation by modifying particle surface with surfactant and electrolyte[J]. Resources processing,2006,53(1):29-33.

[116] SAEKI M. Vibratory separation of plastic mixtures using triboelectric charging[J]. Particulate science and technology,2006,24(2):153-164.

[117] SAEKI M. Triboelectric separation of three-component plastic mixture [J]. Particulate science and technology,2008,26(5):494-506.

[118] HEARN G L, BALLARD J R. The use of electrostatic techniques for the identification and sorting of waste packaging materials[J]. Resources, conservation and recycling,2005,44(1):91-98.

[119] IUGA A,MORAR R,SAMUILA A,et al. Electrostatic separation of brass from industrial wastes[J]. IEEE transactions on industry applications, 1999, 35(3):537-542.

[120] DASCALESCU L,MIHALCIOIU A,TILMATINE A,et al. Electrostatic separation processes[J]. IEEE industry applications magazine,2004,10(6):19-25.

[121] IUGA A,CUGLESAN I,SAMUILA A,et al. Electrostatic separation of muscovite mica from feldspathic pegmatites[J]. IEEE transactions on industry applications,2004,40(2):422-429.

[122] IUGA A,MORAR R,SAMUILA A,et al. Electrostatic separation of metals and plastics from granular industrial wastes[J]. IEEE proceedings-science, measurement and technology,2001,148(2):47-54.

[123] URS A, SAMUILA A, MIHALCIOIU A, et al. Charging and discharging of insulating particles on the surface of a grounded electrode[J]. IEEE transactions on industry applications,2004,40(2):437-441.

[124] IUGA A,SAMUILA A,NEAMTU V,et al. Electrostatic separation methods for metal removal from ABS wastes[C]//2007 IEEE industry applications annual meeting,2007.

[125] IUGA A,CALIN L,NEAMTU V,et al. Tribocharging of plastics granulates in a fluidized bed device[J]. Journal of electrostatics,2005,63(6/7/8/9/10):937-942.

[126] CALIN L, CALIAP L, NEAMTU V, et al. Tribocharging of granular plastic mixtures in view of electrostatic separation[J]. IEEE transactions on industry applications,2008,44(4):1045-1051.

[127] CALIN L,MIHALCIOIU A,IUGA A,et al. Fluidized bed device for plastic granules triboelectrification[J]. Particulate science and technology,2007,25(2):205-211.

[128] 彭高.茶叶静电分选原理及运用[J].茶叶通讯,2006,33(3):29-31.

[129] 窦伟国,乌力根代来,石辛民,等.静电分选装置的试验研究[J].农业机械学报,1987,18(4):27-33.

[130] 李东江,余登苑.滚筒式静电选种机的理论分析与初步试验研究[J].南京农业大学学报,1994,17(3):128-133.

[131] 康敏,刘德营,余登苑.种子静电清选分级装置的研究[J].农机化研究,2001,23(3):39-41.

[132] 郭清南,张路军,李法德,等.2n 花粉静电分选的机理研究[J].农业工程学报,1999,15(4):212-215.

[133] 贝广霞.实用花粉静电分选装置的试验与研制[D].泰安:山东农业大学,2004.

[134] 杨圣伟.粉煤灰的摩擦荷电性与放电特征[D].西安:西安建筑科技大学,2007.

[135] 徐品晶.粉煤灰电选脱碳技术的开发:粉煤灰带电特征的研究[D].西安:西安建筑科技大学,2007.

[136] 何家宁.复合式摩擦电选机分选机理的研究[D].昆明:昆明理工大学,2007.

[137] 张桂芳.悬浮微细矿粒在电场中的数值分析及分选机理研究[D].昆明:昆明理工大学,2003.

[138] 焦有宙.粉煤灰静电分离脱炭技术试验研究[D].郑州:河南农业大学,2001.

[139] 章新喜.微粉煤干法脱硫降灰的研究[D].徐州:中国矿业大学,1994.

[140] 李齐明,黄祥鑫,李永蔚.ϕ120×1500 工业型电选机[J].有色金属(冶炼部分),1965(9):11-16.

[141] 周岳远.YD 系列高压电选机与电选工艺[J].金属矿山,1996(8):13-15.

[142] 王军,邹建新,周建国.YD-3 型及 Carpco 型电选机电极结构与工艺参数优化研究[J].矿产综合利用,2004(4):44-48.

[143] 赵南方,周岳远,林德福.YD31200-23 型高压电选机的研制及应用[J].中南工业大学学报,1998,29(4):385-387.

[145] 龚文勇,林德福.YD31200-23 型高效电选机的研制及应用[J].矿冶工程,1996,16

(2):40-42.
[146] 龚文勇,张华.电选粉煤灰脱碳技术的研究[J].粉煤灰,2005,17(3):33-36.
[147] 徐星佩.锅炉粉煤灰电选工艺的研究[J].矿冶工程,1982,2(2):38-43.
[148] 向延松,赖国新,朱远标.HDX-1500型板式电选机的研制[J].广东有色金属学报,1997,7(1):6-10.
[149] 陈宝权.粉煤灰分选脱碳及综合利用试验研究[J].湖南有色金属,1995,11(1):35-38.
[150] 骆振福.中国西部煤炭能源的优化利用[J].中国矿业,2001,10(1):36-39.
[151] 陈清如,杨玉芬.21世纪高效干法选煤技术的发展[J].中国矿业大学学报,2001,30(6):527-530.
[152] 安振连,章新喜,陈清如.微细粒煤摩擦电选的试验研究[J].煤炭科学技术,1998,26(6):24-26.
[153] 王启宝,任瑜霞,解强,等.超低灰煤制备优质活性炭的研究[J].黑龙江矿业学院学报,1999,9(1):1-3.
[154] 高孟华,章新喜,陈清如.中梁山煤摩擦电选可选性研究[J].煤炭科学技术,2007,35(8):68-71.
[155] 于凤芹,章新喜,张军华,等.微粉煤的摩擦电选[J].华北科技学院学报,2007,4(1):15-18.
[156] 张军华,蒋善勇,章新喜,等.登封煤的电晕预荷电摩擦电选[J].煤,2007,16(3):10-12.
[157] 高孟华,章新喜,陈清如.煤系伴生矿物介电常数和摩擦荷电实验研究[J].中国矿业,2007,16(8):106-109.
[158] 马瑞欣,章新喜.煤与矿物质的摩擦电选分离试验研究[J].煤,2006,15(3):5-8.
[159] 章新喜,段超红,于凤芹,等.微粉煤的电性质及摩擦荷电研究[J].中国矿业大学学报,2005,34(6):694-697.
[160] 高孟华,章新喜,陈清如.应用摩擦电选技术降低微粉煤灰分[J].中国矿业大学学报,2003,32(6):674-677.
[161] 章新喜,高孟华,段超红,等.大同煤的摩擦电选试验研究[J].中国矿业大学学报,2003,32(6):620-623.
[162] 张军华.微粉煤摩擦电选工艺参数试验研究[D].徐州:中国矿业大学,2007.
[163] 马瑞欣.煤的摩擦电选过程中矿物质脱除规律的研究[D].徐州:中国矿业大学,2006.
[164] 章新喜,高孟华,马瑞新,等.火电站脱硫新模式:燃前煤粉在线脱硫[J].能源环境保护,2004,18(5):1-4.
[165] 章新喜.微细粒物料摩擦电选方法与装置:200610038162.X[P],2007-08-08.
[166] 温燕明,陈昌华,孔凡朔.高炉喷吹用煤的摩擦电选实验研究[J].钢铁,2006,41(2):11-15.
[167] 张宗华,石道民,李世厚.白钨矿药剂处理电选除锡方法:86103767[P],1987-05-06.
[168] 张宗华,戴慧新,石道民.悬浮电选机:94200555.4[P],1995-12-20.
[169] 何家宁,DANIEL T,张宗华,等.电选机电场强度与相对湿度之间的关系[J].金属矿

山,2006(6):27-29,39.
[170] 张桂芳,张宗华,高利坤.分选微细矿粒电选机研究[J].矿山机械,2003,31(10):48-50.
[171] 杨卫华,张宗华,张云生,等.超高压悬浮电选机的电源系统应用研究[J].矿山机械,2007,35(4):74-76.
[172] 张桂芳,张宗华,高利坤.悬浮电选机分选微细粒的试验研究[J].有色金属(选矿部分),2003(2):25-27.
[173] 张宗华,戴惠新,吴幼竺,等.会东难选金红石矿的矿物工艺特性及选矿试验研究[J].云南冶金,2001,30(5):7-13.
[174] 张桂芳,张宗华,高利坤.悬浮电选机分选微细粒的试验研究[J].有色金属(选矿部分),2003(2):25-27.
[175] 戴惠新,张宗华.细粒钛铁矿选矿新工艺研究[J].国外金属矿选矿,1998,35(5):22-23.
[176] 张宗华,石道民.微细粒级黑钨矿除锡试验研究[J].云南冶金,1997,26(6):20-26.
[177] 戴惠新,王春秀,段希祥.电选在我国磷矿选矿中应用的可能性探讨[J].化工矿物与加工,2003,32(2):5-7.
[178] 戴惠新,段希祥,王春秀,等.磷矿的电选试验研究[J].中国矿业,2003,12(9):52-54.
[179] 吴彩斌,段希祥,戴惠新,等.中低品位磷矿富集的新方法:干式电选法[J].化工矿物与加工,2003,32(9):7-9.
[180] 吴彩斌,周平,段希祥,等.干式电选工艺在化工矿山中的应用研究[J].化工环保,2004,24(1):9-12.
[181] 黎强,陈昌和,杨玉芬,等.粉煤灰的微观结构与脱碳方法的实验比较[J].选煤技术,2003(1):11-13.
[182] 黎强,陈昌和,杨玉芬,等.粉煤灰微观特征与干法脱炭实验[J].矿产综合利用,2003(2):8-11.
[183] 于凤芹,章新喜,段代勇,等.粉煤灰摩擦电选脱碳的试验研究[J].选煤技术,2008(1):8-11.
[184] 侯新凯,徐品晶,徐德龙,等.粉煤灰中灰颗粒的摩擦荷电特征[J].煤炭学报,2007,32(7):757-761.
[185] 杨圣玮,侯新凯,徐品晶,等.影响粉煤灰中炭的摩擦荷电特性的因素[J].粉煤灰综合利用,2007,20(6):26-28.
[186] 杨圣玮,侯新凯,梅元,等.粉煤灰中炭的摩擦荷电特性的基础研究[J].选煤技术,2007(5):18-21.
[187] 张全国,杨群发,焦有宙,等.粉煤灰高压静电脱炭工艺特性的试验研究[J].粉煤灰,2002,14(5):3-6.
[188] 焦有宙,张全国,张相锋,等.粉煤灰电特性与摩擦高压静电脱炭技术试验研究[J].河南师范大学学报(自然科学版),2004,32(3):36-40.
[189] 焦有宙,武卫政,孙育峰,等.干排粉煤灰摩擦高压静电脱炭技术试验研究[J].华北水利水电学院学报,2005,26(4):72-75.

[190] 张全国,李刚,徐波,等. 粉煤灰静电脱炭技术研究[J]. 安全与环境学报,2002,2(1):47-50.

[191] 张相锋. 粉煤灰脱炭试验装置研究[D]. 郑州:河南农业大学,2000.

[192] 汀澜,隋同波,王宏霞,等. 粉煤灰带式输送静电分离方法及装置:200610088885.0[P],2007-01-03.

[193] 李佳,许振明. 废旧印刷电路板破碎颗粒的高压静电分离装置:200510023788.9[P],2008-05-21.

[194] 国为民,陈生大,冯涤. 高温合金中非金属夹杂的静电分离工艺参数研究[J]. 哈尔滨理工大学学报,1999,4(4):80-82.

[195] 马俊伟,王真真,杨志峰,等. 电选法回收利用废印刷线路板[J]. 环境污染治理技术与设备,2005,6(7):63-66.

[196] 胡利晓,温雪峰,刘建国,等. 废印刷电路板的静电分选实验研究[J]. 环境污染与防治,2005,27(5):326-330.

[197] 曹志群,龚文勇,张华. 高合金钢磨屑电选试验研究[J]. 矿冶工程,2001,21(2):45-47.

[198] ENGERS D A, FRICKE M N, NEWMAN A W, et al. Triboelectric charging and dielectric properties of pharmaceutically relevant mixtures[J]. Journal of electrostatics, 2007,65(9):571-581.

[199] 马诺切赫里,林森,李长根. 电选法应用实践评述(Ⅰ)[J]. 国外金属矿选矿,2002,39(10):4-17.

[200] CHARLSON E M, CHARLSON E J, BURKETT S, et al. Study of the contact electrification of polymers using contact and separation current[J]. IEEE transactions on electrical insulation,1992,27(6):1144-1151.

[201] GUPTA R, GIDASPOW D, WASAN D T. Electrostatic separation of powder mixtures based on the work functions of its constituents[J]. Powder technology, 1993,75(1):79-87.

[202] MAZUMDER M K, SIMS R A, BIRIS A S, et al. Twenty-first century research needs in electrostatic processes applied to industry and medicine[J]. Chemical engineering science, 2006,61(7):2192-2211.

[203] KODAMA J, FOERCH R, MCINTYRE N S, et al. Effect of plasma treatment on the triboelectric properties of polymer powders[J]. Journal of applied physics, 1993, 74(6):4026-4033.

[204] DASCALESCU L, URS A, BENTE S, et al. Charging of mm-size insulating particles in vibratory devices[J]. Journal of electrostatics, 2005, 63(6/7/8/9/10):705-710.

[205] ANDERSON J H. The effect of additives on the tribocharging of electrophotographic toners[J]. Journal of electrostatics, 1996, 37(3):197-209.

[206] MATSUYAMA T, YAMAMOTO H. Charge transfer between a polymer particle and a metal plate due to impact[J]. IEEE transactions on industry applications, 1994,30(3):602-607.

[207] BAN H, SCHAEFER J L, SAITO K, et al. Particle tribocharging characteristics relating to electrostatic dry coal cleaning[J]. Fuel, 1994, 73(7): 1108-1113.
[208] DONEY J A. Hydrodynamic factors that can influence triboelectrostatic separations [D]. Pittsburgh: Carnegie Mellon University, 1995.
[209] VINAY S J, JHON M S. Particle "swarm" dynamics in triboelectric systems[J]. Journal of applied physics, 2000, 89(2): 1436-1440.
[210] METWALLY I A, A-RAHIM A A. Dynamics of spherical metallic particles in electrostatic separators/sizers[J]. Journal of electrostatics, 2001, (51/52): 252-258.
[211] SHARMENE A F, ADNAN A M, AYESHA A R, et al. Minority charge separation in falling particles with bipolar charge[J]. Journal of electrostatics, 1998, 45: 139-155.
[212] JHON M S. An experimental study of multi-Particle dynamics in triboelectrostatic systems[R]. Pittsburgh: Department of Chemical Engineering, Carnegie Mellon University, 2001.
[213] CALIN L, MIHALCIOIU A, DAS S, et al. Controlling particle trajectory in free-fall electrostatic separators[J]. IEEE transactions on industry applications, 2008, 44(4): 1038-1044.
[214] TRIGWELL S, MAZUMDER M K, PELLISSIER R. Tribocharging in electrostatic beneficiation of coal: Effects of surface composition on work function as measured by x-ray photoelectron spectroscopy and ultraviolet photoelectron spectroscopy in air [J]. Journal of vacuum science and technology, A: vacuum, surfaces, and films, 2001, 19(4): 1454-1459.
[215] TRIGWELL S, GRABLE N, YURTERI C U, et al. Effects of surface properties on the tribocharging characteristics of polymer powder as applied to industrial processes[J]. IEEE transactions on industry applications, 2003, 39(1): 79-86.
[216] MURTOMAAA M, OJANEN K, LAINE E, et al. Effect of detergent on powder triboelectrification[J]. European journal of pharmaceutical sciences, 2002, 17(4/5): 195-199.
[217] MURTOMAA M, MELLIN V, HARJUNEN P, et al. Effect of particle morphology on the triboelectrification in dry powder inhalers[J]. International journal of pharmaceutics, 2004, 282(1/2): 107-114.
[218] MOUNTAIN J R, MAZUMDER M K, SIMS R A, et al. Triboelectric charging of polymer powders in fluidization and transport processes[J]. IEEE transactions on industry applications, 2001, 37(3): 778-784.
[219] TAO R, XU X, KHILNANEY-CHHABRIA D. Electrostatic separation of superconducting particles from a mixture[J]. Applied physics letters, 2006, 88(8): 082503.
[220] CAPTAIN J, TRIGWELL S, ARENS E, et al. Tribocharging lunar simulant in vacuum for electrostatic beneficiation[J]. Aip conference proceedings, 2007, 880(1): 951-956.
[221] SAINI D, TRIGWELL S, SRIRAMA P K, et al. Portable free-fall electrostatic

separator for beneficiation of charged particulate materials[J]. Particulate science and technology,2008,26(4):349-360.

[222] MEHRANI P,BI H T,GRACE J R. Bench-scale tests to determine mechanisms of charge generation due to particle-particle and particle-wall contact in binary systems of fine and coarse particles[J]. Powder technology,2007,173(2):73-81.

[223] MANOUCHEHRI H R, HANUMANTHA RAO K H, FORSSBERG K S E. Triboelectric charge, electrophysical properties and electrical beneficiation potential of chemically treated feldspar, quartz and wollastonite[J]. Magnetic and electrical separation,2002,11(1/2):9-32.

[224] MANOUCHEHRI H R, RAO K H, FORSSBERG K S E. Triboelectric charge characteristics and donor-acceptor, acid-base properties of minerals-are they related? [J]. Particulate science and technology,2001,19(1):23-43.

[225] DWARI R K,RAO K H,SOMASUNDARAN P. Characterisation of particle tribo-charging and electron transfer with reference to electrostatic dry coal cleaning[J]. International journal of mineral processing,2009,91(3-4):100-110.

[226] LUNGU M. Electrical separation of plastic materials using the triboelectric effect [J]. Minerals engineering,2004,17(1):69-75.

[227] 帕诺夫,帕诺娃,卡西扬,等.关于氧化铁矿石矿物导电性的长时张弛问题[J].国外金属矿山,1993(12):49-52.

[228] HARVEY T J,WOOD R J K,DENUAULT G,et al. Investigation of electrostatic charging mechanisms in oil lubricated tribo-contacts[J]. Tribology international, 2002,35(9):605-614.

[229] LACKS D J,LEVANDOVSKY A. Effect of particle size distribution on the polarity of triboelectric charging in granular insulator systems[J]. Journal of electrostatics, 2007,65(2):107-112.

[230] DUFF N, LACKS D J. Particle dynamics simulations of triboelectric charging in granular insulator systems[J]. Journal of electrostatics,2008,66(1/2):51-57.

[231] NÉMETH E, ALBRECHT V, SCHUBERT G, et al. Polymer tribo-electric charging: dependence on thermodynamic surface properties and relative humidity [J]. Journal of electrostatics,2003,58(1/2):3-16.

[232] CANGIALOSI F, LIBERTI L, NOTARNICOLA M, et al. Monte Carlo simulation of pneumatic tribocharging in two-phase flow for high-inertia particles[J]. Powder technology,2006,165(1):39-51.

[233] CANGIALOSI F,NOTARNICOLA M,LIBERTI L,et al. Significance of surface moisture removal on triboelectrostatic beneficiation of fly ash[J]. Fuel,2006,85(16):2286-2293.

[234] CANGIALOSI F,NOTARNICOLA M,LIBERTI L,et al. The role of weathering on fly ash charge distribution during triboelectrostatic beneficiation[J]. Journal of hazardous materials,2009,164(2/3):683-688.

[235] CANGIALOSI F, NOTARNICOLA M, LIBERTI L, et al. The effects of particle

concentration and charge exchange on fly ash beneficiation with pneumatic triboelectrostatic separation[J]. Separation and purification technology,2008,62(1):240-248.

[236] WOODHEAD S R,ARMOUR-CHÉLU D I. The influence of humidity,temperature and other variables on the electric charging characteristics of particulate aluminium hydroxide in gas-solid pipeline flows[J]. Journal of electrostatics,2003,58(3/4):171-183.

[237] HOGUE M D,MUCCIOLO E R,CALLE C I. Triboelectric,corona,and induction charging of insulators as a function of pressure[J]. Journal of electrostatics,2007,65(4):274-279.

[238] (GEORGE)YU Z Z,WATSON K. Two-step model for contact charge accumulation[J]. Journal of electrostatics,2001,51/52:313-318.

[239] SOONG Y,SCHOFFSTALL M R,LINK T A. Triboelectrostatic beneficiation of fly ash[J]. Fuel,2001,80(6):879-884.

[240] BALTRUS J P,DIEHL J R,SOONG Y,et al. Triboelectrostatic separation of fly ash and charge reversal[J]. Fuel,2002,81(6):757-762.

[241] BAN H. An experimental study of particulate charge relating to electrostatic dry coal cleaning[D]. Lexington:University of Kentucky,1994.

[242] LI T X. An experimental study of particle charge and charge exchange elated to triboelectrostatic beneficiation[D]. Lexington:University of Kentucky,1999.

[243] MUKHERJEE A. Characterization and separation of charged particles[D]. Chicago:Illinois Institute of Technology,1987.

[244] GUANG D. In situ measurement of electrostatic charge and charge distribution on fly ash particles in power station exhaust stream[D]. Sydney:University of New South Wales (Australia),1992.

[245] ZADOROZHNYI V K, LOKSHINA S S, SHCHEGOLEV I A. Influence of triboelectrification of mineral products on the selectivity of electrostatic separation[J]. Journal of mining science,1997,33(2):165-171.

[246] ZADOROZHNY V K. Influence of change in electrophysical properties of mineral raw material on increase in efficiency of its separation[J]. Journal of mining science,1999,35(5):541-546.

[247] DOYLE T E. Optical tracking of charged particle distributions[D]. London:The University of Western Ontario (Canada),1998.

[248] SOONG Y, LINK T A, SCHOFFSTALL M R, et al. Triboelectrostatic separation of mineral matter from slovakian coals[J]. Acta montanistica slovaca,1998(3):393-400.

[249] ALBRECHT V,JANKE A,DRECHSLER A,et al. Visualization of charge domains on polymer surfaces[J]. Progress in colloid and polymer science,2006(132):48-53.

[250] SAINT JEAN M, HUDLET S, GUTHMANN C, et al. Local triboelectricity on oxide surfaces[J]. The european physical journal b-condensed matter and complex

systems,1999,12(4):471-477.

[251] BUNKER M J,DAVIES M C,JAMES M B,et al. Direct observation of single particle electrostatic charging by atomic force microscopy[J]. Pharmaceutical research,2007,24(6):1165-1169.

[252] TANOUE K I MORITA K,MARUYAMA H,et al. Influence of functional group on the electrification of organic pigments[J]. Aiche journal,2001,47(11):2419-2424.

[253] WEI J,REALFF M J. Design and optimization of free-fall electrostatic separators for plastics recycling[J]. Aiche journal,2003,49(12):3138-3149.

[254] WEI J,REALFF M J. A unified probabilistic approach for modeling trajectory-based separations[J]. Aiche journal,2005,51(9):2507-2520.

[255] 罗来龙. 含尘气体摩擦起电的研究[J]. 武汉理工大学学报(交通科学与工程版),2002,26(4):525-527.

[256] 马大风,王恩实. 试论摩擦荷电的机理[J]. 松辽学刊(自然科学版),1990,11(1):21-23.

[257] 陆现彩,侯庆锋,尹琳,等. 几种常见矿物的接触角测定及其讨论[J]. 岩石矿物学杂志,2003,22(4):397-400.

[258] 章新喜,陈清如. 高压直流电源的电压波形对电选过程的影响[J]. 中国矿业大学学报,1996,25(4):73-76.

[259] 章新喜,段超红,陈清如. 高压电选机内电晕电流和电场的分布规律[J]. 煤炭学报,2002,27(5):534-538.

[260] 徐建成,李润. 转筒型电选机的电场分析[J]. 有色金属,2002,54(3):83-86.

[261] 王芳. 气固流化床静电分布的理论及实验研究[D]. 杭州:浙江大学,2008.

[262] 朱子川,孙婧元,黄正梁,等. 外加电场下气固流化床的数值模拟[J]. 化工学报,2013,64(2):490-497.

[263] SALAMA F,SOWINSKI A,ATIEH K,et al. Investigation of electrostatic charge distribution within the reactor wall fouling and bulk regions of a gas-solid fluidized bed[J]. Journal of electrostatics,2013,71(1):21-27.

[264] GUARDIOLA J,ROJO V,RAMOS G. Influence of particle size,fluidization velocity and relative humidity on fluidized bed electrostatics[J]. Journal of electrostatics,1996,37(1/2):1-20.

[265] CHE C,BI XT,GRACE J R. A novel dual-material probe for in situ measurement of particle charge densities in gas-solid fluidized beds[J]. Particuology,2015,21:20-31.

[266] MOUGHRABIAH W O,GRACE J R,BI X T. Effects of pressure,temperature,and gas velocity on electrostatics in gas-solid fluidized beds[J]. Industrial and engineering chemistry research,2009,48(1):320-325.

[267] IUGA A,CALIN L,NEAMTU V,et al. Tribocharging of plastics granulates in a fluidized bed device[J]. Journal of electrostatics,2005,63(6/7/8/9/10):937-942

[268] RAHOU F, TILMATINE A, BILICI M, et al. Numerical simulation of the continuous operation of a tribo-aero-electrostatic separator for mixed granular solids

[J]. Journal of electrostatics,2013,71(5):867-874.
[269] BENHAFSSA A M,MEDLES K,BOUKHOULDA M F,et al. Study of a tribo-aero-electrostatic separator for mixtures of micronized insulating materials[J]. IEEE transactions on industry applications,2015,51(5):4166-4172.
[270] TILMATINE A,BENABBOUN A,BRAHMI Y,et al. Experimental investigation of a new triboelectrostatic separation process for mixed fine granular plastics[J]. IEEE transactions on industry applications,2014,50(6):4245-4250.
[271] MIMOUNI C ,TILMATINE A ,RAHOU F Z ,et al. Numerical simulation of a tribo-aero-electrostatic separation of a ternary plastic granular mixture[J]. Journal of electrostatics,2017,88:2-9.
[272] BOUHAMRI N,ZELMAT M E,TILMATINE A. Micronized plastic waste recycling using two-disc tribo-electrostatic separation process[J]. Advanced powder technology,2019,30(3):625-631.
[273] 彭真. 电场流化床中细粒煤颗粒摩擦荷电特性及其富集规律的研究[D]. 徐州:中国矿业大学,2018.
[274] 杨金山. 细粒煤电场流化床中气泡行为及其对分选的影响[D]. 徐州:中国矿业大学,2019.
[275] 章新喜. 微粉煤电选脱硫降灰[M]. 徐州:中国矿业大学出版社,2002.
[276] SOONG Y,IRDI G A,MCLENDON T R,et al. Triboelectrostatic separation of fly ash with different charging materials[J]. Chemical engineering and technology,2007,30(2):214-219.
[277] 温雪峰,范英宏,赵跃民,等. 用静电选的方法从废弃电路板中回收金属富集体的研究[J]. 环境工程,2004,22(2):78-80.
[278] WU J,LI J,XU Z M. Electrostatic separation for multi-size granule of crushed printed circuit board waste using two-roll separator[J]. Journal of hazardous materials,2008,159(2/3):230-234.
[279] 李贺臣,戴辛华. LZ-2 型高压静介电矿物分离仪及其应用[J]. 岩石矿物及测试,1985(2):142-146.
[280] 封金鹏,马少健. 电选机应用的新进展[J]. 有色矿冶,2005,21(增刊 1):11-12.
[281] 叶孙德,戴惠新. 电选技术的应用现状与发展[J]. 云南冶金,2007,36(3):15-19.
[282] 闻建龙,陈汇龙,王军锋,等. 荷电两相流动颗粒运动微分方程的建立[J]. 排灌机械,2003,21(4):43-45.
[283] 陈栓柱. 煤粉荷电机理与试验研究及其计算机仿真[D]. 哈尔滨:哈尔滨理工大学,2008.
[284] 骆振福,赵跃民. 流态化分选理论[M]. 徐州:中国矿业大学出版社,2002.
[285] 刘大有. 二相流体动力学[M]. 北京:高等教育出版社,1993.
[286] 黄社华,李炜,程良骏. 任意流场中稀疏颗粒运动方程及其性质[J]. 应用数学和力学,2000,21(3):265-276.
[287] 罗惕乾,王泽,闻建龙,等. 荷电两相射流的理论分析与计算[J]. 江苏理工大学学报

(自然科学版),2000,21(6):50-53.

[288] 施学贵,徐旭常,冯俊凯. 颗粒在湍流气流中运动的受力分析[J]. 工程热物理学报,1989,10(3):320-325.

[289] 岑可法,樊建人. 煤粉颗粒在气流中的受力分析及其运动轨迹的研究[J]. 浙江大学学报(自然科学版),1987,21(6):1-11.

[290] 董长银,栾万里,周生田,等. 牛顿流体中的固体颗粒运动模型分析及应用[J]. 中国石油大学学报(自然科学版),2007,31(5):55-59.

[291] DWARI R K,RAO K H. Tribo-electrostatic behaviour of high ash non-coking Indian thermal coal[J]. International journal of mineral processing,2006,81(2):93-104.

[292] DWARI R K,RAO K H. Fine coal preparation using novel tribo-electrostatic separator[J]. Minerals engineering,2009,22(2):119-127.

[293] 赵跃民. 煤炭资源综合利用手册[M]. 北京:科学出版社,2004.

[294] 韩德馨. 中国煤岩学[M]. 徐州:中国矿业大学出版社,1996.

[295] 郑水林. 粉体表面改性[M]. 2 版. 北京:中国建材工业出版社,2003.

[296] 李晔,刘奇,许时. 淀粉类多糖在方解石和萤石表面吸附特性及作用机理[J]. 有色金属,1996,48(1):26-31.

[297] 米什拉,于巨生. 油酸钠和硅酸钠对磷灰石及方解石浮选特性的影响[J]. 化工矿山技术,1982,11(5):58-60.

[298] 陈强,袁纳. 无机分散剂在高岭土选矿中应用探讨[J]. 中国非金属矿工业导刊,2008(1):28-30.

[299] 李三华,张甲宝. 助磨剂在煤系高岭土湿法超细研磨中的应用试验[J]. 中国非金属矿工业导刊,2006(1):25-27.

[300] TAO D,FAN M,JIANG X. Dry coal fly ash cleaning using rotary triboelectrostatic separator[J]. Mining science and technology (China),2009,19(5):642-647.

[301] 吴宏富. 首条年处理万吨级废旧线路板生产线通过鉴定[J]. 中国资源综合利用,2005,23(1):1-2.

[302] ZHOU Y H,QIU K Q. A new technology for recycling materials from waste printed circuit boards[J]. Journal of hazardous materials,2010,175(1/2/3):823-828.

[303] LIN J C,HUANG J J. Electrochemical stripping of gold from Au-Ni-Cu electronic connector scrap in an aqueous solution of thiourea[J]. Journal of applied electrochemistry,1994,24(2):157-165.

[304] WILSON R J,VEASEY T J,SQUIRES D M. The application of mineral processing techniques for the recovery of metal from post-consumer wastes[J]. Minerals engineering,1994,7(8):975-984.

[305] CUI J R,FORSSBERG E. Mechanical recycling of waste electric and electronic equipment:a review[J]. Journal of hazardous materials,2003,99(3):243-263.

[306] HALL W J,WILLIAMS P T. Separation and recovery of materials from scrap printed circuit boards[J]. Resources,conservation and recycling,2007,51(3):691-709.

[307] IJI M,IKUTA Y. Pyrolysis-based material recovery from molding resin for

electronic parts[J]. Journal of environmental engineering,1998,124(9):821- 828.

[308] DANG W R,KUBOUCHI M,SEMBOKUYA H,et al. Chemical recycling of glass fiber reinforced epoxy resin cured with amine using nitric acid[J]. Polymer,2005,46(6):1905-1912.

[309] WANG R,ZHANG T F,WANG P M. Waste printed circuit boards nonmetallic powder as admixture in cement mortar[J]. Material and structures,2012,45(10):1439-1445.

[310] 田广民,洪权,张龙,等.国外大型民用客机用钛[J].钛工业进展,2008,25(2):19-22.

[311] WANG K. The use of titanium for medical application in the USA[J]. Materials science and engineering:a,1996,213(1/2):134-137.

[312] 邹建新,周建国,周友斌.攀枝花钛矿资源选别技术进步与发展趋势[J].矿冶工程,2006,26(3):38-41.

[313] BELARDI G. Improve TiO_2 in the scrap through physical method[J]. International journal of mineral process,1998,53(3):145-146.

[314] 陈江安,饶宇欢. Slon磁选机分选攀钢铁矿的工业试验[J].南方金属,2003,4:14-16.

[315] 陈丹,黄兴元,汪朋,等.废旧塑料回收利用的有效途径[J].工程塑料应用,2012,40(9):92-94.

[316] OEHLMANN J,SCHULTE-OEHLMANN U,KLOAS W,et al. A critical analysis of the biological impacts of plasticizers on wildlife[J]. Philosophical transactions of the royal society b-biological sciences,2009,364(1526):2047-2062.

[317] ASTRUP T,MØLLER J,FRUERGAARD T. Incineration and co-combustion of waste:accounting of greenhouse gases and global warming contributions[J]. Waste management & research the journal for a sustainable circular economy,2009,27(8):789-799.

[318] GENT M R,MENENDEZ M,TORAÑO J,et al. Cylinder cyclone (LARCODEMS) density media separation of plastic wastes[J]. Waste management,2009,29(6):1819-1827.

[319] LUNGU M H. Electrical separation of plastic materials using the triboelectric effect [J]. Minerals engineering,2004,17(1):69-75.